Clean Code 錦囊妙計
提升程式設計與品質的訣竅

Clean Code Cookbook
*Recipes to Improve the Design
and Quality of Your Codes*

Maximiliano Contieri 著

賴屹民 譯

目錄

序

軟體正在吞噬這個世界（Software is eating the world），這句來自 Marc Andreessen 的名言是我最喜歡的引言之一，它揭示了此時的狀態，幾乎已經成為一種迷因了。在人類歷史上，軟體的數量從未如此之多，也從未有這麼多事情用軟體來處理。對居住在城市的我們來說，周遭的一切幾乎都是用軟體來管理的，每年有越來越多控制權被委託給軟體。隨著人工智慧爆炸性且破壞性地崛起，這個趨勢更加明朗，畢竟和你互動的人工智慧也是一種軟體。

我這個世代的人在開始使用軟體之前就成為程式設計師了。我 16 歲開始編寫小型程式。18 歲時，我開始開發更大型的系統，也浮現了出編寫本書的基本動機，我的動機也是軟體如此受歡迎甚至不可或缺的原因：被越來越多事物依賴的軟體是人寫出來的，它是程式碼，程式碼的品質直接影響軟體的品質，以及軟體是否容易維護、它的壽命、成本、性能……等。

我在只有二三個人編寫的早期系統中辛苦地領悟到編寫 clean code（簡潔的程式碼）有什麼好處，真希望當時有這樣的書籍指導我，幫我節省許多時間。

但我不是說這本書的重要性僅限於計算機的史前時期，或者說，它的受眾僅限於需要學習基本知識的新手，事實恰好相反。

這本書以訣竅的形式教你如何簡單地避免落入眾多陷阱、常見的錯誤或潛在問題。在許多情況下，訣竅本身並非該章的重點，它們扮演基礎，以提出特定的主題並加以討論，讓我們從中思考如何解決程式問題，並評估解決方案的簡潔程度。Contieri 以開門見山

的風格來述事，就像理想的程式碼一樣清晰。每個「訣竅」都提供範例程式，避免你不知道使用它們的時機。

程式碼的簡潔度和明確度看起來是程式設計師自己的問題和責任，但實際上，程式碼的問題在進入設計階段的很久之前就萌生了，而且它會延伸到資源分配、開發策略、專案和團隊管理，以及維護和演進階段……等。我相信軟體產業的多數專業人士都可以從這本書中受益，因為它詳細地說明程式碼的許多常見問題，而程式碼是軟體的要素……且那些軟體正在改變世界。

或許有人認為編寫程式已經成為過去式了，生成式人工智慧和大型語言模型能夠在不需要人為干預的情況下生成程式碼，雖然這種想法令人嚮往，但根據我每天看到的案例，這種情況仍然不可能發生。AI 寫出來的程式碼有「幻覺」（基本錯誤、理解方面的問題、漏洞和維護問題），其數量之多使得這個夢想難以實現。然而，我們顯然處於過渡階段，在這個階段，人機合作技術將蓬勃發展，有經驗的程式設計師需要監督、糾正和改進由自動系統產生的程式碼。只要程式碼需要被人類閱讀和維護，程式碼的簡潔就非常重要，正如本書所述。

— *Carlos E. Ferro*
計算機科學學士
Quorum Software 的高級軟體工程師
Buenos Aires
2023 年 6 月 20 日

前言

從網頁開發到智慧合約、嵌入式系統、區塊鏈、James Webb 太空望遠鏡的軟體系統、外科手術機器人,以及許多其他領域,程式碼隨處可見。軟體實質掌控整個世界,我們正目睹人工智慧程式碼生成工具的崛起。這意味著簡潔的程式碼比以往任何時候都要重要。當你持續在日益龐大的私人或開源程式碼庫(code base)中工作時,clean code 是讓碼庫維持新鮮並隨時能夠演進的途徑。

誰適合看這本書

這本書可以協助你辨識碼庫中的常見問題,指出這些問題的後果,最終提供容易遵循的訣竅來幫助你避免這些問題。這是一本寶貴的資源,可以協助程式設計師、程式碼復審者、架構師和學生大幅提升程式設計技能,並改善既有系統。

本書架構

本書包含 25 章,每一章都從一些原則和基本概念開始談起,展示 clean code 的好處、它帶來的後果,以及不當使用時的缺點。第一章的主題是 clean code 的單一準則:讓現實世界的實體與你的設計 1:1 對映。這條原則是所有其他原則的基礎,其他原則皆可從中導出。

你可以在每一章找到按照主題來編排的訣竅,以及修改程式碼的工具和建議。訣竅的目的是幫助你在當下的情況中進行正面的變更和改進。除了訣竅和範例外,你也會看到各

種軟體設計原則、捷思法（heuristic）和規則。訣竅裡面有多種程式語言的範例程式，因為 clean code 不是任何一種程式語言專屬的。坊間許多討論重構的書籍皆使用單一語言，且書籍作者往往在書籍再版時，改用最新的熱門程式語言。但這本書不是為特定程式語言編寫的，大多數的訣竅都適用於許多程式語言（除非特別註明）。

當你閱讀程式時，即使大多數程式碼皆可直接執行，但你應該將它們視為虛擬碼。當我需要在易讀性和效能之間做出選擇時，我一定優先考慮易讀性。我會在這本書中視情況提供常見術語的定義，但你也可以在「術語詞彙表」中找到書中所有術語的定義。

閱讀本書的條件

為了執行範例程式，你必須安裝 O'Reilly sandboxes（*https://learning.oreilly.com/interactive*）或 Replit（*https://replit.com*）等環境。建議你將範例程式翻譯成你喜歡的程式語言，現在你可以使用免費的人工智慧程式碼生成工具來做這件事。我在寫這本書時，使用了 GitHub Copilot、OpenAI Codex、Bard、ChatGPT 等工具來編寫範例程式。這些工具幫助我在這本書中使用超過 25 種不同的程式語言，即使我不擅長其中的許多語言。

取得本書的數位版

本書在 *https://cleancodecookbook.com* 提供永續的、可搜尋的、線上的免費版本。

本書編排慣例

本書使用下列的編排方式：

斜體字（*Italic*）

　　代表新術語、URL、email 地址、檔名，與副檔名。

定寬字（`Constant width`）

　　列出程式，並且在文章中代表程式元素，例如變數或函式名稱、資料庫、資料型態、環境變數、陳述式及關鍵字。

定寬粗體字（**`Constant width bold`**）

　　代表應由使用者親自輸入的命令或其他文字。

定寬斜體字（*Constant width italic*）

應換成使用者提供的值的文字，或由上下文決定的值的文字。

 這個圖案代表提示或建議。

 這個圖案代表註解。

 這個圖案代表警告或注意。

使用範例程式

你可以在 *https://github.com/mcsee/clean-code-cookbook* 下載補充教材（範例程式、習題……等）。

如果你有技術問題，或在使用範例程式時遇到問題，請寄信至 *bookquestions@oreilly.com* 詢問。

本書旨在協助你完成工作。一般來說，你可以在自己的程式或文件中使用本書的程式碼而不需要聯繫出版社取得許可，除非你複製了程式的重要部分。例如，使用這本書的程式段落來編寫程式不需要取得許可。但是銷售或發布 O'Reilly 書籍的範例必須取得我們的授權。引用這本書的內容與範例程式碼來回答問題不需要取得許可。但是在產品的文件中大量使用本書的範例程式，則需要我們的授權。

如果你願意註明出處，我們不勝感激，但不強制要求。出處一般包含書名、作者、出版社和 ISBN。例如：「Clean Code Cookbook by Maximiliano Contieri (O'Reilly).Copyright 2023 Maximiliano Contieri.」

如果你覺得自己使用範例程式的程度超出上述的允許範圍，歡迎隨時與我們聯繫：*permissions@oreilly.com*。

致謝

謹將此書獻給一直給我愛與支持的妻子 Maria Virginia，以及親愛的女兒 Malena 和 Miranda，還有我的雙親 Juan Carlos 和 Alicia。

非常感謝 Maximo Prieto 和 Hernan Wilkinson，他們寶貴的見解和知識對書中的想法有巨大的貢獻。感謝 Ingenieria de Software 的同事們分享他們的想法，以及多年來在布宜諾斯艾利斯大學精密科學院的教師們分享他們的專業知識。

最後，感謝技術校閱 Luben Alexandrov、Daniel Moka 和 Carlos E. Ferro，以及我的編輯 Sara Hunter。他們的指導和建議大幅改善了這本書。

## 第一章

Clean Code

當 Martin Fowler 在他的著作《重構：改善既有程式的設計》中定義重構時，他指出重構的優勢和好處，以及重構背後的原因。幸運的是，在二十幾年之後，大多數開發者已經知道重構和程式碼異味（code smells）是什麼意思。開發者每天都要面對技術債，「重構」這門技術已經成為軟體開發的核心部分。Fowler 在他的著作中使用重構來解決程式碼異味。本書將以語義訣竅（semantic recipe）的形式來介紹其中的一些重構，以改進你的解決方案。

1.1 何謂程式碼異味？

程式碼異味是問題的徵兆。很多人認為程式碼異味的存在可以證明整個實體必須拆解並重建，這與最初定義的精神不符。程式碼異味只是指出改進機會的指標，它未必能夠告訴你哪裡出錯，只是提醒你要格外注意。

這本書的訣竅提供一些解決這些徵兆的方案。本書的訣竅就像任何食譜一樣，你可以自行決定是否採用，程式碼異味是指導方針和捷思法，而不是鐵律。在盲目地應用任何訣竅之前，你要先瞭解問題，評估你自己的設計和程式碼的成本和效益。要做出優良的設計，你必須在指導方針與實際情況及背景脈絡之間取得平衡。

1.2 何謂重構？

回到 Martin Fowler 的著作，他提出兩個互補的定義：

重構（名詞）：修改軟體內部結構，讓它更容易理解並降低修改成本，但不改變它的可見行為。

重構（動詞）：運用一系列重構來重組軟體，而不改變軟體的可見行為。

重構是 William Opdyke 在 1992 年發表的博士論文「Refactoring Object-Oriented Frameworks」中提出來的（*https://oreil.ly/zBCkI*），並因為 Fowler 的著作而聲名大噪。重構在 Fowler 提出定義之後有所演變。大多數的現代整合開發環境（IDE）皆支援自動重構。這些重構是安全的，可以在不改變系統行為的情況下進行結構性更改。本書會介紹許多自動的、安全的重構訣竅，以及語義重構（semantic refactor）。語義重構並不安全，因為它們可能改變系統的部分行為。務必謹慎地運用語義重構訣竅，因為它們可能破壞軟體。我會在適合使用語義重構的訣竅中指出該訣竅是否有語義重構。如果你有良好的行為性程式碼覆蓋率（behavioral code coverage），你不用擔心重要的業務場景被你破壞。千萬不要在修正缺陷或開發新功能的同時應用重構訣竅。

大多數的現代組織會在持續整合／持續交付流水線中部署強大的測試覆蓋套件。請參考 Titus Winters 等人著作的《*Google* 的軟體工程之道》（O'Reilly 2020）來確定你是否擁有這些測試覆蓋套件。

1.3 何謂訣竅？

我隨興地使用「訣竅（recipe）」這個術語。訣竅是建立或改變某個東西的一套指示。本書的訣竅在你瞭解它們背後的精神之後可帶來最好的效果，因為如此一來，你就可以根據自己的喜好應用它們。探討這個主題的其他書籍比較具體並提供逐步的解決方案。為了使用本書的訣竅，你必須將它們轉換成你的程式語言和設計解決方案。訣竅是教導如何理解問題、辨識後果及改進程式碼的工具。

1.4　為什麼要編寫 clean code ？

clean code 容易閱讀、瞭解及維護。它具備良好的結構、簡潔，讓變數、函式、類別具備有意義的名稱。它也遵守最佳實踐法和設計模式，優先考慮易讀性和行為，而不是性能和實作細節。

在天天被更改且不斷發展的系統中，clean code 非常重要。clean code 在無法隨心所欲地快速更新程式的環境中尤其重要，這類環境包括嵌入式系統、太空探測器、智慧合約、手機 app ⋯⋯等眾多應用程式。

傳統的重構書籍、網站和 IDE 主要關注不改變系統行為的重構，本書有一些訣竅針對這種情況，例如「安全地重新命名（safe renames」。但你也會發現有些訣竅涉及語義重構，你必須改變解決某些問題的方式。你應該先瞭解程式碼、問題和訣竅，再進行適當的更改。

1.5　易讀性、效能，或兩者兼顧

本書的主題是 clean code，有一些訣竅不能帶來最好的效率，如果易讀性和效能衝突，我選擇前者。例如，我用一章（第 16 章）來專門討論過早優化，以對付在沒有足夠證據下的性能問題。

如果解決方案的效能非常重要，最佳策略是編寫 clean code，測試它，然後使用 Pareto 法則來改善瓶頸。軟體的 Pareto 法則指出，解決 20% 的關鍵瓶頸可讓軟體的效能提高 80%。如果你改進了 20% 的效能問題，系統的速度可能提升 80%。

這種方法反對在缺乏證據的情況下進行過早優化，因為這會損害 clean code，卻只帶來微乎其微的改進。

1.6　軟體類型

本書大多數訣竅的對象都是具備複雜業務規則的後端系統。我們在第 2 章開始建構的模擬器非常適合這方面的應用。由於這些訣竅不限於特定領域，你也可以在前端開發、資料庫、嵌入式系統、區塊鏈⋯⋯等許多其他場景中應用它們。本書也有針對 UX、前端、智慧合約⋯⋯等特定領域的具體訣竅，並提供範例程式（例如，參見訣竅 22.7「隱藏低階錯誤不讓最終使用者看到」）。

1.7　機器生成的程式碼

現在已經有許多生成程式碼的工具了，我們還要學 clean code 嗎？截至 2023 年的答案是肯定的！而且比以往更需要。雖然現在有很多商業程式編寫助手軟體，但它們（還）無法掌控全局，它們只是助手，人類仍然是進行設計決策的主角。

在寫這本書時，大多數的商業和人工智慧工具都只能生成貧乏（anemic）[譯註1] 的解決方案和標準演算法。但是當你忘了怎麼編寫某個小函式時，那些工具很方便，它們也適合用來將程式翻譯成不同的程式語言。在寫這本書的過程中，我大量地使用這些工具。雖然我並未精通本書訣竅使用的 25 種以上的語言，但我使用許多助手工具來翻譯和測試各種語言的程式碼片段。建議你也使用所有可用的工具來將本書的訣竅翻譯成你喜歡的語言。這些工具已經不可或缺了，未來的開發者將是半人半機器的生化人。

1.8　本書的專有名詞

我將在本書中交換使用以下的術語：

- 方法 / 函式 / 程序（methods/functions/procedures）
- 屬性 / 實例變數 / 特性（attributes/instance variables/properties）
- 協定 / 行為 / 介面（protocol/behavior/interface）
- 引數 / 協作者 / 參數（arguments/collaborators/parameters）[譯註2]
- 匿名函式 / closure / lambda

它們之間沒有明顯的區別，有時其定義依語言而異。在必要時，我會用註釋來澄清用法。

譯註 1　關於 anemic 的定義請參見第 3 章。本書的「貧乏」皆是指 anemic。

譯註 2　嚴格說來，引數（argument）與參數（parameter）是不同的東西，但作者在本書中混用兩者，故本書將之一律譯為「參數」。

1.9　設計模式

這本書假設讀者對於物件導向設計概念有基本的瞭解。本書有一些訣竅基於流行的設計模式，包括「四人幫」在《*Design Patterns*》一書中介紹的模式。其他訣竅則介紹一些較不知名的模式，例如 *null* 物件和方法物件。此外，本書也會解釋和指導讀者如何將現在被視為反模式的模式換掉，例如訣竅 17.2，「換掉單例」中的單例模式。

1.10　程式語言範式

David Farley 說道：

> 這個產業如此沉迷於語言和工具，其程度已經傷害了我們的專業能力，我不是說語言的設計沒有進步，而是指大多數的語言設計工作似乎朝著錯誤的方向前進，例如語法方面的進步，而不是結構方面的進步。

本書提出的 clean code 概念可用於多種程式設計範式，其中的許多概念源自結構化程式設計和泛函程式設計（functional programming），其他的概念則來自物件導向領域。這些概念可以幫助你在任何範式中寫出更優雅、更有效率的程式碼。

我們將在物件導向語言中使用大部分的訣竅，並使用物件來代表現實世界的實體以建構一個名為 *MAPPER* 的模擬器。我會在本書經常引用 MAPPER。許多訣竅將帶領你思考行為式（behavioral）和宣告性（declarative）程式碼（參見第 6 章「宣告性程式碼」），而不是實作程式碼。

1.11　物件 vs. 類別

本書大多數的訣竅討論的是物件而不是類別（但有一整章專門討論類別，參見第 19 章「階層結構」）。例如，訣竅 3.2 的標題是「識別物件的本質」，而不是「識別類別的本質」。本書使用物件來模擬現實世界的物件。

你會用非本質（accidental）[譯註3] 的方式建立這些物件，可能透過分類（classification）、原型（prototyping）、工廠（factories）、複製（cloning）……等手段。第 2 章會討論

譯註 3　accidental 的直譯其實是「偶發的」、「意外的」、「臨時的」、「非一般的」，由於本書將經常使用 accidental，為了避免與其他概念混淆，而且它是 essential 的相反，所以本書將 accidental 一律譯為「非本質的」。

對映物件的重要性，以及模擬現實世界的可見事物的必要性。在許多語言中，建立物件需要使用**類別**，類別是一種無法在現實世界中明顯看到的產物。如果你使用分類（classification）語言，你就要使用類別，但它們不是本書訣竅的焦點。

1.12 易變性

clean code 並非只確保軟體正確地運作，它也讓軟體更容易維護及演變。同樣根據 Dave Farley 的著作《*Modern Software Engineering*》，你必須擅長學習，並讓軟體能夠即時適應變化。這是科技產業面臨的重大挑戰之一，希望這本書能協助你跟上這些發展。

## 第二章

設置公理

2.0 引言

這是軟體的定義（*https://oreil.ly/MqGxG*）：

> 被計算機執行的指令，與之對映的是運行它們的實體設備（硬體）。

軟體是基於其對立面來定義的，也就是非硬體的任何東西。但這個定義無法充分地描述軟體實際上是什麼。以下是另一個受歡迎的定義（*https://oreil.ly/SVbXv*）：

> 軟體是指示計算機該做什麼事情的指令。軟體包含與計算機系統的運作有關的所有程式、程序和例行程序。「軟體」這個詞是為了區分這些指令和硬體（即計算機系統的實體組件）而創造出來的。指示計算機硬體如何執行任務的一組指令稱為程式或軟體程式。

幾十年前，軟體開發者意識到軟體絕非只是指令。在本書中，你將思考系統行為，並逐漸意識到軟體的主要目的是：

> 模擬在現實中可能發生的事物。

這個概念可以追溯到現代程式語言的起源，例如 *Simula*。

> **Simula**
>
> *Simula* 是第一個納入分類概念的物件導向程式語言。從名稱可以看出，此語言的目的是建立模擬器，幾乎所有現代計算機應用軟體也依然如此。

在科學領域中，你會建立模擬器來瞭解過去並預測未來。自柏拉圖時代以來，人類一直嘗試建立好的現實模型。你可以定義軟體就是在建構一個模擬器，並使用縮寫 *MAPPER* 來表示：

Model: Abstract Partial and Programmable Explaining Reality

這個縮寫會在書裡經常出現。我們來看看 MAPPER 有哪些元素。

2.1 為何它是 Model（模型）？

模型是透過特定的鏡頭和觀點並使用特定的範式來觀察現實的某一方面的結果。它不是終極、不變的真理，而是你根據你當下的知識得到的最準確的理解。軟體模型的目標和任何其他模型一樣，都是預測現實行為。

模型（*model*）

模型以直覺的概念或隱喻來解釋它所描述的主題。模型的最終目標是瞭解事物的運作方式。根據 Peter Naur 的說法（*https://oreil.ly/6FiD8*），「寫程式，就是在建構理論和模型」。

2.2 為何它是 Abstract（抽象的）？

模型由許多不同的部分組成，只觀察孤立的組件無法完全理解模型。模型的基礎是合約和行為，它不一定會詳細說明如何實現事物。

2.3 為什麼它是 Programmable（可程式化的）？

你必須在一個可以重現所需條件的模擬器裡執行你的模型，該模擬器可以是圖靈模型（例如現代商業計算機）、量子計算機（未來計算機），或能夠跟上模型演變的任何其他類型的模擬器。你可以編寫模型，以特定的方式來回應你的操作，然後觀察它如何自行演變。

圖靈模型（*Turing model*）

以圖靈模型為基礎的電腦是一種理論上能夠執行任何可計算任務的機器，那項任務必須能夠用一組指令或演算法來編寫。圖靈機器被視為現代計算的理論基礎，它是用來設計和分析實際的電腦和程式語言的模型。

2.4 為何它是 Partial（部分的）？

在模擬感興趣的問題時，你只會考慮部分的現實層面。科學模型通常會簡化一些不相關的層面以孤立問題。在進行科學實驗時，你要孤立某些變數並固定其餘變數，以測試你的假設。

模擬器無法模擬整個現實，只能模擬其中的相關部分。你不需要模擬完整的觀察主題（即現實世界），只需要模擬感興趣的行為。本書有許多訣竅都是為了處理過度設計的模型造成的問題，那些模型加了一些沒必要的細節。

2.5 為何它是 Explanatory（有解釋性）？

模型必須具備足夠的宣告性（declarative），好讓你能夠觀察其演變，並幫助你思考和預測你所模擬的現實行為。它必須能夠解釋它正在做什麼，以及它的表現如何。很多現代機器學習演算法無法提供關於它們如何產生輸出的資訊（有時甚至會產生幻覺），但模型必須能夠解釋它們做了什麼，即使它們未揭露具體的完成步驟。

解釋（*To Explain*）

亞里斯多德說：「解釋就是找出原因。」根據他的觀點，每個現象或事件都有一個或一系列的原因，那些原因產生或決定了該現象或事件。科學的目標是辨識並瞭解自然現象的原因，再從原因預測未來的行為。

對亞里斯多德來說，「解釋」包括辨識和瞭解所有原因，以及它們如何互動以產生特定現象。「預測」則是使用那些原因知識來預測未來現象。

2.6 為何它與 Reality（現實）有關？

模型必須重現在可觀察的環境中發生的條件。模型的最終目標是預測現實世界，就像任何模擬一樣。在本書中，你會看到關於現實、真實世界和現實實體的很多討論。現實世界是最終真相的來源。

2.7 推斷規則

初步瞭解何謂軟體之後，你就開始能夠判斷優良的模型和設計實踐法了。你將在整本書的訣竅中看到 MAPPER 原則。

在接下來的章節中，你將繼續看到用來建構出色軟體模型的原則、捷思法、訣竅和規則，它們源於本章介紹的簡單公理：Model: Abstract Partial and Programmable Explaining Reality。對於軟體，本書的定義是「遵守 MAPPER 縮寫的模擬器」。

公理（*axiom*）

公理是假設為真且無須證明的陳述或命題。它可以讓你建立一組用來推導出更多真理的基本概念和關係，再進一步建構邏輯框架以進行推理和演繹。

2.8 唯一的軟體設計原則

如果我們只用一條最簡單的規則來建構整個軟體設計範式，我們可以讓事情保持簡單，並設計出優秀的模型。使用最簡單的公理意味著我們可以從一個定義推導出一套規則：

> 每一個元素的行為都是架構的一部分，因為那些行為可以幫助你對系統進行推理。元素的行為體現了它們彼此之間以及它們與環境互動的方式。這顯然是架構定義的一部分，而且會影響系統表現出來的特性，例如它的執行期效能。
>
> —— Bass 等人，*Software Architecture in Practice* 第 4 版

可預測性是經常被忽視的軟體品質屬性之一。坊間書籍常說，軟體必須快速、可靠、穩健、可觀察、安全……等。可預測性往往未被列入設計的優先順序的前五名。你可以做個思想實驗，想像你只遵守這一條原則來設計物件導向軟體（如圖 2-1 所示）：「每一個領域物件都必須用可計算的模型內的一個物件來表示，反之亦然。」然後試著從這一個前

提推導出所有的設計規則、捷思法和訣竅，以便按照本書的訣竅來讓你的軟體更具可預測性。

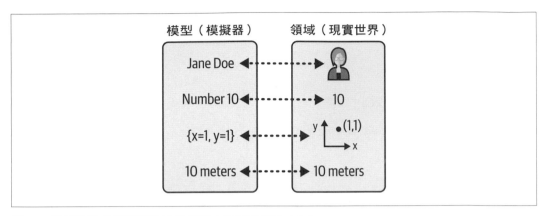

圖 2-1　模型的物件與現實世界的實體之間的關係是 1：1

問題

在看了 clean code 範例後，你會認識到，軟體業界使用的語言幾乎都忽略單一公理原則，這導致很大的問題。大多數現代語言的設計目標是解決三、四十年前建構軟體時的實作難題，由於當時資源稀缺，程式設計師必須優化計算程序。但如今有這些問題的領域極少。本書的訣竅將協助你識別、理解並處理這些問題。

用模型來解決問題

在建立任何一種模型時，讓它模擬在現實世界中的條件很重要。你可以在模擬的過程中追蹤感興趣的每一個元素，並刺激（stimulate）它，以觀察它的變化是否和現實相同。氣象學家使用數學模型來預測和預報天氣，許多其他科學學科也依賴模擬。物理學試圖用統一模型來理解並預測現實世界的規則。隨著機器學習的出現，你也可以建構不透明的模型來將現實生活中的行為視覺化。

對射的重要性

在數學中，對射（*bijection*）是一對一的函數，代表將領域（domain）中的每一個元素對映到範圍（range）內的唯一元素，且範圍中的每一個元素都可以對映回去領域中的唯一元素。換句話說，對射是在兩個集合的元素之間定義一對一對應的函數。

另一方面，同構（*isomorphism*）是更強的數學結構對應關係，同構保留相關物件的結構。具體而言，同構是一個保留結構操作（structures of operations）的對射函數。而對射是兩個集合之間的一對一對應關係。

在軟體領域裡，你始終有一個且只有一個代表現實世界實體的物件。我們來看看不遵守對射原則會怎樣。

違反對射的常見案例

以下是四個違反對射原則的常見案例。

案例 1

你在可計算模型（computable model）中使用一個物件來代表不只一個現實世界實體。例如，許多程式語言僅使用純量大小來模擬代數尺度。以下是圖 2-2 的情況造成的後果。

- 你可以用單一物件（數字 10）來表示 10 公尺和 10 英寸（兩個完全不同的現實實體）。

- 你可以將它們相加，讓模型顯示數字 10（代表 10 公尺）加上數字 10（代表 10 英寸）等於數字 20（天知道這代表什麼東西）。

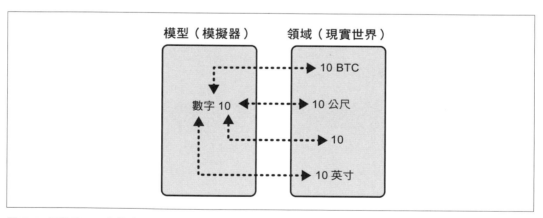

圖 2-2 用數字 10 來代表不只一個現實實體

它打破了對射規則，導致可能無法及時發現的問題。因為這是個語義問題，錯誤往往在故障很久之後才發生，就像著名的「火星氣候探測者號」事件一樣。

火星氣候探測者號

火星氣候探測者號是 NASA 在 1998 年為了研究火星的氣候和大氣而發射的一枚太空探測機器人。該任務以失敗告終，原因是探測者號的引導和導航系統出問題。探測者號的推進器軟體使用公制單位來計算推力，但地面控制團隊使用英制單位的磅力。這個錯誤導致探測者號離行星表面太近，最終在進入火星大氣層時瓦解。火星氣候探測者號的問題在於未能正確地協調和轉換測量單位，導致太空船在飛行軌跡中引發災難性的錯誤。探測者號因混用不同的測量單位而爆炸。對 NASA 來說，這是一次重大的挫折，付出 1.25 億美元的代價。這次失敗也導致 NASA 進行了一系列的改革，包括成立一個安全及任務保證辦公室（見訣竅 17.1，「將隱藏的假設明確化」）。

案例 2

可計算的模型用兩個物件來表示相同的現實實體。假設在現實中有一位名為 Jane Doe 的運動員，她參加了一個運動項目，但也是另一個運動項目的裁判。現實世界的一個人應該對應到可計算模型中的一個物件。你只需要模擬「滿足部分模擬」的最少行為即可。

如果你用兩個不同的物件（一個參賽者和一個裁判）來代表 Jane Doe，並將某些職責分配給其中一個物件，但是在另一個物件裡沒有那些職責，遲早你會遇到不一致的情況（如圖 2-3 所示）。

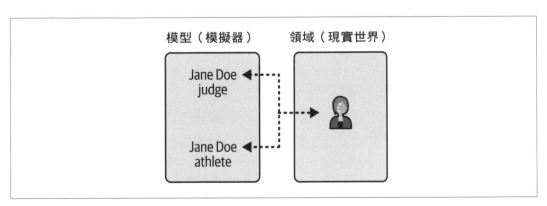

圖 2-3 在模型裡用兩個不同的實體來表示 Jane Doe

案例 3

比特幣錢包可以用具有地址、餘額……等屬性的貧乏（anemic）物件來表示（參見訣竅 3.1，「將貧乏物件轉換為豐富物件」），也可以用豐富（rich）的物件來表示（具備接收交易、寫入區塊鏈、回答餘額……等職責），因為它們都與同一個概念有關。

再也不要把實體當成具有屬性的資料結構來使用了，你應該將它們視為物件，並認識到它們都是根據互動的環境來扮演不同角色的相同物件。第 3 章「貧乏模型」將透過幾個訣竅來幫助你具體化物件，並將它們轉換為行為實體。

物件具體化

物件具體化（*object reification*）就是將抽象的概念或想法轉換為具體形式，用具體形式來代表特定的概念或想法，並且為貧乏和資料導向的物件提供行為。建立物件來讓抽象的概念有具體的形式就能夠以系統化和結構化的方式來操作和處理那些概念。

案例 4

在大多數的現代物件程式語言中，你可以用日、月和年來建構一個日期。如果你輸入日期 2023 年 11 月 31 日，許多流行的程式語言會寬容地回傳一個有效的物件（可能是 2023 年 12 月 1 日）。

雖然這是一種優勢，它卻隱藏在資料載入期間可能發生的錯誤，那些錯誤會在夜間批次處理這類無效日期時發生，處理它們的程式碼距離問題的根源極遠，違反快速失敗原則（參見第 13 章「快速失敗」）。

快速失敗原則（*fail fast principle*）

快速失敗原則是指，在出現錯誤時應儘早中斷執行，而不是忽略它，導致後來的失敗結果。

建立模型對語言有何影響

本書的主題是改善雜亂、無宣告性、晦澀和過早優化的程式碼。世界的知識是用語言來定義的,正如 Sapir-Whorf 假說所述,你要為你的物件和行為定義良好的隱喻(metaphor)。

Sapir-Whorf 假說

Sapir-Whorf 假說也稱為語言相對論,這個假說指出,人們使用的語言結構和詞彙會影響並塑造他對周圍世界的感知。你說的語言不僅反映和代表現實,也會影響你如何形塑和建構現實。這意味著你思考和體驗世界的方式,有一部分取決於你用來描述世界的語言。

如果你將物件想成「資料容器」,你的模型將失去對射特性,並且會破壞 MAPPER。你會在第 3 章「貧乏模型」中看到許多相關的訣竅。如果你將物件視為資料容器,你的計算模型(你正在設計的軟體)將無法準確預測和模擬現實世界。你的客戶將發現軟體再也無法幫助他們完成工作。這是軟體缺陷的常見來源(通常被稱為 bug,但 bug 是不好的說法)。

bug

業界經常誤用 *bug* 這個字眼。在這本書中,我用缺陷(defect)來取代它。最初的「bug」與外界的昆蟲跑入高溫電路並擾亂軟體輸出有關,但現在不會這樣了。建議改用缺陷(*defeat*)這個詞,因為它意味著那個東西是被引入的,而不是從外界入侵的。

## 第三章

貧乏模型

顯然正確是最重要的品質。如果系統無法完成它該做的事，它的其他一切就沒有太大的重要性了。

—— Bertrand Meyer，《*Object-Oriented Software Construction*》

3.0 引言

貧乏領域模型簡稱貧乏物件（anemic object），它是包含一堆屬性卻缺乏實際行為的物件。貧乏物件通常被稱為「資料物件」，因為它主要用來儲存資料，但缺乏能夠有意義地處理那些資料的方法或操作。

使用 *getter* 和 *setter* 來將資料公開給外界可能違反封裝原則，因為這種做法允許外界讀取物件裡面的資料，並可能修改它們，而不是讓資料保持在物件本身內，這導致物件更容易被破壞或意外更改。

貧乏的設計也可能導致程序型的風格，這種風格主要關注操作資料，而不是將資料封裝在具備有意義行為的物件內。本書鼓勵你設計豐富的（*rich*）物件，這種物件有更穩健的行為和方法，所以能夠執行有意義的操作及提供單一接觸點，並避免重複的邏輯。

封裝

封裝就是保護「物件的職責」。你可以藉著將實際的實作抽象化來做到封裝。封裝也可讓你控制外界如何使用物件方法。許多程式語言都可以讓你指定物件的屬性和方法的可見性，可見性決定了屬性和方法是否可以被程式的其他部分使用或修改，這讓開發者能夠隱藏物件的內部實作細節，只公開程式的其他部分需要的行為。

3.1 將貧乏物件轉換為豐富物件

問題

你想保護你的物件免受外部操控，並公開物件的行為而不是公開它的資料與結構，以限制變動的擴散範圍。

解決方案

將你的屬性都轉換成私用（private）。

討論

想像你的領域已經發展成形，你需要隨著音樂領域客戶的業務規則而更新程式。現在歌曲必須具備音樂類型，你需要加入這項資訊。你也想保護它們的本質屬性。首先，下面的類別定義代表現實世界的 Song 詮釋資料：

```
public class Song {
    String name;
    String authorName;
    String albumName;
}
```

在這個例子裡，我們將 Song 視為 tuple（固定的元素集合）。我們的目標是在程式中的多個重複的地方操作它的屬性，以便編輯歌手或專輯。由於歌曲的操作是重複的，你會有許多變更的地方和被影響的地方。

將屬性的可見性從 public 改到 private：

```
public class Song {
    private String name;
    private Artist author; // 將會參考豐富物件
    private Album album; // 而不是原始資料型態

    public String albumName() {
        return album.name() ;
    }
}
```

從現在開始，你要依賴 Song 的 public 行為，它支援封裝。

如果你將可見性改為 *private*，那麼除非你加入新方法來處理屬性，否則你將無法存取它們。外部的操縱通常會在整個系統中重複出現（參見訣竅 10.1，「移除重複的程式碼」）。如果你的物件具備 *public* 屬性，它們會以意外的方式變異[譯註1] 和改變。

根據第 2 章定義的 MAPPER，你應該基於物件的行為來設計物件，而不是寫出只建立資料模型的貧乏物件。注意，有一些語言具有屬性可見性（如 Java、C++、C# 和 Ruby），其他語言完全沒有（如 JavaScript）。有些語言遵循文化慣例（如 Python 和 Smalltalk），在字面上提示可見性，但不強制執行。更改屬性的私用性不屬於第 1 章定義的安全重構，它可能破壞既有的依賴關係。

 在運用這一個訣竅和許多其他訣竅時，你要使用全面性的測試套件，在你改變程式碼行為時作為防止潛在缺陷的安全網。Michael Feathers 在他的著作 *Working Effectively with Legacy Code* 中介紹如何建立和維護這個安全網。

參閱

訣竅 3.5，「移除自動屬性」

訣竅 10.1，「移除重複的程式碼」

譯註 1　在本書中，mutate 譯為「變異」，change 譯為「改變」。

3.2 識別物件的本質

問題

你要用你的物件來建立不變量（invariant）（參見訣竅 13.2，「強制實行前提條件」），並讓它們始終保持有效。

解決方案

拒絕任何程式碼修改本質屬性或行為。在建立物件期間設定本質屬性並保護它們，以免它們在建立後被更改。

討論

每個現實實體都有本質行為，該行為決定了它是某物件而不是其他物件。從對映至現實世界的對射中可以看到這種行為。本質（essence）就是物件的 DNA，它從物件誕生之後就不會改變了，你不能操縱它。物件可以用非本質的方式變異，但不能用本質的方式變異。

本質與非本質

計算機科學家 Fred Brooks 在他的著作 The Mythical Man-Month 裡使用「非本質（accidental）」和「本質（essential）」這兩個術語來稱呼軟體工程的兩種複雜性，它們來自亞里斯多德的定義。

「本質」複雜性是你正在解決的問題中固有的、無法避免的複雜性，因為它是讓系統正常運作所需的複雜性，並存在於現實世界中。例如，太空著陸系統的複雜性是本質的，因為有了它，探測器才能安全地著陸。

「非本質」複雜性來自系統的設計和實作法，而不是來自你要解決的問題的性質。非本質複雜性可以用良好的設計來降低。非必要的非本質複雜性是軟體中的最大問題之一，你將在本書中找到許多解決方案。

看一下改變 Date 的月份時會怎樣：

```
const date = new Date();
date.setMonth(4);
```

這種做法在現實世界中是無效的，因為月份對於任何一個日期來說都是本質的，但是在許多程式語言中可以這樣做。改變月份會讓它在現實世界中成為另一個日期。使用單一參數來呼叫 setMonth() 只會設定月份值，不會更改日和年的值。

從現在起，依賴該日期的其他物件都會隨著漣漪效應而改變。如果你有一個付款截止日使用以前建立的日期，然後該日期的本質被改變了，那麼你的付款將被默默地影響。較好的解決方案是呼叫實際的協定，如 defer()，來將 payment（付款）參考改成新日期。這種變更只會影響 payment 物件，且只會引發有限的漣漪效應。

漣漪效應（*ripple effect*）

漣漪效應是指更改或修改系統的一部分可能讓系統的其他部分產生意外的後果。對特定物件進行更改可能會影響依賴它的其他部分，導致系統的其他部分出現錯誤，或發生意外的行為。

這是更好的選擇：

```
const date = new ImmutableDate("2022-03-25");
// 決定了日期的本質，從現在起，它就無法被更改了
```

建立日期之後，它就是不可變的。你可以相信它一定會對映到相同的現實實體。在模型中定義哪些屬性／行為是本質的，哪些是非本質的非常重要。在現實世界中是「本質的」的東西，在你的模型中也必須是「本質的」，反之亦然。

許多現代語言都無法識別和保護物件的本質。Date 類別是常見的例子。儘管如此，大多數語言都有強大的日曆操作替代套件。

參閱

訣竅 5.3，「禁止更改本質」

訣竅 17.11，「避免漣漪效應」

3.3 移除物件的 setter

問題

你希望使用 setter 來防止外界操作物件，並支援不可變性。

解決方案

將屬性設為 private 之後（參見訣竅 3.1，「將貧乏物件轉換為豐富物件」）移除所有 setter。

討論

以下是一個具備 setter 的經典 Point 類別：

```
public class Point {
    protected int x;
    protected int y;

    public Point() { }

    public void setX(int x) {
        this.x = x;
    }

    public void setY(int y) {
        this.y = y;
    }
}

Point location = new Point();
// 此時它代表哪些點並不清楚
// 它與建構式的決定耦合了
// 可能是 null 或其他慣例

location.setX(1);
// 現在是 point(1,0)

location.setY(2);
// 現在是 point(1,2)
```

```
// 如果你要設定本質屬性，
// 將它們移至建構式，並移除 setter 方法
```

下面是應用了此訣竅並移除 setter 後的更短版本：

```
public class Point {
    public Point(int x, int y) {
        this.x = x;
        this.y = y;
    // 你移除了 setter
    }

Point location = new Point(1, 2);
```

使用 setter 會增加可變性（見第 5 章「可變性」）與促成貧乏模型。若要改變你的物件，你只應該呼叫「第二效應是改變（secondary effect is the change）」的方法，這也遵守「Tell, don't ask」原則。

「*Tell, don't ask*」原則

「Tell, don't ask」原則是指與物件互動的一種方式，即呼叫其方法而非索取其資料。

在物件中加入 setter 會讓物件以意外的方式改變，而且你必須在多處加入不變量完整性控制（invariant integrity controls），這會導致重複的程式碼（參見訣竅 10.1，「移除重複的程式碼」）。以 setXXX() 為名的方法違反 MAPPER 命名規範，因為現實世界幾乎沒有這種東西，你將在第 4 章看到，你絕對不能變異物件的本質。許多語言可以讓你變異日期（例如 date.setMonth(5)），但這些操作會讓依賴被你變異的物件的每一個物件受漣漪效應影響。

參閱

訣竅 3.5，「移除自動屬性」

訣竅 3.7，「完成空的建構式」

訣竅 3.8，「移除 getter」

3.4 移除貧乏的程式碼產生器

問題

你使用貧乏程式碼產生器（anemic code generator），但你想要進一步控制屬性，讓它們成為豐富物件、避免重複的程式碼，並專注於行為而非資料。

解決方案

刪除程式精靈（code wizard）和產生器。如果你想要避免重複的工作，你要採用訣竅 10.1「移除重複的程式碼」並將重複的行為做成中間物件。

討論

程式精靈在 90 年代很流行。許多專案皆以程式行數來衡量，擁有大型的碼庫被視為了不起的事情。當時，你會在自動程式碼產生器裡面放入具有屬性的類別模板，用它們來自動產生程式碼，這會導致重複的程式碼和難以維護的系統。

如今，像 *Codex*、*Code Whisperer*、*ChatGPT* 或 *GitHub Copilot* 之類的程式助手可以按照指示以類似的方式產生程式碼。正如我們在之前的訣竅中討論的那樣，你要避免寫出貧乏的程式碼，而貧乏的程式碼正是人工智慧程式碼助手的產物。

以下是一個使用 meta 程式（參見第 23 章「meta 程式」）產生的貧乏類別：

```
AnemicClassCreator::create(
    'Employee',
    [
        new AutoGeneratedField(
            'id', '$validators->getIntegerValidator()'),
        new AutoGeneratedField(
            'name', '$validators->getStringValidator()'),
        new AutoGeneratedField(
            'currentlyWorking', '$validators->getBooleanValidator()')
    ]);
```

meta 程式私下建立了 magic（魔幻的）setter 與 getter：

```
getId(), setId(), getName(), ….
// 驗證並不明確
```

你會用類別自動載入器（autoloader）來載入類別：

```
$john = new Employee;
$john->setId(1);
$john->setName('John');
$john->setCurrentlyWorking(true);

$john->getName();
// 回傳 'John'
```

為了應用這個訣竅，你要把程式寫得明確、易讀、容易偵錯：

```
final class Employee {
    private $name;
    private $workingStatus;

    public function __construct(string $name, WorkingStatus $workingStatus) {
        // 把建構式與初始化程式寫在這裡
    }

    public function name(): string {
        return $this->name;
        // 這不是 getter。
        // 回傳姓名是 Employee 的職責
        // 你以非本質的方式寫出一個具有相同名稱的屬性
    }
}

// 這裡沒有 magic setter 或 getter
// 所有方法都是實際的，而且可被偵錯
// 驗證的動作是隱性的
// 因為 WorkingStatus 物件在建構時就有效了

$john = new Employee('John', new HiredWorkingStatus());
$john->name(); // 回傳 'John'
```

雖然這種做法看似繁瑣，但是找出缺少的抽象來處理明確的程式碼比生成貧乏程式碼好得多。

參閱

訣竅 10.1，「移除重複的程式碼」

訣竅 23.1，「移除 meta 程式」

3.5 移除自動屬性

問題

你的程式使用自動屬性，往往在你思考行為之前，就迅速且不受控制地建立貧乏物件。

解決方案

移除自動屬性。手動建立需要的屬性，並根據 MAPPER，實作明確的行為。

討論

貧乏物件和 setter 違反完整性控制和快速失敗原則。我會用一整章來探討這個主題（第 13 章「快速失敗」）。下面是一個具有自動名稱（name）屬性的 Person 物件，它會建立 getName() 和 setName() 貧乏存取器：

```
class Person
{
  public string name
  { get; set; }
}
```

自動屬性工具往往會產生貧乏物件。解決方案是把它明確化：

```
class Person
{
  private string name;

  public Person(string personName)
  {
    name = personName;
    // 不可變
    // 沒有 getter，沒有 setter
  }

  // ... 其他的協定，可能存取私用屬性名稱
}
```

 使用 *setter* 與 *getter* 是業界的不良做法，它是一種語言功能，許多 IDE 也傾向這種做法。如果你為了一時方便而打算公開你的屬性，請三思。

有些語言明確地支援建立貧乏模型和 *DTO*（參見訣竅 3.6「移除 DTO」），你應該要瞭解使用這種功能的後果。你的第一步是停止考慮屬性，只專注於行為。

參閱

訣竅 3.1，「將貧乏物件轉換為豐富物件」

訣竅 3.3，「移除物件的 setter」

訣竅 3.4，「移除貧乏的程式碼產生器」

訣竅 3.6，「移除 DTO」

訣竅 3.8，「移除 getter」

訣竅 4.8，「移除非必要的屬性」

3.6 移除 DTO

問題

你想在軟體層之間傳遞完整的物件。

解決方案

使用真實的物件，避免使用資料物件。你可以使用陣列或字典來傳遞貧乏資料，如果需要傳遞部分的物件，你可以使用**代理**（*proxy*）或 *null* 物件（參見訣竅 15.1「建立 null 物件」）來斷開參考圖（reference graph）。

討論

DTO

DTO（*Data Transfer Object*，資料傳輸物件）的功用是在應用程式的不同軟體層之間傳遞資料。它是一種簡單、可序列化且不可變的物件，用來在應用程式的用戶端和伺服器之間傳遞資料。DTO 的唯一目的是用標準的方式在應用程式的不同部分之間交換資料。

DTO 或資料類別是常用的貧乏物件工具。它們不執行業務規則，且處理它們的邏輯通常是重複的。有一些架構風格喜歡建立許多 DTO 以反映真實物件，這種解決方案會在名稱空間中引入貧乏物件，導致系統難以維護。當你需要更改物件時，你也必須更改 DTO，因此你會有大量的重複工作。

DTO 是貧乏的、可能攜帶不一致的資料、帶來重複的程式碼、讓名稱空間充斥著無用的類別（參見訣竅 18.4「移除全域類別」）並帶來漣漪效應。此外，由於資料可能在系統中重複，你將難以實現資料完整性（data integrity）。

下面是一個領域類別 SocialNetworkProfile，在它裡面有相關的 DTO SocialNetworkProfileDTO，用來將資訊從一個地方傳至另一個地方：

```
final class SocialNetworkProfile {

    private $userName;
    private $friends; // friends 是指向一個大型集合的參考
    private $feed; // feed 參考整個 user feed

    public function __construct($userName, $friends, UserFeed $feed) {
        $this->assertUsernameIsValid($userName);
        $this->assertNoFriendDuplicates($friends);
        $this->userName = $userName;
        $this->friends = $friends;
        $this->feed = $feed;
        $this->assertNoFriendofMyself($friends);
    }
}

// 如果你需要傳至外部系統，
// 你必須重複編寫（與維護）這個結構

final class SocialNetworkProfileDTO {

    private $userName; // 為了維持同步而重複編寫
    private $friends; // 為了維持同步而重複編寫
    private $feed; // 為了維持同步而重複編寫
    public function __construct() {
        // 無驗證程式的空結構
    }

    // 沒有協定，只有序列化程式
}
```

```
    // 如果你需要傳至外部系統，你要建立貧乏的 DTO
    $janesProfileToTransfer = new SocialNetworkProfileDTO();
```

這是無貧乏 DTO 的明確版本：

```
final class SocialNetworkProfile {

    private $userName;
    private $friends;
    private $feed;

    public function __construct(
        $userName,
        FriendsCollection $friends,
        UserFeedBehavior $feed)
        {
            $this->assertUsernameIsValid($userName);
            $this->assertNoFriendDuplicates($friends);
            $this->userName = $userName;
            $this->friends = $friends;
            $this->feed = $feed;
            $this->assertNoFriendOfMyself($friends);
        }
    // 與個人檔案有關的大量協定
    // 沒有序列化協定
    // 沒有重複的行為或屬性
}

interface FriendsCollectionProtocol { }

final class FriendsCollection implements FriendsCollectionProtocol { }

final class FriendsCollectionProxy implements FriendsCollectionProtocol {
    // 代理協定
    // 作為輕量級物件來傳輸，且被請求時可以取得內容
}

abstract class UserFeedBehavior { }

final class UserFeed extends UserFeedBehavior { }

final class NullFeed extends UserFeedBehavior {
    // 被請求行為時丟出錯誤
}

// 如果你需要傳至外部系統，你要建立有效物件
```

```
$janesProfileToTransfer = new SocialNetworkProfile(
    'Jane',
    new FriendCollectionProxy(),
    new NullFeed()
);
```

你可以檢查沒有業務物件行為的貧乏類別（移除序列化程式碼、建構式、mutator……等）。

 在一些語言中，DTO 是一種工具和現成的實踐法。請小心且負責任地使用它們，如果你需要拆解物件來將它們送出你的領域，你要非常小心，因為被拆解的物件沒有考慮完整性的必要。

參閱

訣竅 3.1，「將貧乏物件轉換為豐富物件」

訣竅 3.7，「完成空的建構式」

訣竅 16.1，「不要為物件指定 ID」

訣竅 17.13，「將使用者介面的業務程式碼移除」

參考資料

Martin Fowler 討論 DTO 濫用的部落格文章（*https://oreil.ly/OmEg8*）

Refactoring Guru 的「Data Class」（*https://oreil.ly/XdV_U*）

3.7 完成空的建構式

問題

你有一些空的建構式（這些空物件在現實世界中不存在），它們沒有必要的初始化，你希望物件都是完整且有效的。

解決方案

在建立物件時傳遞所有必要的參數，並使用單一且完整的建構式。

討論

未使用參數建立出來的物件通常是可變的、不可預測的、不一致的。無參數的建構式是象徵無效物件的程式碼異味，會危險地變異。不完整的物件會引起很多問題，當你建立物件之後，你就不應該改變它的本質行為。如果你可以變異它們，那麼從那時起，所有的參考都會變得不可靠。在第 5 章的「可變性」中，我們將詳細討論這個問題。很多語言允許你建立無效的物件（例如空的 Date）。

下面是一個貧乏的、可變的、不一致的 person 範例：

```java
public Person();
// 貧乏且可變的
// 沒有本質來讓它成為一個有效的 person
```

這是比較好的 Person 模型，它有本質屬性：

```java
public Person(String name, int age) {
    this.name = name;
    this.age = age;
    }

// 你將本質「傳給」物件
// 所以它不會變異
```

無狀態物件是一種可行的反例，不要用這個訣竅來修改它們。

 在靜態定型語言（statically typed languages）中，有些持久化框架要求提供空的建構式，這是不好的決策。雖然你可以與之共存，但它為不良模型開了後門。你應該自始至終建立完整的物件，使它的本質不可變，讓它們可以經受時間的考驗。

物件在誕生時要具備本質才有效。這與柏拉圖的本質不變量概念有關。像年齡和具體位置這些非本質的層面可以改變。不可變物件有利於實現對射關係，並且可以持續存留。

參閱

訣竅 3.1，「將貧乏物件轉換為豐富物件」

訣竅 3.3，「移除物件的 setter」

訣竅 3.8，「移除 getter」

訣竅 11.2，「減少多餘的參數」

3.8 移除 getter

問題

你想要控制外界對物件的存取，並盡量隱藏非本質的表示機制（accidental representation），以便在不破壞軟體的情況下自由地更改。

解決方案

刪除物件的 getter。根據行為而不是資料來呼叫明確的方法，保護你的實作決策。改用領域名稱。

討論

避免使用 getXXX 前綴可以讓你遵守資訊隱藏和封裝原則，使設計更容易適應變化。具備 getter 的模型通常有較高的耦合度，較差的封裝性。

資訊隱藏

資訊隱藏的目標是將軟體系統的內部運作與外部介面分離，從而降低軟體系統的複雜性。它可以避免系統內部實作的變動影響其他系統，或系統被使用的方式。

另一種實現資訊隱藏的做法是使用 MAPPER 的抽象，它提供系統功能的簡化視圖，並隱藏底層細節。

這是典型的視窗實作：

```
final class Window {
    public $width;
    public $height;
    public $children;

    public function getWidth() {
        return $this->width;
    }

    public function getArea() {
        return $this->width * $this->height;
    }

    public function getChildren() {
        return $this->children;
    }
}
```

視窗的屬性不應該使用這樣的 getter 來讀取。下面是不相容但更好的版本，它專注於實際的視窗行為：

```
final class Window {
    private $width;
    private $height;
    private $children;

    public function width() {
        return $this->width;
    }

    public function area() {
        return $this->height * $this->width;
    }

    public function addChildren($aChild) {
        // 不要公開內部屬性
        return $this->children[] = $aChild;
    }
}
```

getter 在某些情況下與真正的職責相符。讓 Window 回傳它的顏色是合理的做法，且 Window 可能非本質地將顏色存為 color。因此，使用回傳 color 性的 color() 方法應該是不錯的解決方案。getColor() 違反對射原則，因為它是實作的（implementational），而且在 MAPPER 中沒有實際的對映物。

有一些語言可讓 getter 回傳私用物件的參考，這會破壞封裝。有些 getter 回傳內部集合（而不是複本），因此用戶端可以在未呼叫更安全且更有保護力的協定的情況下修改、添加或刪除元素。這也違反了 Demeter 法則。

Demeter 法則

Demeter 法則是指一個物件只能與它的直接相鄰物件通訊，而且不應該瞭解其他物件的內部做法。為了遵守 Demeter 法則，你要建立鬆耦合的物件，這意味著它們不會高度依賴彼此。這會讓系統更靈活，更容易維護，因為修改一個物件不太可能導致其他物件產生意外的後果。

物件只應使用與它直接相鄰的物件的方法，而不是深入其他物件以操作它們的內在。這有助於減少物件之間的耦合程度，讓系統更模組化和靈活。

```java
public class MyClass {
  private ArrayList<Integer> data;

  public MyClass() {
    data = new ArrayList<Integer>();
  }

  public void addData(int value) {
    data.add(value);
  }

  public ArrayList<Integer> getData() {
    return data; // 破壞封裝
  }
}
```

在這個 Java 範例中，getData() 方法回傳指向內部資料集合的參考，而不是建立其複本。這意味著在類別外面對集合進行的任何更改，都將直接反映在內部資料中，可能會讓程式碼有意外的行為或缺陷。

特別注意，這可能是一個安全漏洞，因為用戶端可以修改物件的內部狀態，而不需要透過預設的行為，即類別的方法（參見第 25 章「安全性」）。

訣竅 3.1，「將貧乏物件轉換為豐富物件」

訣竅 3.3，「移除物件的 setter」

訣竅 3.5，「移除自動屬性」

訣竅 8.4，「移除 getter 裡面的註釋」

訣竅 17.16，「分開不當的親密關係」

3.9 避免不羈的物件

問題

你的程式碼違反其他物件的封裝屬性規則。

解決方案

保護屬性，僅公開行為。

討論

不羈的物件（*object orgy*）

不羈的物件是指物件封裝不足，可讓外界對它們的內部肆意上下其手。
這是一種常見的物件導向設計反模式，可能增加維護工作量和複雜性。

將物件視為資料容器將違反它們的封裝裝，不要這樣做。和現實生活一樣，你一定要徵求同意。存取其他物件的屬性將違反資訊隱藏原則，並導致強耦合。

耦合本質行為、介面和協定是比耦合資料和非本質實作更好的決定。

考慮這個熟悉的 Point 範例：

```
final class Point {
    public $x;
    public $y;
}

final class DistanceCalculator {
    function distanceBetween(Point $origin, Point $destination) {
        return sqrt((($destination->x - $origin->x) ^ 2) +
            (($destination->y - $origin->y) ^ 2));
    }
}
```

下面是比較抽象的 Point，它不依賴你如何儲存資訊，並遵循「Tell, don't ask」原則（參見訣竅 3.3，「移除物件的 setter」）。Point 改變了它的內部和非本質的表示機制，使用極座標來儲存位置：

```
final class Point {
    private $rho;
    private $theta;

    public function x() {
        return $this->rho * cos($this->theta);
    }

    public function y() {
        return $this->rho * sin($this->theta);
    }
}

final class DistanceCalculator {
    function distanceBetween(Point $origin, Point $destination) {
        return sqrt((($destination->x() - $origin->x() ^ 2) +
            (($destination->y() - $origin->y()) ^ 2)));
    }
}
```

如果你的類別充斥著 setter、getter 和 public 方法，你一定會和它們的非本質實作耦合。

參閱

訣竅 3.1，「將貧乏物件轉換為豐富物件」

訣竅 3.3，「移除物件的 setter」

3.10 移除動態屬性

問題

你在類別裡使用未宣告的屬性。

解決方案

明確地定義你的屬性。

討論

動態屬性難以閱讀，它們的作用域沒有明確的定義，而且可能隱藏拼寫錯誤。優先考慮禁用動態屬性的語言，動態屬性會破壞型態安全性，因為它們很容易令人意外引入拼寫錯誤，或使用錯誤的屬性名稱，這可能導致難以偵錯的執行期錯誤，尤其是在大型的碼庫中。它們也會隱藏名稱衝突，因為動態屬性的名稱可能與類別或物件內定義的屬性一樣，從而導致衝突或意外的行為。

以下是一個未定義屬性（undefined property）的例子：

```
class Dream:
    pass

nightmare = Dream()

nightmare.presentation = "I am the Sandman"
# presentation 未定義
# 它是動態屬性

print(nightmare.presentation)
# 輸出："I am the Sandman"
```

當你在類別裡定義它時：

```
class Dream:
    def __init__(self):
        self.presentation = ""

nightmare = Dream()

nightmare.presentation = "I am the Sandman"
```

```
print(nightmare.presentation)
# 輸出："I am the Sandman"
```

有很多程式語言支援動態屬性，例如 PHP、Python、Ruby、JavaScript、C#、
Objective-C、Swift、Kotlin……等，其中很多語言都提供編譯器選項來避免使用動態屬
性。這些語言可以讓你在執行期將動態屬性加入物件，及使用物件的屬性存取語法來存
取它們。

參閱

訣竅 3.1，「將貧乏物件轉換為豐富物件」

訣竅 3.5，「移除自動屬性」

## 第四章

原始型態迷戀

沉迷原始型態就是原始型態迷戀（*primitive obsession*）。

—— Rich Hickey

4.0 引言

許多軟體工程師認為軟體與「搬移資料」有關；物件導向學派和教科書在教導如何建立現實世界的模型時側重於資料和屬性。這是 80 和 90 年代的大學教育灌輸的一種文化偏見。產業趨勢正推動工程師建立實體關係圖（ERD），並分析業務資料，而不是把注意力放在行為上。

資料比以往更加重要。資料科學正不斷發展，整個世界都圍繞著資料運轉。你必須建立一個模擬器來管理和保護資料，並且既要保護資料與公開行為，又要隱藏資訊與非本質的表示機制，以避免耦合。本章的訣竅將協助你識別小物件並隱藏非本質的表示機制。你將發現許多具內聚性的小物件，並在許多不同的情境中重複使用它們。

內聚性（*cohesion*）

內聚性是軟體類別或模組內的諸多元素互相合作以實現單一明確目標的程度。它是指物件之間，以及物件與模組的整體目標之間密切相關的程度。在軟體設計中，你可以將高內聚性視為一種理想的特性，因為它意味著模組內的元素密切相關，能夠有效地合作以實現特定目標。

4.1 建立小物件

問題

你有許多僅以欄位（field）來儲存原始型態的巨大物件。

解決方案

在 MAPPER 中為小物件找出職責並將它們具體化。

討論

自計算機早期以來，工程師就將所見的一切對映到他們熟悉的原始資料型態，例如 *String*、*Integer* 和 *Collection*。對映至這些資料型態有時違反抽象和快速失敗原則。如以下範例所示，Person 的 name 與字串有不同的行為：

```
public class Person {
    private final String name;

    public Person(String name) {
        this.name = name;
    }
}
```

將名字的概念具體化：

```
public class Name {
    private final String name;

    public Name(String name) {
        this.name = name;
        // Name 有它自己的建造規則、比較方式……等。
        // 可能和字串不同。
    }
}

public class Person {
    private final Name name;

    public Person(Name name) {
        // 建立有效的 Name，
```

```
        // 你不需要在此加入驗證程式。
        this.name = name;
    }
}
```

我們以 *Wordle* 遊戲的五字母單字為例。Wordle word 的職責與 char(5) 不同，而且在對射上也沒有對映。如果你想製作一個 Wordle 遊戲，你將看到 Wordle 單字的對射與 String 或 char(5) 的不同，因為它們的職責不同。例如，String 的職責不包括檢查它自己與未公開的 Wordle 單字之間有多少相同的字母。而 Wordle 單字的職責不包含串接（concatenate）。

Wordle

Wordle 是一種流行的線上猜字遊戲，你有六次機會猜出遊戲所選擇的五字母單字。在每次猜測時，你要輸入一個包含五個字母的單字，遊戲會指出哪些字母是正確的而且在正確的位置上（用綠色方塊來表示），哪些字母是正確的但位置錯誤（用黃色方塊表示）。

有極少量的重要任務系統會在抽象和效能之間取得平衡。但為了避免過早優化（參見第 16 章「過早優化」），你要依賴現代計算機和虛擬機器的優化，而且一定要根據現實證據來做出判斷。找到小物件是非常困難的任務，需要一些經驗才能把這件事做好並且避免過度設計。在決定如何與何時對映某個東西時，你沒有銀彈（no silver bullet）可用。

No Silver Bullet

「no silver bullet」概念是計算機科學家暨軟體工程先驅 Fred Brooks 在 1986 年寫的文章「No Silver Bullet: Essence and Accidents of Software Engineering」中提出來的（*https://oreil.ly/XeO8Y*）。Brooks 認為世上沒有單一解決方案或方法可以解決所有的問題，或顯著提升軟體開發工作的生產力和效率。

參閱

訣竅 4.2，「具體化原始資料」

訣竅 4.9，「建立日期區間」

4.2 具體化原始資料

問題

你有一些物件使用過多原始資料。

解決方案

使用小物件，而不是原始的物件。

討論

假設你正在設計一個 web 伺服器：

```
int port = 8080;
InetSocketAddress in = open("example.org", port);
String uri = urifromPort("example.org", port);
String address = addressFromPort("example.org", port);
String path = pathFromPort("example.org", port);
```

這個簡單的例子有很多問題。它違反了「Tell, don't ask」原則（參見訣竅 3.3，「移除物件的 setter」）和快速失敗原則。此外，它不遵循 MAPPER 設計原則，並違反子集合原則（subset principle）。由於這些物件沒有明確地將「做什麼」和「怎麼做」分開，所以使用這些物件之處都要編寫重複的程式碼。

軟體產業很不喜歡建立小物件以及分開「做什麼」和「怎麼做」，因為找出這些抽象需要額外的精力。務必檢查小組件的協定和行為，不要試圖理解關於事物如何運作的內部知識。以下 s 是符合對射的解決方案之一：

```
Port server = Port.parse(this, "www.example.org:8080");
// Port 是具備職責與協定的小物件

Port in = server.open(this); // 回傳一個 port，而不是一個數字
URI uri = server.asUri(this); // 回傳一個 URI
InetSocketAddress address = server.asInetSocketAddress();
// 回傳一個 Address
Path path = server.path(this, "/index.html"); // 回傳一個路徑
// 它們都是經過驗證的小型對射物件，
// 具有極少而明確的職責。
```

參閱

訣竅 4.1，「建立小物件」

訣竅 4.4，「移除字串的濫用」

訣竅 4.7，「具體化字串驗證」

訣竅 17.15，「重構資料泥團」

參考資料

Refactoring Guru 的「Primitive Obsession」（*https://oreil.ly/ByDW-*）。

4.3 將關聯陣列具體化

問題

你用貧乏關聯（鍵／值）陣列來表示真實的物件。

解決方案

使用陣列來快速地設計雛型，並在重要的業務中使用物件。

討論

快速雛型設計（*rapid prototyping*）

在產品開發過程中，快速雛型設計就是快速地建立雛型並透過最終使用者來驗證它。這種技術可讓設計師和工程師在建構一致的、穩健的、優雅的 clean code 之前，先測試設計，並優化它。

使用關聯陣列來表示貧乏物件很方便。如果你在程式碼裡面遇到它們，這個訣竅可以幫助你具體化這個概念並將它們換掉。使用豐富物件可幫助你寫出 clean code，讓你快速失敗、維護完整性、避免程式碼重複，並加強內聚性。

很多人都有原始型態迷戀，並認為這是過度設計。設計軟體就是做出決策並權衡得失。現代的虛擬機器可以有效率地處理小型且短暫存在的物件，因此原始型態可提升效能的論點已經不再成立了。

這是一個貧乏且迷戀原始型態的範例：

```
$coordinate = array('latitude'=>1000, 'longitude'=>2000);
// 它們只是陣列。有一大堆原始資料。
```

根據對射概念，這種寫法更精確：

```
final class GeographicCoordinate {
    function __construct($latitudeInDegrees, $longitudeInDegrees) {
        $this->longitude = $longitudeInDegrees;
        $this->latitude = $latitudeInDegrees;
    }
}

$coordinate = new GeographicCoordinate(1000, 2000);
// 應該丟出錯誤，因為這些值在地球上不存在
```

你需要一個最初就有效的物件：

```
final class GeographicCoordinate {
    function __construct($latitudeInDegrees, $longitudeInDegrees) {
        $this->longitude = $longitudeInDegrees;
        $this->latitude = $latitudeInDegrees;
    }
}

$coordinate = new GeographicCoordinate(1000, 2000);
// 應該丟出錯誤，因為這些值在地球不存在

final class GeographicCoordinate {
    function __construct($latitudeInDegrees, $longitudeInDegrees) {
        if (!$this->isValidLatitude($latitudeInDegrees)) {
            throw new InvalidLatitudeException($latitudeInDegrees);
            }
        $this->longitude = $longitudeInDegrees;
        $this->latitude = $latitudeInDegrees;
        }
    }
}

$coordinate = new GeographicCoordinate(1000, 2000);
// 丟出錯誤，因為這些值在地球不存在
```

這裡有一個模擬緯度的小物件（參見訣竅 4.1，「建立小物件」）：

```
final class Latitude {
    function __construct($degrees) {
        if (!$degrees->between(-90, 90)) {
            throw new InvalidLatitudeException($degrees);
        }
    }
}

final class GeographicCoordinate {

    function distanceTo(GeographicCoordinate $coordinate) { }
    function pointInPolygon(Polygon $polygon) { }
}

// 現在你進入地理世界，而不是在陣列世界了。
// 你可以安全地做很多新奇的事情。
```

在建立物件時，切勿將它們視為資料。這是一個常見的誤解。你應該忠於對射的概念，並發現現實世界的物件。

參閱

訣竅 3.1，「將貧乏物件轉換為豐富物件」

4.4 移除字串的濫用

問題

你使用了太多 parsing（解析）、exploding、regex（正規表達式）、字串比較、子字串搜尋……等字串處理函式。

解決方案

使用真正的抽象和真實的物件，而不是非本質的字串操作。

討論

不要濫用字串。優先考慮真實物件。想想需要補上什麼協定來區分它與字串。這段程式碼執行了很多原始字串操作：

```
$schoolDescription = 'College of Springfield';

preg_match('/[^ ]*$/', $schoolDescription, $results);
$location = $results[0]; // $location = 'Springfield'.

$school = preg_split('/[\s,]+/', $schoolDescription, 3)[0]; //'College'
```

你可以將程式碼轉換成更具宣告性的版本：

```
class School {
    private $name;
    private $location;

    function description() {
        return $this->name . ' of ' . $this->location->name;
    }
}
```

我們找出在 MAPPER 中存在的物件來讓程式碼更具宣告性，更容易測試，並且能夠更快速地演進和改變。你還可以為新的抽象添加約束條件。使用字串來對映真實物件是一種原始型態迷戀和過早優化的徵兆（參見第 16 章「過早優化」）。有時字串版本的效能稍微好一些。如果你需要在採用此訣竅和進行低階操作之間做出選擇，務必建立真實的使用場景，並找出有意義的、有結論性的改進。

參閱

訣竅 4.2，「具體化原始資料」

訣竅 4.7，「具體化字串驗證」

4.5　將時戳具體化

問題

你的程式碼使用時戳，但你只需要指定順序。

解決方案

請勿使用時戳來排列順序。集中並鎖死你的時間來源。

討論

在不同的時區和高度並行的場景中管理時戳是個眾所周知的問題。有時，你可能會將「依序排列項目」與「為它們加上時戳」的（潛在）解決方案混為一談。一如既往，在評估非本質的實作之前，你要先瞭解你想解決的**本質**問題是什麼。

有一種或許可行的解決方案是使用中央機構（centralized authority）或複雜的去中心化共識演算法（decentralized consensus algorithm）。這個訣竅想要挑戰的是「只需要使用有序序列，卻使用時戳」。時戳在許多語言中非常流行且比比皆是。如果你在對射中找到時戳，你只能使用本地時戳來模擬時戳。

以下是使用時戳的問題：

```
import time

# ts1 和 ts2 儲存以秒為單位的時間
ts1 = time.time()
ts2 = time.time() # 可能相同！！
```

這是不必使用時戳且更好的解決方案，因為你需要的只是循序行為：

```
numbers = range(1, 100000)
# 建立一個數字序列並在熱點使用它們

# 或者
sequence = nextNumber()
```

參閱

訣竅 17.2，「換掉單例」

訣竅 18.5，「修改建立全域日期的程式碼」

訣竅 24.3，「將浮點數改成十進制數字」

4.6 將子集合具體化，使其成為物件

問題

你在超集合領域中模擬物件，並使用許多重複的驗證程式碼。

解決方案

建立小物件，並驗證有限的領域。

討論

子集合是「原始型態迷戀」異味的一種特例。子集合物件在對射中存在，因此你必須在你的模擬器中建立它們。此外，當你試著建立無效的物件時，它應該立即失敗，遵循快速失敗原則（參見第 13 章「快速失敗」）。子集合違規的例子包括：電子郵件是字串的子集合、有效年齡是實數的子集合、連接埠是整數的子集合。不可見物件（invisible objects）有一些需要在單一處所執行的規則。

舉個例子：

```
validDestination = "destination@example.com"
invalidDestination = "destination.example.com"
// 不丟出錯誤
```

這是更好的領域限制：

```
public class EmailAddress {
    public String emailAddress;

    public EmailAddress(String address) {
        string expressions = @"^\w+([-+.']\w+)*@\w+([-.]\w+)*\.\w+([-.]\w+)*$";
```

```
        if (!Regex.IsMatch(email, expressions) {
          throw new Exception('Invalid email address');
        }
        this.emailAddress = address;
    }
}

destination = new EmailAddress("destination@example.com");
```

不要將這個解決方案與貧乏的 Java 版本混為一談（*https://oreil.ly/lAn5N*）。你應該忠於現實世界的對射。

參閱

訣竅 4.2，「具體化原始資料」

訣竅 25.1，「淨化輸入」

4.7 具體化字串驗證

問題

你在驗證字串的子集合。

解決方案

在驗證字串時，找出缺少的領域物件並將它們具體化。

討論

正經的軟體都有大量的字串驗證，它們往往沒有被寫在正確的位置，導致軟體變得既脆弱且混亂，對於這種情況，有一種簡單的解決方案是僅建構真實世界和有效的抽象：

```
// 第一個例子：地址驗證
class Address {
  function __construct(string $emailAddress) {
      // 在 Address 類別裡驗證字串違反
      // 單一責任原則
      $this->validateEmail($emailAddress);
```

```
      // ...
    }

    private function validateEmail(string $emailAddress) {
      $regex = "/[a-zA-Z0-9_-.+]+@[a-zA-Z0-9-]+.[a-zA-Z]+/";
      // Regex 是樣本 / 它可能是錯的
      // Email 與 Url 應該是第一類別 (first class) 物件

      if (!preg_match($regex, $emailAddress))
      {
        throw new Exception('Invalid email address ' . emailAddress);
      }
    }
  }

  // 第二個例子：Wordle

  class Wordle {
    function validateWord(string $wordleword) {
      // Wordle 字應該是真實世界的實體。不是字串的子集合
    }
  }
```

這是比較好的解決方案：

```
  // 第一個例子：地址驗證
  class Address {
    function __construct(EmailAddress $emailAddress) {
      // Email 必定有效 / 程式碼更簡潔且不重複
      // ...
    }
  }

  class EmailAddress {
    // 你可以重複使用這個物件多次，避免複製貼上
    string $address;
    private function __construct(string $emailAddress) {
      $regex = "/[a-zA-Z0-9_-.+]+@[a-zA-Z0-9-]+.[a-zA-Z]+/";
      // Regex 是個樣本 / 它可能是錯的
      // Email 與 Url 是第一類別物件

      if (!preg_match($regex, $emailAddress))
      {
        throw new Exception('Invalid email address ' . emailAddress);
      }
      $this->address = $emailAddress;
```

```
    }
  }

  // 第二個例子：Wordle

  class Wordle {
    function validateWord(WordleWord $wordleword) {
      // Wordle 單字是真實世界的實體，不是字串的子集合
    }
  }

  class WordleWord {
    function __construct(string $word) {
      // 避免建構無效的 Wordle 單字
      // 例如，length != 5
    }
  }
```

單一責任原則（*single-responsibility principle*）

單一責任原則是指軟體系統的每一個模組或類別都應該負責處理該軟體
提供的部分功能，而且該責任必須完全封裝在該類別中。換句話說，一個
類別只應該有一個變動的理由。

這些小物件很難找到，但是當你試著建立無效的物件時，它們將滿足快速失敗原則。
新的具體化物件也遵守**單一責任原則**和**不重複原則**。使用這些抽象可以強迫你實作已
經在它封裝的物件裡的特定行為。例如，WordleWord 不是 String，但你可能需要一些
函式。

不重複原則（*don't repeat yourself*，*DRY*）

不重複原則是指軟體系統應避免冗餘和重複的程式碼。DRY 原則的目標
是藉著減少重複的知識、程式碼和資訊，來讓軟體更容易維護、更容易理
解、更靈活。

有一種關於效能的對立論點指出，這些新的間接做法是**過早優化**的跡象，除非你從顧客
那裡得到實際的具體證據指出有實質的懲罰，否則應避免使用。建立這些新的小概念可
讓模型忠於對射，並確保模型始終保持健康。

> ### *SOLID* 原則
>
> SOLID 是幫助記憶物件導向程式設計的五條原則的縮寫。它們是 Robert Martin 定義的（ *https://oreil.ly/nzwH1* ），它們是一些指引和捷思法，不是死規則。我會在相關的章節中定義它們：
>
> - Single-responsibility principle，單一責任原則（見訣竅 4.7，「具體化字串驗證」）
> - Open-closed principle，開閉原則（見訣竅 14.3，「具體化布林變數」）
> - Liskov substitution principle，Liskov 替換原則（見訣竅 19.1，「拆除深繼承」）
> - Interface segregation principle，介面分離原則（見訣竅 11.9，「拆開肥大介面」）
> - Dependency inversion principle，依賴反轉原則（參見訣竅 12.4，「移除一次性介面」）

參閱

訣竅 4.4，「移除字串的濫用」

訣竅 6.10，「記錄正規表達式」

4.8 移除非必要的屬性

問題

你基於物件的屬性來建立物件，而不是基於物件的行為。

解決方案

刪除非本質的屬性。加入所需的行為，然後加入非本質的屬性，以支援所定義的行為。

討論

很多程式課教導學生迅速找出物件的各個部分,然後圍繞著它們建構函式,這種模型通常是互相耦合的,比「基於行為建立的模型」更難以維護。當你遵守 *YAGNI* 前提時(參見第 12 章「YAGNI」),你會發現這些屬性往往不需要。

每當初級程式設計師或學生想要建立一個人或一位員工的模型時,他們都會加入一個 id 或 name 屬性,而不考慮是否真的需要。你應該等到有足夠的行為證據時,才「按需」加入屬性。物件不是「資料容器」。

這是一個經典的教學範例:

```
class PersonInQueue
  attr_accessor :name, :job

  def initialize(name, job)
    @name = name
    @job = job
  end
end
```

當你關注行為,你就能夠做出更好的模型:

```
class PersonInQueue

  def moveForwardOnePosition
    # 實作協定
  end
end
```

測試驅動開發是一種很棒的行為發現技術,這種做法強迫你反覆找出行為和協定,並且盡量延遲進行非本質的實作。

 測試驅動開發(*test-driven development*,TDD)

測試驅動開發是一種開發週期極短的軟體開發程序:首先,開發者要編寫一個失敗的自動化測試案例,用它來定義想做的改進或新行為,然後寫出最簡單的生產程式碼來通過該測試,最後將新程式碼重構為可接受的標準。TDD 的主要目標之一是藉著確保程式碼具備良好的結構並遵循良好的設計原則來讓它更容易維護。它也有助於在開發的早期發現缺陷,因為每寫一段新程式碼都要進行測試。

訣竅 3.1，「將貧乏物件轉換為豐富物件」

訣竅 3.5，「移除自動屬性」

訣竅 3.6，「移除 DTO」

訣竅 17.17，「轉換可互換的物件」

4.9　建立日期區間

問題

你需要建立現實世界的時間區間模型，你有類似「開始日期」和「結束日期」的資訊，但沒有不變量規則，例如：「開始日期應該低於結束日期」。

解決方案

具體化這個小物件，並遵守 MAPPER 規則。

討論

這個訣竅提出一種很常見但可能被你忽略的抽象，它也有本章的其他訣竅中的問題：缺乏抽象、程式碼重複、有未執行的不變量（參見訣竅 13.2，「強制執行前提條件」）、原始型態迷戀以及違反快速失敗原則。「開始日期應該早於結束日期」這條限制意味著某個時間區間的開始日期應該在同一區間的結束日期之前發生。

之所以有「開始日期」應該早於「結束日期」這個限制，是為了確保所定義的區間具備邏輯意義，且定義區間所使用的日期有正確的順序。雖然你知道這件事，卻忘記建立 Interval 物件。難道你會把 Date 做成包含三個整數的一對物件嗎？當然不會。

這是個貧乏的範例：

```
val from = LocalDate.of(2018, 12, 9)
val to = LocalDate.of(2022, 12, 22)

val elapsed = elapsedDays(from, to)
```

```
fun elapsedDays(fromDate: LocalDate, toDate: LocalDate): Long {
    return ChronoUnit.DAYS.between(fromDate, toDate)
}

// 你會使用這個短函式
// 或它的行內版本多次
// 你沒有檢查 fromDate 是否小於 toDate
// 你可能讓計數的數字是負值
```

在具體化 Interval 物件後：

```
data class Interval(val fromDate: LocalDate, val toDate: LocalDate) {
    init {
        if (fromDate >= toDate) {
            throw IllegalArgumentException("From date must be before to date")
        }
        // 當然，Interval 必須是不可變的
        // 使用關鍵字 'data'
    }

    fun elapsedDays(): Long {
        return ChronoUnit.DAYS.between(fromDate, toDate)
    }
}

val from = LocalDate.of(2018, 12, 9)
val to = LocalDate.of(2002, 12, 22)

val interval = Interval(from, to) // 無效
```

這是一種「原始型態迷戀」異味，與建立模型的方式有關。當你發現軟體缺少簡單的驗證時，它必須然要做一些再具體化（reification）。

參閱

訣竅 4.1，「建立小物件」

訣竅 4.2，「具體化原始資料」

訣竅 10.1，「移除重複的程式碼」

## 第五章

可變性

沒有人可以踏入同一條河流兩次。河已經不是同一條河，他也不是同一個人了。

—— Heraclitus

5.0 引言

自從儲存程式（stored-program）的概念出現以來，我們就學到軟體等於程式加上資料。顯然沒有資料就沒有軟體。在物件導向程式設計裡，你會建立隨著時間而演進的模型，用它來模擬你從現實中觀察到的知識。然而，你肆意地操縱這些演變，有時濫用它們，導致不完整（因此無效）的表示機制，違反唯一重要的設計原則，並讓變動隨著漣漪效應傳播出去。

在泛函範式（functional paradigm）中，這種問題通常透過禁止變異來優雅地處理，所以可以（比較）不那麼嚴格。當你忠於第 2 章定義的可計算模型中的對射關係時，你應該可以區分物件的**非本質**的變化，並禁止所有**本質**的變化（因為它們會違反對射原則）。

在泛函編程中，不可變性（immutability）是一種嚴格的特性，許多物件導向語言正在開發工具來支援它。儘管如此，許多語言的核心類別仍然有 Date 或 String 之類的遺留物件。物件應該知道如何保護自己免受無效表示機制的侵害。它們是對抗變種體（mutants）的力量。

我們來回顧一下當今業界最廣泛使用的語言中的 Date 類別：

Go（*https://oreil.ly/LNc2M*）

　　Date 是 struct。

Java（*https://oreil.ly/m4Hx3*）

　　可變的（不建議使用）。

PHP（*https://oreil.ly/ye01k*）

　　可變的，濫用 setter。

Python（*https://oreil.ly/2eOOJ*）

　　可變的（在 Python 裡的所有屬性都是 public）。

JavaScript（*https://oreil.ly/e6Vph*）

　　可變的，濫用 setter。

Swift（*https://oreil.ly/GAdBG*）

　　可變的。

時間領域的表示法或許是最古老且最困難的挑戰之一。從一些語言的官方文件不建議使用這些 *getter* 可以看到，大多數現代語言從一開始就有設計不良的問題。

實現可變性的另一種做法

有一種可能的解方是將證明的責任反轉。物件在未明確宣告的情況下就是完全不可變的，如果它們發生變化，那就必須是非本質層面的改變，絕不能是本質層面的改變。這類改變不應該與使用它的任何其他物件耦合（參見訣竅 3.2，「識別物件的本質」）。

如果物件從建立以來就是完整的，它就能夠自始至終發揮其功用。物件從它存在以來就必須正確地代表實體。如果你在一個並行的環境中工作，你一定要讓物件始終保持有效。如果被物件代表的實體是不可變的，物件就必須是不可變的，而且大多數現實世界的實體都是不可變的。不可變特性是對射關係的一部分。

這些規則可讓模型與它的表示方式（representation）保持一致。從上述的論述可以推論出一系列的規則：

- 推論 1：物件自建立以來就必須是完整的（參見訣竅 5.3，「禁止更改本質」）。

- 推論 2：setter 不該存在（訣竅 3.3，「移除物件的 setter」）。

- 推論 3：getter 不該存在（除非它們在現實世界中存在，而且對射是有效的）。由於 get() 的責任不屬於任何物件行為，任何真實的實體都不應該回應 *getXXX()* 訊息（參見訣竅 3.8，「移除 getters」）。

5.1 將 var 改成 const

問題

你用 var 來宣告常數變數。

解決方案

明智地選擇變數名稱、作用域和可變性。

討論

許多語言支援變數和常數的概念。遵循快速失敗原則的關鍵在於定義正確的作用域。大多數語言不需要宣告變數，其他語言則允許宣告可變性，但你應該嚴謹且明確地宣告，並將所有變數宣告為 const，除非你需要更改它們。

下面的例子展示對變數再次賦值應出錯卻未出錯的情況：

```
var pi = 3.14
var universeAgeInYears = 13.800.000.000

pi = 3.1415 // 沒有錯誤
universeAgeInYears = 13.800.000.001 // 沒有錯誤
```

正確的做法是將它們定義為 const：

```
const pi = 3.14 // 值不能變異或改變
let universeAgeInYears = 13.800.000.000 // 值可以改變

pi = 3.1415 // 錯誤。不能定義
universeAgeInYears = 13.800.000.001 // 沒有錯誤
```

你可以藉著宣告 const 來進行變異檢測，以檢查值是否維持固定，並且明確地做這件事，來提升宣告性。有些語言規範使用大寫字母來定義常數，你應該遵從這些約定，因為易讀性非常重要，你要明確地宣告你的想法和用途。

變異檢測

變異檢測（*mutation testing*）是一種評估單元測試品質的技術。它對你要測試的程式碼進行可控的小更改（稱為「變異」），並檢查現有的單元測試能否檢測到這些更改。它可以幫助你辨識程式碼中需要進行額外測試的區域，你可以將它當成現有測試的品質指標。

變異包括對程式碼的小部分進行更改（例如，將布林值反過來、更改算術運算，將值換成 null……等），然後檢查是否出現測試失敗。

參閱

訣竅 5.2，「只將可變的東西宣告成變數」

訣竅 5.4，「避免可變的 const 陣列」

5.2 只將可變的東西宣告成變數

問題

你將值指派給變數並使用它，但永遠不會更改它。

解決方案

使用可變性選擇器（mutability selector），如果你的程式語言提供這個功能的話。

討論

你必須遵守對射變異性，將變數改為常數，並明確地定義其作用域。由於你一直從領域學習，有時你會猜測某個值可能隨著第 2 章定義的 MAPPER 變更，後來，你發現它不會變更，因此你要將它升級為常數。這可以避免 magic 常數（見訣竅 6.8，「將神祕數字換成常數」）。

在下面的範例程式中，有一個被定義為變數的密碼，但它永遠不會變更：

```
function configureUser() {
  $password = '123456';
  // 用變數來儲存密碼是一個漏洞
  $user = new User($password);
  // Notice variable doesn't change
}
```

你可以應用這個訣竅並將這個值宣告為常數：

```
define("USER_PASSWORD", '123456')

function configureUser() {
  $user = new User(USER_PASSWORD);
}

// 或

function configureUser() {
  $user = new User(userPassword());
}

function userPassword() : string {
  return '123456';
}
```

軟體 *linter*

軟體 *linter* 可以自動檢查原始碼中是否存在上述的問題。linter 的目標是在開發的早期抓到錯誤，以防止它們變得更難以修正，且修正代價更高。你可以設置 linter 來檢查各種問題，包括編寫風格、命名慣例和安全漏洞。你可以將大多數的 linter 安裝成 IDE 的外掛來使用，它們也可以當成持續整合／持續部署流水線中的步驟並增加價值。許多生成式機器學習工具，例如 ChatGPT、Bard……等，也有相同的效果。

許多 linters 可以幫助你檢查變數是否只被賦值一次，你也可以進行變異檢測（參見訣竅 5.1，「將 var 改為 const」），並試著修改變數，看看自動測試是否中斷。當變數的作用域更明確，而且你更瞭解它的特性和可變性時，你必須督促自己進行重構。

持續整合與持續部署

CI/CD（持續整合和持續部署）流水線可將軟體開發、測試和部署的過程
自動化。這個流水線的目的是簡化軟體開發過程、自動執行任務、提高程
式碼品質、以更快的速度在不同的環境中部署新功能和進行修正，並進一
步管理這個過程。

參閱

訣竅 5.1，「將 var 改成 const」

訣竅 5.6，「凍結可變常數」

訣竅 6.1，「縮小重複使用的變數的作用域」

訣竅 6.8，「將神祕數字換成常數」

5.3 禁止更改本質

問題

你的物件變異它們的本質。

解決方案

設定本質屬性之後就禁止改變它們。

討論

如訣竅 3.2，「識別物件的本質」所述，如果物件的本質在現實世界中不可能改變，那麼
一旦它被建立出來，它也不應該改變。優先考慮不可變物件以避免漣漪效應，並且優先
考慮參考透明性（referential transparency）（參見訣竅 5.7，「移除副作用」）。物件只應
變異非本質的層面，而不是本質的層面。

物件本質（object essence）

定義物件的本質可能是有挑戰性的任務，因為你必須透徹地理解它所屬的領域。如果物件的某個行為被移除後仍然有相同的功能，那個被移除的行為就不是本質的。由於屬性與行為耦合，屬性也遵循相同的規則。你可以改變汽車的顏色，改了顏色的車仍然是同一輛車，但你應該很難改變它的型號、序號……等。然而，這是很主觀的，因為現實世界也是主觀的，這也是工程的運作方式。這是一個工程程序，而不是科學程序。

回想一下 Date 比喻：

```
const date = new Date();
date.setMonth(4);
```

指向 **date** 物件的參考是常數，並且始終指向相同的日期。參考不能更改，但日期物件可以被能夠更改內部狀態的任何方法（在這個例子中是 setMonth()）改變。你必須刪除會改變本質屬性的所有 setter（參見訣竅 3.3，「移除物件的 setter」）：

```
class Date {
//  setMonth(month) {
//      this.month = month;
//  }
// 移除
}
```

從現在開始，日期無法更改，它的所有參考將持續綁定原始對映日期。

移除生產程式碼的 setter 可能導致缺陷。你可以進行小重構，調整物件的建立，並執行自動化測試。

參閱

訣竅 17.11，「避免連漪效應」

5.4 避免可變的 const 陣列

問題

你將一個陣列宣告為 const，但它可能變異。

解決方案

小心翼翼地使用語言的可變性指令，並瞭解其作用域。

討論

有些語言將參考宣告為常數，但這不等於不可變。在 JavaScript 中，你可以使用展開運算子（spread operator）：

```
const array = [1, 2];

array.push(3)

// array => [1, 2, 3]
// 難道它不是常數嗎？
// 常數 != 不可變？
```

變數 array 被定義為常數，這意味著它的參考不能被重新指定成不同值，然而，當陣列或物件被指派給常數變數時，物件的屬性或陣列的元素仍然可以修改，因為常數變數在記憶體中保存的是指向物件或陣列的參考，而不是物件或陣列本身。因此，當你呼叫 array. push(3) 時，你會修改常數變數 array 參考的陣列，而不是重新指派變數本身。

> 展開運算子
>
> JavaScript 的展開運算子是用三個點（...）來表示的。你可以使用它在期望收到零個或多個元素（或字元）的地方擴展可迭代的物件（例如陣列或字串）。例如，你可以使用它來合併陣列、複製陣列、將元素插入陣列，或展開物件的屬性。

以下是一個更具宣告性的例子：

```
const array = [1, 2];

const newArray = [...array, 3]
```

```
// array => [1, 2] 未變異
// newArray = [1, 2, 3]
```

展開運算子會建立原始陣列的淺複本，因此兩個陣列將不同且互相獨立。因為這是一種「語言功能」，在設計時，你一定要優先考慮不可變性，並且密切關注副作用。

淺複本（*shallow copy*）

淺複本是一種物件複本，它建立一個指向儲存原始物件的記憶體位置的新參考。原始物件和它的淺複本共享相同的值。改變其中一個物件的值會在另一個物件上反映出來。反之，深複本建立完全獨立於原始物件的複本，具有它自己的屬性和值。對原始物件的屬性或值進行的任何更改都不會影響深複本，反之亦然。

參閱

訣竅 5.1，「將 var 改成 const」

訣竅 5.6，「凍結可變常數」

參考資料

Mozilla.org 的「Spread Syntax（…）」（*https://oreil.ly/Ihs4b*）

5.5 移除延遲初始化

問題

你使用延遲初始化（lazy initialization），直到需要使用昂貴的物件時才取得它們。

解決方案

不要使用延遲初始化。改用物件供應器（object provider）。

討論

延遲初始化（*lazy initialization*）

延遲初始化就是將建立物件或計算值的時間往後延遲，直到實際需要它們
為止，而不是立即進行建立或計算。這種技術通常用來優化資源的使用，
並藉著盡量拖延初始化程序來提高效能。

延遲初始化有一些問題，例如多個執行緒同時試圖操作並初始化物件造成的並行問題和
競態條件。它也會讓程式碼變得更複雜，因為這是過早優化的典型例子（參見第 16 章
「過早優化」）。有時這會導致一個執行緒等待另一個執行緒初始化某個物件，如果第二
個執行緒也在等待第一個執行緒初始化不同的物件，程式可能會鎖死。

以下是一個使用 Python 內建的延遲初始化的簡單例子：

```
class Employee
  def emails
    @emails ||= []
  end

  def voice_mails
    @voice_mails ||= []
  end
end
```

在 Python 中，你可以使用 property 或 descriptor 來延遲資源的建立，直到它們被第一次
使用為止。emails 方法使用了 ||= 運算子，它是「或等於」的簡寫。它只會在變數為 nil
或 false 時賦值。在這個例子裡，如果 @emails 是 nil，它會將空陣列 [] 指派給它。

以下是在沒有明確地支援延遲初始化的語言中的同一個例子：

```
class Employee {
  constructor() {
    this.emails = null;
    this.voiceMails = null;
  }

  getEmails() {
    if (!this.emails) {
      this.emails = [];
    }
    return this.emails;
```

```
  }

  getVoiceMails() {
    if (!this.voiceMails) {
      this.voiceMails = [];
    }
    return this.voiceMails;
  }
}
```

你應該完全移除延遲初始化機制，並在建立物件時將必要的屬性初始化，就像你在其他的訣竅中看到的那樣：

```
class Employee
  attr_reader :emails, :voice_mails

  def initialize
    @emails = []
    @voice_mails = []
  end
end
# 你也可以注入一個設計模式，在外部處理 voice_mails，
# 如此一來，即可在測試程式中模擬（mock）它
```

延遲初始化是一種常見的模式，可用來檢查未初始化的變數。但你必須避免過早優化。如果真的有效能問題，你應該使用 *proxy* 模式、*facade* 模式或更獨立的解決方案，而不是單例（*singleton*）。單例是一種反模式，經常與延遲初始化一起出現（參見訣竅 17.2，「換掉單例」）。

 反模式（*antipattern*）

軟體反模式是一種設計模式，它乍看之下是個好方法，但最終會導致負面後果。許多專家在提出它們時認為它們是好辦法，但後來出現強烈的證據反對使用它們。

參閱

訣竅 15.1，「建立 null 物件」

訣竅 17.2，「換掉單例」

5.6 凍結可變常數

問題

你使用 const 關鍵字來將某事物宣告為常數，但是你可以變更它的某些部分。

解決方案

使用不可變的常數。

討論

你可能在計算機程式設計的第一堂課中學會如何宣告常數，但像之前一樣，某物是否為常數並不重要，重要的是它不會變異。這個訣竅會隨著不同的程式語言而異。JavaScript 出了名地不遵守「最少驚訝原則」。因此，以下的行為完全不意外：

```
const DISCOUNT_PLATINUM = 0.1;
const DISCOUNT_GOLD = 0.05;
const DISCOUNT_SILVER = 0.02;

// 由於變數是常數，你無法對其重新賦值
const DISCOUNT_PLATINUM = 0.05; // 錯誤

// 你可以將它們群組化
const ALL_CONSTANTS = {
  DISCOUNT: {
    PLATINUM = 0.1;
    GOLD = 0.05;
    SILVER = 0.02;
  },
};

const ALL_CONSTANTS = 3.14; // 錯誤

ALL_CONSTANTS.DISCOUNT.PLATINUM = 0.08; // 不是錯誤。不妙！

const ALL_CONSTANTS = Object.freeze({
  DISCOUNT:
    PLATINUM = 0.1;
    GOLD = 0.05;
    SILVER = 0.02;
```

```
});

const ALL_CONSTANTS = 3.14; // 錯誤

ALL_CONSTANTS.DISCOUNT.PLATINUM = 0.12; // 不是錯誤。不妙！
```

特別小心在常數裡的常數：

```
export const ALL_CONSTANTS = Object.freeze({
  DISCOUNT: Object.freeze({
    PLATINUM = 0.1;
    GOLD = 0.05;
    SILVER = 0.02;
  }),
});

const ALL_CONSTANTS = 3.14; // 錯誤

ALL_CONSTANTS.DISCOUNT.PLATINUM = 0.12; // 錯誤
// 雖然程式可以執行，但它耦合了，而且無法測試

Class TaxesProvider {
  applyPlatinum(product);
}

// 現在你可以能與介面（taxes provider 的協定）耦合
// 由於類別沒有 setter，它是常數且不可變的
// 並且你可以在測試程式中替換它
```

這種麻煩的行為只會在 JavaScript 這樣的語言中發生。你可以執行變異檢測（參見訣竅 5.1，「將 var 改為 const」）來尋找已更改的值，就像在上一個訣竅裡那樣，而且你要使用正確的工具來實作可變性。

 最少驚訝原則（*principle of least surprise* 或 *principle of least astonishment*）

最少驚訝原則指的是系統應該以最不讓使用者意外的方式運作，並且要符合使用者的期望。如果遵守這個原則，使用者就可以輕鬆地預測與系統互動會發生什麼事情。作為開發者，你應該設計更直覺且容易使用的軟體，從而提高使用者的滿意度和生產力。

參閱

訣竅 5.4，「避免可變的 const 陣列」

訣竅 6.1，「縮小重複使用的變數的作用域」

訣竅 6.8，「將神祕數字換成常數」

5.7 移除副作用

問題

你的函式會執行副作用。

解決方案

避免副作用。

討論

副作用帶來耦合、意外的結果，並違反最少驚訝原則（參見訣竅 5.6，「凍結可變常數」）。它們也可能在多處理（multiprocessing）環境中引起衝突。你可以實現參考透明性，只和你自己和你的參數小心地互動。

參考透明性（*referential transparency*）

具有參考透明性的函式在收到特定的輸入時，一定產生一致的輸出，並且沒有任何副作用，例如修改全域變數或執行 I/O 操作。換句話說，如果函式或表達式是參考透明的，你就可以將它換成它的計算結果而不會改變程式的行為。這是泛函編程範式的基本概念之一，在泛函編程裡，函式是將輸入對映到輸出的數學表達式。

下面是一個既影響全域變數也影響外部資源的函式：

```
let counter = 0;

function incrementCounter(value: number): void {
```

```
  // 兩個副作用
  counter += value; // it modifies the global variable counter
  console.log(`Counter is now ${counter}`); // 它將訊息 log 至主控台
}
```

避免所有副作用可以讓你的函式變得可重入（reentrant）和可預測：

```
let counter = 0;

function incrementCounter(counter: number, value: number): number {
  return counter + value; // 不太有效率
}
```

大多數的 linter 都可以在有東西操作全域狀態或函式並建立副作用時發出警告。泛函編程很棒，可以教你關於如何編寫 clean code 的很多事情。

參閱

訣竅 18.1，「具體化全域函式」

5.8 避免 hoisting

問題

你還沒有宣告變數就開始使用它們。

解決方案

宣告你的變數並注意其作用域。

討論

hoisting（提升）會讓程式更不易讀並違反最少驚訝原則。你一定要明確地宣告變數，盡量使用 const 宣告（參見訣竅 5.1，「將 var 改為 const」），並在作用域的開頭宣告變數。hoisting 就是在編譯階段將變數的宣告移到它們涵蓋的作用域的最上面。有幾種語言會將以 var 來宣告的變數和函式自動「hoist」到它們各自的作用域的最上面。

下面的例子還沒有定義變數就使用它了：

```
console.log(willBeDefinedLater);
// 輸出：undefined (but no error)

var willBeDefinedLater = "Beatriz";
console.log(willBeDefinedLater);
// 輸出："Beatriz"
```

明確地使用 const 來宣告：

```
const dante = "abandon hope all ye who enter here";
// 宣告常數 'dante'
// 並將它的值設為 "abandon hope all ye who enter here"

console.log(dante);
// 輸出："abandon hope all ye who enter here"

dante = "Divine Comedy"; // 錯誤：對常數變數賦值
```

你可以執行變異檢測來檢查改變變數的作用域會不會導致意外的結果。hoisting 是某些編譯器為了幫助懶惰的程式設計者而提供的 magic 工具之一，但它會在偵錯時反咬你一口。

參閱

訣竅 5.1，「將 var 改成 const」

訣竅 21.3，「移除 Warning/Strict Off」

參考資料

Wikipedia 的「Hoisting」（*https://oreil.ly/HuOXo*）

## 第六章

宣告性程式碼

行為是軟體最重要的東西，它被使用者依賴。使用者喜歡我們添加行為（前
提是那些行為確實是他們想要的），但如果我們改變或移除他們所依賴的行為
（引入 bug），我們就會失去他們的信任。

—— Michael Feathers，《*Working Effectively with Legacy Code*》

6.0 引言

宣告性（declarative）程式碼就是敘述程式要做什麼的程式碼，而不是指定程式應該採
取哪些步驟來完成任務。這種程式碼關注所需的結果（做什麼），而不是實現該結果的
過程（怎麼做）。宣告性程式碼比命令性程式碼更容易閱讀和理解，命令性程式碼會指
定程式應該採取哪些步驟來完成任務。宣告性程式碼也比較簡潔，把重心放在最終結
果，而不是實作該結果的具體細節。

宣告性程式碼通常是在支援泛函編程的程式語言裡使用的，泛函編程這種編程範式強調
使用函式來定義程式的計算。宣告性程式語言的例子包括用來管理資料庫的 *SQL*，以及
用來將 web 文件結構化和格式化的 *HTML*。

在早期，由於時間和空間的限制，人們有時需要使用低階語言來編寫軟體，現代軟體開發
有一些那個年代遺留下來的習慣。但時代已經不同了，現代的編譯器和虛擬機器比以往更
聰明，讓你只需要進行重要的任務，也就是編寫高階、宣告性且清楚的程式碼。

6.1 縮小重複使用的變數的作用域

問題

你在不同的作用域內重複使用相同的變數。

解決方案

不要為了不同的目的而讀取和寫入相同的變數,你必須為所有局部變數定義最小的作用域(生命週期)。

討論

重複使用變數會令人難以追蹤作用域和邊界,也會防礙重構工具提取獨立的程式碼區塊。在編寫指令碼(script)時,我們經常重複使用變數。經過一些剪下貼上操作之後,你可能寫出連續的程式碼區塊。問題的根本原因是複製程式碼。你應該改用訣竅 10.1,「移除重複的程式碼」。一般來說,你要盡量縮小作用域,因為大的作用域會造成混淆,更難以偵錯。

你可以在這個範例程式中看到 total 變數被重複使用:

```
// 印出 line total
double total = item.getPrice() * item.getQuantity();
System.out.println("Line total: " + total);

// 印出 amount total
total = order.getTotal() - order.getDiscount();
System.out.println( "Amount due: " + total );

// 'total' 變數被重複使用
```

你應該縮小變數的作用域,將作用域拆成兩個不同的區塊。你可以使用訣竅 10.7,「提取方法,將它做成物件」來做這件事:

```
function printLineTotal() {
  double lineTotal = item.getPrice() * item.getQuantity();
  System.out.println("Line total: " + lineTotal);
}

function printAmountTotal() {
```

```
    double amountTotal = order.getTotal() - order.getDiscount();
    System.out.println("Amount due: " + amountTotal);
}
```

一般來說，你要避免重複使用變數名稱，改用更局部、更具體，且更彰顯意向的名稱。

參閱

訣竅 10.1，「移除重複的程式碼」

訣竅 10.7，「提取方法，將它做成物件」

訣竅 11.1，「拆開過長的方法」

訣竅 11.3，「減少多餘的變數」

彰顯意向（*intention-revealing*）

彰顯意向的程式碼能夠明確地傳達它的目的或意向給未來閱讀或使用程式碼的其他開發者知道。彰顯意向的目標是讓程式碼更具行為性、宣告性、易讀性、易理解性和易維護性。

6.2 移除空行

問題

你的程式碼用空行來隔離大塊的程式碼。

解決方案

使用訣竅 10.7，「提取方法，將它做成物件」來拆開以空行分隔的行為區塊。

討論

較短的函式可以讓程式更易讀與重複使用，且滿足 KISS 原則。在下面的例子裡，你可以將以空行分隔的相鄰程式碼區塊分組：

```
function translateFile() {
    $this->buildFilename();
    $this->readFile();
    $this->assertFileContentsOk();  // 還有很多行

    // 用空白來暫停定義
    $this->translateHyperlinks();
    $this->translateMetadata();
    $this->translatePlainText();

    // 另一段空白
    $this->generateStats();
    $this->saveFileContents();  // 還有很多行
}
```

你可以使用訣竅 10.7「提取方法，將它做成物件」來得到一個更簡短的版本，將這些程式碼區塊分組：

```
function translateFile() {
    $this->readFileToMemory();
    $this->translateContents();
    $this->generateStatsAndSaveFileContents();
}
```

如果你使用 linter，你可以設定它，讓它在你使用空行時，以及在方法過長時發出警告。空行是無害的，但它象徵一個將程式碼分成小步驟的機會。如果你使用註釋而不是空行來分隔程式碼（或使用註釋加空行），它是一種異味，意味著你要進行重構了（參見訣竅 8.6，「移除方法內的註釋」）。

 KISS 原則

KISS 是「Keep It Simple, Stupid.」的縮寫。它指出系統在保持簡單時有最佳表現，而不是在變得複雜時。簡單的系統比複雜的系統更容易理解、使用和維護，因此比較不容易故障或產生意外的結果。

參閱

訣竅 8.6，「移除方法內的註釋」

訣竅 10.7，「提取方法，將它做成物件」

訣竅 11.1，「拆開過長的方法」

參考資料

Robert Martin 的著作《無瑕的程式碼》詳細地解釋了這個訣竅。

6.3 移除以版本代號來命名的方法

問題

你的方法用版本時戳來命名，例如 sort、sortOld、sort20210117、sortFirstVersion、workingSort……等。

解決方案

將名稱裡的版本代號刪除，並使用版本控制軟體。

討論

在名稱裡加上版本代號的函式會讓程式更不容易閱讀和維護。你應該只為實作產物（類別、方法、屬性）留下一個有效的版本，並將時間控制工作交給版本控制系統。如果你在方法名稱裡加入版本，像這樣：

```
findMatch()
findMatch_new()
findMatch_newer()
findMatch_newest()
findMatch_version2()
findMatch_old()
findMatch_working()
findMatch_for_real()
findMatch_20200229()
findMatch_thisoneisnewer()
findMatch_themostnewestone()
findMatch_thisisit()
findMatch_thisisit_for_real()
```

你應該將所有方法都換成更簡單的：

```
findMatch()
```

就像許多其他模式一樣，你可以制定內規並和大家明確地溝通。你也可以加入自動規則來找出具有某些版本模式的方法名稱。軟體開發領域一直都存在時間管理和程式碼演變管理，幸運的是，你現在有成熟的工具可以解決這個問題。

軟體原始碼控制系統

軟體原始碼控制系統是一種工具，它可以幫助開發者追蹤針對軟體專案原始碼進行的更改。它可以讓你和其他開發者同時在相同的碼庫裡工作、促進合作、復原更改，以及管理程式碼的不同版本。Git 是目前最流行的系統。

參閱

訣竅 8.5，「將註釋轉換成函式名稱」

6.4 移除雙重否定

問題

你的方法以否定條件命名，因為你想要確保該條件不會發生。

解決方案

始終使用正面的名稱來命名變數、方法和類別。

討論

這個訣竅的目的是為了提升易讀性。當你看到否定條件時，你的大腦可能會被誤導。以下是一個雙重否定的例子：

```
if (!work.isNotFinished())
```

把它改成正面的表達方式：

```
if (work.isDone())
```

你可以要求 linter 檢查正規表達式是否包含 !not 或 !isNot 並提出警告。你要信任測試覆蓋率，並換成一個安全的名稱，以及進行其他重構。

參閱

訣竅 10.4，「移除程式中的小聰明」

訣竅 14.3，「具體化布林變數」

訣竅 14.11，「不要在檢查條件時回傳布林值」

訣竅 24.2，「處理 truthy 值」

參考資料

Refactoring.com 的「Remove Double Negative」（*https://oreil.ly/bR1Sf*）

6.5 更改放錯位置的職責

問題

你把方法放在錯誤的物件裡。

解決方案

根據 MAPPER 來建立或多載適當的物件以找出正確的位置。

討論

找出負責某項職責的物件是一項艱鉅的任務。你必須回答這樣的問題：「……是誰的責任？」和軟體領域以外的任何人對談可以從他們那裡得到一些提示，他們會告訴你應該將職責放在哪裡。反之，軟體工程師往往將行為放在奇怪的地方……例如 helper 裡！

以下是一些添加職責的例子：

```
Number>>#add: a to: b
  ^ a + b
```

// 這在許多程式語言中是自然的行為，但是在現實生活中是不自然的

這是不同的做法：

```
Number>>#add: adder
  ^ self + adder
```

// 這在一些程式語言中無法編譯，
// 因為那些語言通常禁止改變基礎類別的某些行為
// 但這是 'add' 職責的正確位置

有一些語言可以讓你在原始型態裡加入職責，如果你將職責放在適當的物件裡，你就一定可以在相同的位置找到它們。下面是另一個定義 PI 常數的例子：

```
class GraphicEditor {
  constructor() {
    this.PI = 3.14;
    // 你不應該在這裡定義常數
  }

  pi() {
    return this.PI;
    // 不是這個物件的職責
  }

  drawCircle(radius) {
    console.log("Drawing a circle with radius ${radius} " +
    "and circumference " + (2 * this.pi()) * radius");
  }
}
```

將職責移至 RealConstants 物件可以避免重複的程式碼：

```
class GraphicEditor {
  drawCircle(radius) {
    console.log("Drawing a circle with radius " + radius +
      " and circumference " + (2 * RealConstants.pi() * radius));
  }
}
// 定義 PI 是 RealConstants（或 Number 或類似的物件）的責任
```

```
class RealConstants {
  pi() {
    return 3.14;
  }
}
```

參閱

訣竅 7.2，「改名及拆開 helper 與工具程式」

訣竅 17.8，「防止依戀情節」

6.6 換掉明確的迭代

問題

你應該在學習程式設計時學過迴圈，但列舉器（enumerator）和迭代器（iterator）是新世代的工具，而且你需要使用更高階的抽象。

解決方案

在迭代時不要使用索引，優先考慮高階的集合。

討論

索引往往破壞封裝且較不具宣告性。如果你的語言支援 foreach() 或高階迭代器，你應該優先使用它們，而且當你想要隱藏實作細節時，你可以使用 yield()、快取、代理、延遲載入……等。

下面是一個使用索引 i 來進行結構性迭代的例子：

```
for (let i = 0; i < colors.length; i++) {
  console.log(colors[i]);
}
```

下面是更具宣告性且更高階的範例：

```
colors.forEach((color) => {
  console.log(color);
});

// 你使用了 closure 與箭頭函式
```

但有一些例外情況。如果問題領域需要讓元素對射（見第 2 章的定義）至自然數（例如索引），那就適合採取第一種做法。別忘了你一定要找到現實世界的類比物件。很多開發者認為這只是細微末節，不認為它是一種異味，但建構 clean code 的關鍵就是這些可能造成差異的少數幾個宣告性的東西。

參閱

訣竅 7.1，「展開縮寫」

6.7 記錄設計決策

問題

你在程式碼中做了一些重要的決策，需要記錄原因。

解決方案

使用具宣告性和彰顯意向的名稱。

討論

你必須以宣告性的做法來展示你的設計或實作決策，例如藉著提取該決策並賦予清楚且彰顯意向的名稱。避免使用程式碼註釋，因為註釋就像「dead code」（死碼，無作用的程式碼），很容易過時，而且根本無法編譯。你只要明確地宣告該決策，或是將註釋轉換成一個方法即可。有時你可能會發現一些規則不太容易檢驗，舉例來說，如果你無法編寫失敗測試（failing test），你就要寫一個具備宣告性名稱的函式來提示將來需要更改，而不是使用註釋來提示。

下面是一個設計決策不明確的例子：

```
// 你需要使用更多的記憶體執行這個程序
set_memory("512k");

run_process();
```

以下是明確且清楚的例子，它提示了增加記憶體的原因：

```
increase_memory_to_avoid_false_positives();
run_process();
```

程式碼就像一篇散文，你要娓娓敘述你的設計決策。

參閱

訣竅 8.5，「將註釋轉換成函式名稱」

訣竅 8.6，「移除方法內的註釋」

6.8 將神祕數字換成常數

問題

你的方法使用大量的數字來進行計算，卻未說明它們的語義。

解決方案

不要使用神祕數字（*magic number*）而不加以解釋。否則你將不知道它們的來源，因而不敢更改它們，深怕破壞程式。

討論

神祕數字是耦合的根源。它們難以檢測與閱讀。你應該將每一個常數都改成語義名稱（有意義且彰顯意向的），並將它們換成參數，以便從外部模擬（mock）它們（參見訣竅 20.4，「將 mock 換成真實物件」）。定義常數的物件通常不是使用常數的物件，幸運的是，許多 linter 都可以檢測屬性和方法裡的數字常值。

這是一個著名的常數：

```
function energy($mass) {
    return $mass * (299792 ** 2);
}
```

你可以改寫如下：

```
function energy($mass) {
    return $mass * (LIGHT_SPEED_KILOMETERS_OVER_SECONDS ** 2);
}
```

參閱

訣竅 5.2，「只將可變的東西宣告成變數」

訣竅 5.6，「凍結可變常數」

訣竅 10.4，「移除程式中的小聰明」

訣竅 11.4，「移除多餘的括號」

訣竅 17.1，「將隱藏的假設明確化」

訣竅 17.3，「拆開神物件」

6.9 分開「what」與「how」

問題

你的程式碼把注意力放在時鐘裡面的齒輪，而不是觀察時鐘的指針。

解決方案

不要亂動實作細節。用宣告性，而非命令性的方式寫程式。

討論

選擇適當的名稱對避免意外的耦合來說非常重要。在軟體產業中,將關注點分開有時是有挑戰性的任務,但功能強大的軟體能夠經歷時間的考驗。反過來說,著重實作層面的軟體(implementational software)會帶來耦合並且更難以修改。

有時,人們會使用註釋來記錄變更,但這不是好辦法,因為幾乎沒有人會去維護註釋(參見訣竅 8.5,「將註釋轉換成函式名稱」)。如果你在設計時把「考慮變更」和「彰顯意向」放在心上,你的程式碼將更具生命力,且運作得更順利。

在這個範例程式中,move 操作與 stepWork 的 pending task 耦合了:

```
class Workflow {
    moveToNextTransition() {
        // 你將業務規則與非本質的實作耦合了
        if (this.stepWork.hasPendingTasks()) {
            throw new Error('Preconditions are not met yet..');
        } else {
            this.moveToNextStep();
        }
    }
}
```

這是使用此訣竅的較佳解決方案:

```
class Workflow {
    moveToNextTransition() {
        if (this.canMoveOn()) {
            this.moveToNextStep();
        } else {
            throw new Error('Preconditions are not met yet..');
        }
    }

    canMoveOn() {
        // 你將非本質的實作 'how'
        // 隱藏在 'what' 下面
        return !this.stepWork.hasPendingTasks();
    }
}
```

選擇好名稱,並在必要時加入間接層,以避免過早優化(參見第 16 章「過早優化」)。不用在乎那些說你「浪費計算資源」還有「你需要深入理解」的意見。此外,任何現代的虛擬機器都可以快取或內聯(inline)這些額外的呼叫。

訣竅 8.5，「將註釋轉換成函式名稱」

訣竅 19.6，「將孤立的類別改名」

6.10 記錄正規表達式

問題

你有一些難以理解的神祕正規表達式。

解決方案

將複雜的正規表達式拆成更簡短且更具宣告性的範例。

討論

正規表達式會讓程式碼更難以閱讀、維護和測試；它們只應該用來驗證字串。如果你需要操作物件，不要將它們寫成字串，而是使用訣竅 4.1「建立小物件」來建立小物件。

下面是一個非宣告性的正規表達式：

```
val regex = Regex("^\\+(?:[0-9][- -]?){6,14}[0-9a-zA-Z]$")
```

下面是更具宣告性且更容易理解和偵錯的版本：

```
val prefix = "\\+"
val digit = "[0-9]"
val space = "[- -]"
val phoneRegex = Regex("^$prefix(?:$digit$space?){6,14}$digit$")
```

正規表達式是一種有效的工具。目前沒有太多自動檢查濫用的方法，但使用允許清單（allow list）可能有所幫助。正規表達式也很適合用來進行字串驗證。你必須以宣告性的方式使用它們，並且只能用於字串。好名稱對理解模式的意義很有幫助。如果你需要操作物件或層次結構（hierarchies），你應該使用物件來操作，除非你有令人信服的效能改進證明。

參閱

訣竅 4.7,「具體化字串驗證」

訣竅 10.4,「移除程式中的小聰明」

訣竅 16.2,「移除過早優化」

訣竅 25.4,「換掉邪惡的正規表達式」

6.11 將 Yoda 條件式改掉

問題

你把預期的值放在運算式的左側來檢查它。

解決方案

在編寫條件式時,將變數值寫在左側,把要檢查的值寫在右側。

討論

大多數的程式設計師都會先寫出變數或條件,再寫出要檢查的值,這也是斷言的正確順序。但有一些語言使用這種風格來避免在比較是否相等時意外賦值,這可能導致邏輯錯誤。

以下是 Yoda 條件的例子:

```
if (42 == answerToLifeMeaning) {
  // 防止因為打字錯誤而造成意外賦值
  // 因為 '42 = answerToLifeMeaning' 無效
  // 但 'answerToLifeMeaning = 42' 有效
}
```

它應該這樣寫:

```
if (answerToLifeMeaning == 42) {
  // 可能與 answerToLifeMeaning = 42 混淆
}
```

始終把要檢查的常數值放在比較式的左側。

參閱

訣竅 7.15，「根據角色重新命名參數」

6.12 移除不正經的方法

問題

你的程式碼或範例可能冒犯別人。

解決方案

不要使用不正經或冒犯性的表達方式。善待你的程式碼和讀者。

討論

請使用有意義的名稱，用專業的態度來編寫程式。你的職業有創意的層面，你可能有時感到無聊，想要開一下玩笑，但這會損害程式碼的易讀性和你的聲譽。下面是不專業的程式碼：

```
function erradicateAndMurderAllCustomers();
// 不專業且具冒犯性
```

較專業的版本是：

```
function deleteAllCustomers();
// 更有宣告性和專業
```

你可以整理一份禁用和不雅的單字清單，並自動檢查它們，或是在程式碼復審時檢查。命名慣例應該是通用的，不應該包含特定文化的用語。當你編寫生產程式碼時，你要確保未來的軟體開發者（甚至是未來的自己）能夠輕鬆地理解它。

參閱

訣竅 7.7，「將抽象的名稱改掉」

6.13 避免 callback 地獄

問題

你有使用 callback 的非同步程式碼，那些 callback 嵌套太多層，因而難以閱讀和維護。

解決方案

不要使用 callback 來處理呼叫。寫一個序列。

討論

當程式碼有嵌套多層的 callback 時，就會產生 callback 地獄，這會導致程式結構複雜且難以閱讀。有非同步程式的 JavaScript 經常出現這種情況，將 callback 函式當成參數傳給另一個函式。深度嵌套的程式碼結構也稱為「末日金字塔（Pyramid of Doom）」。

當你呼叫內部函式時，它可能回傳一個接收 callback 的函式，形成嵌套的一系列 callback，很快就變得難以理解和推理。

這是一個簡短的 callback 地獄範例：

```
asyncFunc1(function (error, result1) {
  if (error) {
      console.log(error);
  } else {
      asyncFunc2(function (error, result2) {
        if (error) {
          console.log(error);
        } else {
        asyncFunc3(function (error, result3) {
          if (error) {
            console.log(error);
          } else {
          // 繼續嵌套 callback...
        }
      });
    }
  });
  }
})
```

你可以將它改寫成這樣：

```
function asyncFunc1() {
  return new Promise((resolve, reject) => {
      // 非同步操作
      // ...

      // 如果成功
      resolve(result1);

      // 如果錯誤
      reject(error);
  });
}

function asyncFunc2() {
  return new Promise((resolve, reject) => {
      // 非同步操作
      // ...

      // 如果成功
      resolve(result2);

      // 如果錯誤
      reject(error);
    });
}

async function performAsyncOperations() {
  try {
      const result1 = await asyncFunc1();
      const result2 = await asyncFunc2();
      const result3 = await asyncFunc3();

      // 繼續進行後續的操作
  } catch (error) {
      console.log(error);
  }
}

performAsyncOperations();
```

你可以使用 promise 和 async/await 來解決這個問題，讓程式碼更易讀且更容易偵錯。

參閱

訣竅 10.4，「移除程式中的小聰明」

訣竅 14.10，「改寫嵌套的箭形程式碼」

6.14 產生優質的錯誤訊息

問題

你必須為使用你的程式碼的開發者（以及你自己）和最終使用者建立好的錯誤敘述。

解決方案

使用有意義的敘述並建議修正措施。向使用者表達這個善意會帶來長遠的影響。

討論

程式設計師幾乎都不是 UX 專家，儘管如此，你應該使用宣告性的錯誤訊息，為最終使用者著想，並以明確的退出操作（exit action）來顯示這些訊息。你必須遵守最少驚訝原則（參見訣竅 5.6，「凍結可變常數」），並用它來對待你的使用者。

下面是一個糟糕的錯誤敘述：

```
alert("Cancel the appointment?", "Yes", "No");

// 沒有後果和動作
// 選項不明確
```

你可以將它改成更宣告性的錯誤：

```
alert("Cancel the appointment? \n" +
    "You will lose all the history",
    "Cancel Appointment",
    "Keep Editing");

// 後果明確
// 選項有背景脈絡
```

不要因為使用有效的領域值而掩蓋錯誤，請明確地區分零和錯誤。下面的程式隱藏了網路錯誤，並錯誤地展示餘額 0，造成最終使用者的恐慌：

```python
def get_balance(address):
    url = "https://blockchain.info/q/addressbalance/" + address
    response = requests.get(url)
    if response.status_code == 200:
        return response.text
    else:
        return 0
```

這個版本更清楚且更明確：

```python
def get_balance(address):
    url = "https://blockchain.info/q/addressbalance/" + address
    response = requests.get(url)
    if response.status_code == 200:
        return response.text
    else:
        raise BlockchainNotReachableError("Error reaching blockchain")
```

具宣告性的例外說明

例外敘述應說明業務規則而不是錯誤。這是好的敘述：「數字應該介於 1 和 100 之間。」這是不好的敘述：「數字超出範圍。」請問範圍是多少？

你要在復審程式碼時閱讀所有例外訊息，並在引發例外或顯示訊息時考慮最終使用者。

參閱

訣竅 15.1，「建立 null 物件」

訣竅 17.13，「將使用者介面的業務程式碼移除」

訣竅 22.3，「將代表預期情況的例外改掉」

訣竅 22.5，「將回傳碼換成例外」

6.15 避免神祕修正

問題

你的一些句子在某些語言裡是有效且神祕（magical）的，但它們必須更明確，並遵守快速失敗原則。

解決方案

將程式碼中的神祕修正移除。

討論

一些語言將問題掩蓋在地毯下，進行神祕的修正和模糊的轉型，違反快速失敗原則。你應該明確地展示它們，排除所有的模稜兩可。將這種神祕句子：

```
new Date(31, 02, 2020);

1 + 'Hello';

!3;

// 這在大多數的語言裡是有效的
```

改成明確的寫法：

```
new Date(31, 02, 2020);
// 丟出例外

1 + 'Hello';
// 型態不相符

!3;
// 否定是一種布林操作
```

你可以在圖 6-1 中看到數字和字串相加產生的意外結果,這個做法在現實世界中是無效的,應該引發例外才對。

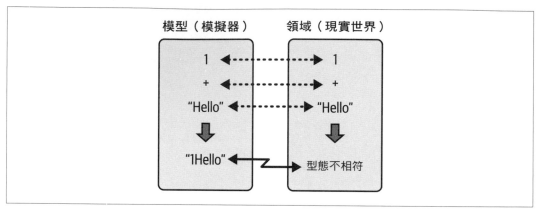

圖 6-1 在模型和現實世界中執行「+」方法產生不同的結果

許多這類問題是語言本身促成的。你的程式必須非常地清晰明確,不要濫用語言中的非本質解決方案,特別是當它們看起來很神祕時(而不是合理的)。很多程式設計師會故意使用語言功能來賣弄才華,但它們是沒必要的複雜程式,與 clean code 背道而馳。

參閱

訣竅 10.4,「移除程式中的小聰明」

訣竅 24.2,「處理 truthy 值」

## 第七章

命名

在計算機科學裡，困難的事情只有兩件：快取失效和命名。

—— Phil Karlton

7.0 引言

命名是軟體開發的重要層面，它直接影響程式碼是否容易閱讀、理解，和維護。你應該為物件、類別、變數、函式……等取一個好名字。好名字有助於減少混亂和錯誤，並可讓其他開發者更容易使用、修改和偵錯程式碼。對編譯器和直譯器來說，名字完全不重要，但撰寫程式是以人為本的活動，不好的名字可能導致混亂、誤解和缺陷。太籠統或不清楚的名字可能無法準確地反映程式碼元素的目的或行為，導致其他的開發者更難以理解如何使用或修改它，進而產生錯誤和浪費時間。

7.1 展開縮寫

問題

你有含糊不清的縮寫名稱。

解決方案

使用強而有力、足夠長、明確且具描述性的名稱。

討論

程式設計師在大多數的軟體專案中都會遇到不好的名稱，縮寫的意思與具體背景有關，而且可能會有歧義。以前的程式設計師使用簡短的名稱是因為當時記憶體稀缺，但現在你幾乎不會遇到這個問題。請勿在所有的背景下使用縮寫，包括變數、函式、模組、包、名稱空間、類別……等。

下面是使用標準 Golang 命名慣例的例子：

```
package main

import "fmt"
type YVC struct {
    id int
}

func main() {
    fmt.Println("Hello, World")
}
```

這種文字方面的過早優化（參閱第 16 章「過早優化」）會讓程式碼更不容易閱讀和維護。這種不良的做法在某些語言裡根深蒂固，無法改變。你應該將上述程式碼改為以下的範例，如果你可以這樣做的話：

```
package main

import "formatter"

type YoutTubeVideoContent struct {
    imdbMovieIdentifier int
}

function main() {
    formatter.Printline("Hello, World")
}
```

從圖 7-1 中可以看到，fmt 能對映到現實世界的許多不同的概念，和許多縮寫一樣。

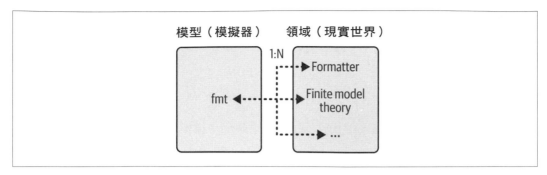

圖 7-1　模型裡的名稱是縮寫而且模糊不清，可對映到多個概念

計算機科學源自數學。在數學中，使用單一字母（i、j、x、y）是好辦法。參考（reference）的概念來自變數，有人會想：為什麼數學家可以使用這麼簡短的變數，計算機科學家卻不行？對於數學家來說，一旦進入公式，變數就失去所有語義並變得無法區分（indistinguishable），他們有很多命名習慣，會非常謹慎地選擇名稱。這兩個領域的差異在於數學家總是有一個完整且正式定義的局部脈絡，只要用一個字母就足以區分變數。

在程式中並非如此，你的大腦可能要浪費許多能量來釐清縮寫的含義，而且即便如此，你可能還會偶爾弄錯。提醒一下，軟體是為人類而寫的，不是為編譯器。含糊不清的名稱可能有許多意義。例如，*/usr* 代表 *universal system resources*，而非 *user*，而 */dev* 代表 *device*，而非 *development*。

參閱

訣竅 7.6，「使用長名稱」

訣竅 10.4，「移除程式中的小聰明」

7.2　改名及拆開 helper 與工具程式

問題

你有一個名為 Helper 的類別，它的行為無凝聚性（noncohesive）且含糊不清。

解決方案

為類別取一個更準確的名稱,並拆分職責。

討論

你可以在許多框架和範例程式中找到 helper,它是另一種模糊且空洞的名稱,通常違反最少驚訝原則(參見訣竅 5.6,「凍結可變常數」),也無法與現實世界對射(見第 2 章的定義)。解決這個問題的辦法是找出適當的名稱。如果這個 helper 是一個程式庫,那就將所有服務拆成不同的方法。

下面是一個 helper 類別:

```
export default class UserHelpers {
  static getFullName(user) {
    return `${user.firstName} ${user.lastName}`;
  }

  static getCategory(userPoints) {
    return userPoints > 70 ? 'A' : 'B';
  }
}

// 注意 static 方法
import UserHelpers from './UserHelpers';

const alice = {
  firstName: 'Alice',
  lastName: 'Gray',
  points: 78,
};

const fullName = UserHelpers.getFullName(alice);
const category = UserHelpers.getCategory(alice);
```

你可以使用更好的名稱並拆分職責:

```
class UserScore {
  // 這是個貧乏類別,應該有更好的協定

  constructor(name, lastname, points) {
    this._name = name;
    this._lastname = lastname;
    this._points = points;
```

```
  }
  name() {
    return this._name;
  }
  lastname() {
    return this._lastname;
  }
  points() {
    return this._points;
  }
}

class FullNameFormatter {
  constructor(userscore) {
    this._userscore = userscore;

  }
  fullname() {
    return `${this._userscore.name()} ${this._userscore.lastname()}`;
  }
}

class CategoryCalculator{
  constructor(userscore1) {
      this._userscore = userscore1;
  }
  display() {
    return this._userscore.points() > 70 ? 'A' : 'B';
  }
}

let alice = new UserScore('Alice', 'Gray', 78);

const fullName = new FullNameFormatter(alice).fullname();
const category = new CategoryCalculator(alice).display();
```

另一種做法是讓之前的 helper 變成無狀態以便重複使用，例如：

```
class UserScore {
  // 這是個貧乏類別，應該有更好的協定

  constructor(name, lastname, points) {
    this._name = name;
    this._lastname = lastname;
    this._points = points;
  }
```

```
  name() {
    return this._name;
  }
  lastname() {
    return this._lastname;
  }
  points() {
    return this._points;
  }
}

class FullNameFormatter {
  fullname(userscore) {
    return `${userscore.name()} ${userscore.lastname()}`;
  }
}

class CategoryCalculator {
  display(userscore) {
    return userscore.points() > 70 ? 'A' : 'B';
  }
}

let alice = new UserScore('Alice', 'Gray', 78);

const fullName = new FullNameFormatter().fullname(alice);
const category = new CategoryCalculator().display(alice);
```

在圖 7-2 中，你可以看到 NumberHelper 類別的職責和行為比現實世界對應物還要多。

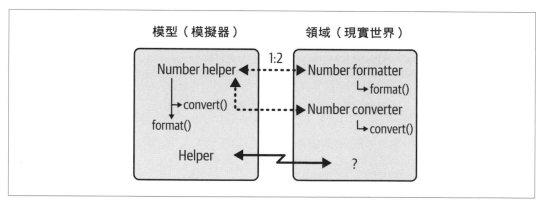

圖 7-2 你無法將 NumberHelper 對映到現實世界的單一實體

參閱

訣竅 6.5，「更改放錯位置的職責」

訣竅 7.7，「將抽象的名稱改掉」

訣竅 11.5，「移除多餘的方法」

訣竅 18.2，「具體化靜態函式」

訣竅 23.2，「將匿名函式具體化」

7.3 將 MyObjects 改名

問題

你的變數名稱以「my」開頭。

解決方案

將名稱開頭為「my」的變數改名。

討論

名稱開頭為「my」的物件缺乏脈絡且違反對射原則。你應該將名稱改成可以讓人知道其角色的名稱。有一些舊教學使用「my」這種懶惰的名稱，它是模糊的名稱，會導致脈絡錯誤，就像這個例子一樣：

```
MainWindow myWindow = Application.Current.MainWindow as MainWindow;
```

這是改進的版本，它使用 sales window 這個角色：

```
MainWindow salesWindow = Application.Current.MainWindow as MainWindow;

/*
由於視窗已被實例化，你目前正在使用
一個扮演特殊角色的特殊視窗
*/
```

7.4 將 result 變數改名

問題

你將函式、方法呼叫或計算的結果命名為模糊的「result」。

解決方案

無論如何，使用讓人知道角色的好名稱。「result」絕對是很糟糕的選項。

討論

找出 result 的語義。如果你不知道如何命名，那就用上次呼叫的函式的名稱來為變數命名。下面有一個在呼叫函式後賦值的 result 變數：

```
var result;
result = lastBlockchainBlock();

// 許多函式呼叫
addBlockAfter(result);
```

這是使用角色名稱的更好寫法：

```
var lastBlockchainBlock;
lastBlockchainBlock = findLastBlockchainBlock();

// 許多函式呼叫
// 你應該重構它們來減少
// 變數的定義和使用之間的空間
addBlockAfter(lastBlockchainBlock);
```

「result」是一種籠統且無意義的名稱，改名是一種簡單且安全的重構。如果你遇到這種程式碼，可遵守童子軍法則：

童子軍法則（*boy scout rule*）

Uncle Bob 的童子軍法則建議你離開程式碼時，讓它比你剛找到它時更好，就像童子軍在離開營地時，把它整理得比剛來時更乾淨一樣。這個法則鼓勵開發者在每次接觸程式碼時逐漸進行小幅度的改善，而不是製造日後難以清理的技術債（參見第 21 章「技術債」），它也傾向更改那些不夠好的東西。這與「If it ain't broke, don't fix it（東西沒壞就別修理）」原則矛盾。

theResult 是類似的問題，例如：

```
var result;
result = getSomeResult();

var theResult;
theResult = getSomeResult();
```

套用相同的訣竅可以得到：

```
var averageSalary;
averageSalary = calculateAverageSalary();

var averageSalaryWithRaises;
averageSalaryWithRaises = calculateAverageSalary();
```

「*If It Ain't Broke, Don't Fix It*」原則

「*If It Ain't Broke, Don't Fix It*」原則是在軟體開發領域中常見的說法，它指出如果軟體系統可以正常運作，那就沒必要對它進行任何更改或改進。這個原則可以追溯到軟體還沒有自動化測試的時代，當時進行任何更改都可能破壞既有功能。現實世界的使用者通常可以容忍新功能的缺陷，但是如果原本正常的功能突然不能按照他們預期的方式運作，他們會不高興。

參閱

訣竅 7.7，「將抽象的名稱改掉」

參考資料

Robert C. Martin 的 *Clean Code: A Handbook of Agile Software Craftsmanship*

7.5 將名稱中有型態的變數改名

問題

有一些名稱裡面有型態,但名稱應該提示角色才對。

解決方案

刪除型態,因為它是非本質的,且在對射中不存在。

討論

在進行設計時一定要考慮將來的變更,並隱藏與非本質的實作耦合的實作細節。為此,請根據變數的角色來更改變數的名稱。下面的 regex 是你建立的新實例:

```
public bool CheckIfPasswordIsValid(string textToCheck)
{
  Regex regex = new Regex(@"[a-z]{2,7}[1-9]{3,4}")
  var bool = regex.IsMatch(textToCheck);
  return bool;
}
```

為變數 regex 取一個有意義的名稱後變成這樣:

```
public bool CheckIfStringHas3To7LowercaseCharsFollowedBy3or4Numbers(
  string password)
{
  Regex stringHas3To7LowercaseCharsFollowedBy3or4Numbers =
    new Regex(@"[a-z]{2,7}[1-9]{3,4}")
  var hasMatch =
    stringHas3To7LowercaseCharsFollowedBy3or4Numbers.IsMatch(password);
  return hasMatch;
}
```

名稱應該有足夠的長度,但不能太長(參見接下來的訣竅 7.6,「使用長名稱」)。你也可以設定 linter 來警告不要使用與現有類別、型態或保留字相關的名稱,因為它們與實作的關係太密切了,以確保這條語意規則被遵守。你最初看到的名稱可能與非本質的觀點有關。使用 MAPPER 建構模型時,建立理論需要時間,就像第二章所定義的,但是當你完成時,你就要把變數的名稱改掉。

參閱

訣竅 7.6，「使用長名稱」

訣竅 7.7，「將抽象的名稱改掉」

訣竅 7.9，「刪除屬性裡的類別名稱」

7.6　使用長名稱

問題

你有冗長且累贅的名稱。

解決方案

名稱應該夠長且具描述性，但不能太長。縮短名稱，但不要使用自定的縮寫。

討論

長名稱可能降低易讀性並增加認知負擔。有一個簡單的原則是使用與 MAPPER 相關的名稱。如果縮寫在現實世界可以看到（例如 URL、HTTL、SSN），那麼它們是絕對可以接受的，因為它們在特定領域裡不會有歧義。

看看下面這個冗長且重複的名稱：

    PlanetarySystem.PlanetarySystemCentralStarCatalogEntry

這是較短且更簡潔的名稱：

    PlanetarySystem.CentralStarCatalogEntry

你可以訓練 linter 來提醒名稱太長的情況。記住，名稱的長度沒有嚴格的規則，你只能依靠捷思法來決定，而捷思法與背景脈絡有關。

認知負擔（*cognitive load*）

認知負擔是處理資訊並完成任務所需的心力和資源量。它是當人們同時處理、理解和記憶資訊時對記憶施加的負荷。

參閱

訣竅 7.1，「展開縮寫」

參考資料

Agile Otter 的「Long and Short of Naming」（*https://oreil.ly/G_69K*）

7.7 將抽象的名稱改掉

問題

你的名稱太抽象了。

解決方案

使用現實世界 MAPPER，將抽象名稱換成具體名稱。

討論

名稱應該有現實世界的意義。當你為實體命名時，你要將抽象名稱對映到現實世界的概念。這些抽象通常出現在程式設計的後期，在你建立了許多具體概念模型之後。這些領域名稱通常存在，但較難確定。反過來說，使用 *abstract*、*base*、*generic*、*helper*……等偽抽象名稱是不好的做法。

以下是抽象的例子：

```
final class MeetingsCollection {}
final class AccountsComposite {}
final class NotesArray {}
final class LogCollector {}

abstract class AbstractTransportation {}
```

以下是比較好的、比較具體的名稱，每一個都對映至真實世界的概念：

```
final class Schedule {}
final class Portfolio {}
```

```
final class NoteBook {}
final class Journal {}
final class Vehicle {}
```

你可以擬定自己的策略和規則，在出現某些詞彙時發出警告，例如 *base*、*abstract*、*helper*、*manager*、*object*……等。想出名稱應該是進行設計的最後一件事情。除非你對業務有清楚的瞭解，否則好的名稱會在最後時刻，在定義了行為和協定邊界之後浮現。

參閱

訣竅 7.2，「改名及拆開 helper 與工具程式」

訣竅 7.14，「將類別名稱開頭或結尾的 Impl 移除」

訣竅 12.5，「移除設計模式濫用」

7.8 更正拼字錯誤

問題

你的名稱中有拼寫錯誤和拼字錯誤。

解決方案

謹慎地命名。使用自動拼字檢查程式。

討論

易讀很重要，拼寫錯誤讓人很難在程式中搜尋它。請注意，多型（參見訣竅 14.14，「將非多型函式轉換為多型函式」）的基礎是許多名稱完全相同的方法。下面的例子裡有一個拼寫錯誤：

```
comboFeededBySupplyer = supplyer.providers();
```

這是修正後的樣子：

```
comboFedBySupplier = supplier.providers();
```

特別注意名稱，因為幾個月後，那位閱讀你的程式碼的人可能是你自己。

參閱

訣竅 9.1，「遵守程式碼標準」

7.9 刪除屬性裡的類別名稱

問題

你的變數裡面有類別名稱。

解決方案

不要在屬性名稱的開頭使用類別名稱。

討論

在名稱裡有多餘的部分是一種異味。這是一個非常簡單的訣竅，因為你應該不會單獨閱讀屬性，且名稱可提供背景脈絡。在下面的程式中，Employee 類別有一些屬性的開頭是 emp：

```
public class Employee {
    String empName = "John";
    int empId = 5;
    int empAge = 32;
}
```

移除多餘的 emp 之後，程式碼更簡潔：

```
public class Employee {
    String name;
    int id; // Id 是另一種異味
    int age; // 儲存 age 是另一種程式碼異味
}
```

如果你在變數名稱的開頭使用完整的名稱，linter 會提醒你。同樣，務必用行為來命名，而不是用型態或資料。

訣竅 7.3，「將 MyObjects 改名」

訣竅 7.5，「將名稱中有型態的變數改名」

訣竅 7.10，「將類別與介面的第一個字母移除」

7.10 將類別與介面的第一個字母移除

問題

你在類別名稱的開頭使用一個字母來代表抽象、介面……等。

解決方案

不要在類別名稱的開頭或結尾加上字母。始終遵循 MAPPER，使用完整的現實世界概念。

討論

這種做法在一些語言中很常見，但它會讓程式更難閱讀，而且當你嘗試對映程式碼的概念時，它會帶來認知負擔，它也會展示非本質的實作細節。同樣，你應該根據物件在做什麼來命名，而不是它們是什麼。有些語言有關於資料型態、抽象類別或介面的文化慣例，這些名稱會讓模型充滿難以理解的認知轉換，違反 KISS 原則（參見訣竅 6.2，「移除空行」）。在 C# 中，在介面的名稱裡加入「I」很常見，因為如果沒有它，你就無法確定它究竟是介面還是類別。

下面的範例有一個引擎介面、抽象的車，和實作的車：

```
public interface IEngine
{
    void Start();
}

public class ACar {}
```

如果你堅持使用對射的名稱，它會是：

```
public interface Engine
{
    void Start();
}

public class Vehicle {}
public class Car {}
```

你可以使用同義詞詞典來參考一些現實世界不存在的非慣例詞彙。

參閱

訣竅 7.9，「刪除屬性裡的類別名稱」

訣竅 7.14，「將類別名稱開頭或結尾的 Impl 移除」

7.11 將 basic / do 函式改名

問題

你有相同操作的多個變體，例如 sort、doSort、basicSort、doBasicSort、primitiveSort、superBasicPrimitiveSort。

解決方案

刪除函式包裝，因為它們會造成混淆，而且看起來像是 hack。

討論

使用包裝會讓程式更不易讀，並在方法之間製造耦合。它可能讓真正的入口很難找到。你應該呼叫哪個方法才對？如果你需要包裝行為，你可以使用優質物件包裝（object wrapper），例如動態裝飾器（dynamic decorator）。

下面是一個有許多入口的 Calculator 類別：

```
final class Calculator {

    private $cachedResults;

    function computeSomething() {
        if (isSet($this->cachedResults)) {
            return $this->cachedResults;
        }
        $this->cachedResults = $this->logAndComputeSomething();
    }

    private function logAndComputeSomething() {
        $this->logProcessStart();
        $result = $this->basicComputeSomething();
        $this->logProcessEnd();
        return $result;
    }

    private function basicComputeSomething() {
        // 在這裡做實際的工作
    }
}
```

這段程式使用物件而非方法：

```
final class Calculator {
    function computeSomething() {
        // 在這裡進行實際的工作，因為我是 compute 方法
    }
}

// 乾淨而內聚的類別，具有單一職責

final class CalculatorDecoratorCache {

    private $cachedResults;
    private $decorated;

    function computeSomething() {
        if (isset($this->cachedResults)) {
            return $this->cachedResults;
        }
        $this->cachedResults = $this->decorated->computeSomething();
    }
}
```

```
final class CalculatorDecoratorLogger {

    private $decorated;

    function computeSomething() {
        $this->logProcessStart();
        $result = $this->decorated->computeSomething();
        $this->logProcessEnd();
        return $result;
    }
}
```

你可以要求靜態 linter 找出採用某種命名慣例的包裝方法，例如 *doXXX()*、*basicXXX()* ……等。

裝飾器模式（*decorator pattern*）

裝飾器模式可讓你為個別物件動態地添加行為，而不影響同一類別的其他物件的行為。

7.12 將複數類別改成單數

問題

你的類別名稱使用複數詞。

解決方案

將類別名稱改成單數詞。類別代表概念，而概念是單數。

討論

命名需要付出額外的心力，你要在整個系統中使用相同的規則。下面是一個複數類別名稱：

```
class Users
```

你應該直接將它改名：

```
class User
```

現在，你可以建立一個 user，然後另一個，再另一個，並將它們全部放入一個容納 User 的集合中。

7.13 移除名字裡的「Collection」

問題

你的名字裡有「collection」這個詞。

解決方案

不要在名字裡使用「collection」。它對具體概念而言太過抽象。

討論

命名非常重要，而且你需要用集合來做很多事情。集合很好用，因為它們不需要用 null 來模擬不存在。空集合與滿集合有多型的關係，所以你可以避免使用 *null* 和 *if*。在名稱中使用「collection」會讓程式難以閱讀，這也是不當使用抽象。請在 MAPPER 中找出好名稱。

下面的例子有一個名為 customerCollection 的變數：

```
for (var customer in customerCollection) {
    // 用當下的 customer 來迭代
}

for (var currentCustomer in customerCollection) {
    // 用當下的 customer 來迭代
}
```

我們稍微改變名稱：

```
for (var customer in customers) {
    // 用當下的 customer 來迭代
}
```

所有 linter 都能夠找到這種不好的名稱，但它們可能也誤報，請謹慎使用。你要關心所有的 clean code、變數、類別和函式，因為準確的名稱對理解程式而言非常重要。

參閱

訣竅 12.6，「換掉業務集合」

7.14 將類別名稱開頭或結尾的 Impl 移除

問題

你的類別名稱開頭或結尾有「Impl」。

解決方案

用真實世界的概念來為你的類別命名。

討論

有些語言的慣用模式和常見用法與良好模型命名方式背道而馳，但你應該謹慎地挑選名稱。雖然知道類別實作了介面是件好事，但瞭解它在做什麼更好。下面有一個介面與實現該介面的類別：

```java
public interface Address extends ChangeAware, Serializable {
    String getStreet();
}

// 錯誤的名稱，在現實世界中沒有 'AddressImpl' 的概念
public class AddressImpl implements Address {
    private String street;
    private String houseNumber;
    private City city;
    // ..
}
```

在這個簡單的解決方案中，你只需要使用 Address：

```
// 簡單
public class Address {
    private String street;
    private String houseNumber;
    private City city;
    // ..
}

// 或
// 兩者都是真實世界的名稱
public class Address implements ContactLocation {
    private String street;
    private String houseNumber;
    private City city;
    // ..
}
```

記得根據本質對射來選擇類別名稱；不要遵循非本質實作，不要在介面名稱中加入「I」，也不要在實作中加入「Impl」。

參閱

訣竅 7.5，「將名稱中有型態的變數改名」

訣竅 7.7，「將抽象的名稱改掉」

7.15 根據角色重新命名參數

問題

你的方法參數名稱沒有宣告性。

解決方案

基於角色而不是非本質的位置來為參數命名。

討論

在編寫方法時,有時你不會暫停一下,尋找適當的名稱,也很少進行重構,以採用表達意向的名稱。看一下這個範例裡的參數名稱:

```
class Calculator:
  def subtract(self, first, second):
    return first - second
```

履行「提示角色」規則後,你使用一個明確表達背景的名稱:

```
class Calculator:
  def subtract(self, minuend, subtrahend):
    return minuend - subtrahend
```

這是使用單元測試框架的範例:

```
$this->assertEquals(one, another);
```

我們使用這個訣竅來改變參數名稱:

```
$this->assertEquals(expectedValue, actualValue);
```

當定義參數的位置與使它的位置距離很遠時,你更是要採取這種做法。在名稱裡提示角色較能表達背景和提供幫助。

參閱

訣竅 7.5,「將名稱中有型態的變數改名」

7.16 移除多餘的參數名稱

問題

你的方法參數使用重複的名稱。

解決方案

不要重複使用參數名稱。名稱應表達背景,而且是局部性的。

討論

這是一個程式碼重複的問題。你的參數應該使用能夠表達背景脈絡的名稱,而且名稱裡面不應該有你所建立的類別。這似乎是一個可有可無的小訣竅,但它很重要,因為這種建構式(constructor)有貧乏屬性(anemic property)。你之所以加入類別名稱,應該是根據屬性(property)來建立物件,而不是根據行為。當你使用名稱時,你可能會忘了單字可以表達背景脈絡,而且必須當成一個句子來讀。參數應該簡短,並且具備表達背景脈絡的名稱。

這是一個使用多餘單字的例子:

```
class Employee
  def initialize(
    @employee_first_name : String,
    @employee_last_name : String,
    @employee_birthdate : Time)
  end
end
```

將名稱中的多餘部分移除可產生更簡潔的名稱:

```
class Employee
  def initialize(
    @first_name : String,
    @last_name : String,
    @birthdate : Time)
  end
end
```

參閱

訣竅 7.9,「刪除屬性裡的類別名稱」

訣竅 9.5,「統一參數順序」

7.17 刪除名稱中的無關背景

問題

你在類別名稱的開頭或結尾使用全域識別符。

解決方案

不要在名稱的開頭或結尾使用不相關的資訊。刪除這些資訊，以遵循 MAPPER，讓程式碼更容易搜尋。

討論

在類別開頭附加資訊是幾十年前流行的做法，藉以宣告擁有權。你已經知道簡潔的名稱比較重要了，無關的背景（gratuitous context）就是在程式碼或使用者介面裡加入沒必要的額外資訊或資料，它們對軟體的功能或易用程度沒有任何貢獻。

下面是一個在開頭使用無關的 WEBB 的例子：

```
struct WEBBExoplanet {
    name: String,
    mass: f64,
    radius: f64,
    distance: f64,
    orbital_period: f64,
}

struct WEBBGalaxy {
    name: String,
    classification: String,
    distance: f64,
    age: f64,
}
```

刪除多餘的前綴後變成：

```
struct Exoplanet {
    name: String,
    mass: f64,
    radius: f64,
    distance: f64,
    orbital_period: f64,
}

struct Galaxy {
    name: String,
    classification: String,
    distance: f64,
    age: f64,
}
```

如果你的 IDE 有重新命名工具，你可以輕鬆地採用這個訣竅。記住，名稱皆應表達背景。

參閱

訣竅 7.9，「刪除屬性裡的類別名稱」

訣竅 7.10，「將類別與介面的第一個字母移除」

訣竅 7.14，「將類別名稱開頭或結尾的 Impl 移除」

7.18　不要在名稱裡使用 data

問題

使用實體領域名稱來模擬實體領域物件。

解決方案

不要在變數名稱裡使用「data」。

討論

不好的名字會降低易讀性。始終使用提示角色的名稱，並在對射中找出這些名稱。帶有「data」的名稱很容易讓物件變成貧乏的，考慮使用領域特有的，以及提示角色的名稱。這段程式檢查資料是否存在：

```
if (!dataExists()) {
  return '<div>Loading Data...</div>';
}
```

這段程式則檢查是否找到人：

```
if (!peopleFound()) {
  return '<div>Loading People...</div>';
}
```

你可以在程式碼中尋找 data 這個子字串,並提醒開發者。如果在你眼中的世界只有資料,資料將無處不在。你不應該看到被你操作的資料,只能透過行為來推斷它,就像你不知道當下的溫度,而是看到溫度計指到 35 度。你的變數應反映它們的領域和角色。

參閱

訣竅 3.1,「將貧乏物件轉換為豐富物件」

訣竅 7.5,「將名稱中有型態的變數改名」

## 第八章

註釋

> 註釋的正確用法是彌補我們無法用程式碼來表達的意思。
>
> —— Robert C. Martin，《*Clean Code: A Handbook of Agile Software Craftsmanship*》

8.0 引言

在組合語言時代，程式設計師想要表達的意思與計算機的運作方式之間有巨大的鴻溝，所以他們每隔幾行（有時是每一行）都要寫一段小故事來解釋接下來的指令是什麼意思。如今，註釋通常象徵程式作者沒有選擇好名稱，它們只應該用來描述非常重要的設計決策。它們是 dead code，因為它們無法被編譯或被執行。註釋往往與它們描述的程式碼大異其趣，它們會在程式裡變成可有可無、而且會誤導別人的漂浮島。clean code 幾乎不需要任何註釋。接下來的訣竅將告訴你使用註釋的準則。

組合語言（*assembly language*）

組合語言是一種低階程式語言，其用途是為特定的計算機架構編寫軟體程式。這是一種人類可讀的命令性語言，很容易轉換成機器語言，機器語言就是計算機能夠理解的語言。

8.1 移除被改成註釋的程式碼

問題

你把程式碼改成註釋了。

解決方案

不要遺留被改成註釋的程式碼。使用任何一種原始碼版本控制系統,並放心地移除被改成註釋的程式碼。

討論

在 2000 年以前,版本控制系統並不常見,自動測試也不是流行的做法。為了進行偵錯和測試小變動,程式設計師習慣將一段程式碼改成註釋,但這種做法現在已經成為邋遢的象徵。你可以轉而使用各種工具來尋找以前的版本和變動,例如 git bisect。

使用訣竅 8.5,「將註釋轉換成函式名稱」可以提取程式碼,並僅將函式呼叫改成註釋,等你確定被改成註釋的函式再也用不到之後,你就可以移除它,或許也可以藉著刪除未使用的方法來進行重構。最後,在所有測試都 pass 後,遵循 clean code 慣例刪除註釋。

在下面的範例裡面有幾行被改成註釋的程式碼:

```
var decimal = [1000, 900, 500, 400, 100, 90, 50, 40, 10, 9, 5, 4, 1];
var roman = ['M', 'CM', 'D', 'CD', 'C', 'XC',
             'L', 'XL', 'X', 'IX', 'V', 'IV', 'I'];
var result = '';

for(var i = 0; i < decimal.length; i++) {
  // print(i)
  while(num >= decimal[i]) {
    result += roman[i];
    num -= decimal[i];
  }
}
// if (result > 0 return ' ' += result)

return result;
}
```

當測試 pass 後，即可放心地移除它們：

```
function arabicToRoman(arabicNumber) {
  var decimal = [1000, 900, 500, 400, 100, 90, 50, 40, 10, 9, 5, 4, 1];
  var roman = ['M', 'CM', 'D', 'CD', 'C', 'XC',
               'L', 'XL', 'X', 'IX', 'V', 'IV', 'I'];
  var romanString = '';

  for(var i = 0; i < decimal.length; i++) {
    while(arabicNumber >= decimal[i]) {
      romanString += roman[i];
      num -= decimal[i];
    }
  }

  return romanString;
}
```

判斷何時使用這個訣竅很難。有一些商業 linter 和機器學習分析器能夠偵測或解析註釋，並指引你刪除它們。

git bisect

git 是協助開發軟體的版本控制系統。它可以幫助你追蹤程式碼的變更、與人合作，並在需要時恢復成以前的版本。git 會儲存每一個檔案的完整版本歷史紀錄。它也可以管理多位開發者在同一個碼庫內的工作。

git bisect 是一個命令，它可以幫助你找出哪一次提交（commit）加入特定的變更。要開始這個過程，你要先指定一個已知不含缺陷的「好」提交，以及一個已知包含更改的「壞」提交。你可以反覆迭代以找出有問題的提交，並快速找到根本原因。

參閱

訣竅 8.2，「刪除過時的註釋」

訣竅 8.3，「刪除邏輯註釋」

訣竅 8.5，「將註釋轉換成函式名稱」

訣竅 8.6，「移除方法內的註釋」

8.2 刪除過時的註釋

問題

你的註釋已經不正確了。

解決方案

刪除過時的註釋。

討論

註釋通常無法為程式碼帶來價值，你只能用它們來說明非常重要的設計決策。因為人們很少記得在改變程式邏輯之後更改註釋，所以註釋可能過時。在加入註釋之前，應再三考慮，一旦它被加入碼庫，它就脫離你的控制，且隨時可能誤導你。正如 Ron Jeffries 所言：「程式碼絕不說謊，但註釋可能會。」你可以刪除註釋，或將它換成測試（參見訣竅 8.7，「將註釋換成測試」）

在這段範例程式中，有人留下一條指出有地方需要修改的註釋：

```
void Widget::displayPlugin(Unit* unit)
{
 // TODO：Plugin 即將修改，所以目前先不完成這部分

 if (!isVisible) {
    // 隱藏所有 widget
    return;
  }
}
```

請刪除這些註釋，不要留下任何 *ToDo* 或 *FixMe*（參見訣竅 21.4，「預防和刪除 ToDo 和 FixMe」）：

```
void Widget::displayPlugin(Unit* unit)
{
  if (!isVisible) {
    return;
  }
}
```

這個訣竅有一個例外：你不應該刪除與重要設計決策有關，而且無法用本章的訣竅來表達的註釋，例如與程式碼的實際工作無關的效能、安全性……等重要決策。

參閱

訣竅 8.1，「移除被改成註釋的程式碼」

訣竅 8.3，「刪除邏輯註釋」

訣竅 8.5，「將註釋轉換成函式名稱」

訣竅 8.7，「將註釋換成測試」

8.3 刪除邏輯註釋

問題

你的程式碼有邏輯註釋，例如在 if 條件式裡面使用 true 或 false。

解決方案

不要藉著改變程式碼的語義來跳過一段程式。把無效的條件移除。

討論

邏輯註釋會讓程式碼更難懂、無法彰顯意向，且顯得草率。你應該使用版本控制系統來進行臨時的更改。使用臨時的 hack 來更改程式碼是糟糕的開發方法，因為你可能會忘記你的更改，將它們永遠留在那裡。

接下來的範例將會加入 false 條件來跳過 doStuff() 函式，以便快速地進行偵錯：

```
if (cart.items() > 11 && user.isRetail())  {
  doStuff();
}
doMore();
// 生產程式碼
```

加入 false 後：

```
// 加入 false 是為了暫時跳過 if 條件
if (false && cart.items() > 11 && user.isRetail()) {
if (false && cart.items() > 11 && user.isRetail()) {
  doStuff();
}
doMore();

if (true || (cart.items() > 11 && user.isRetail())) {
// 在無法算出 true 時，
// 用 hack 手法來強制執行條件碼
```

你應該使用不同的單元測試來覆蓋兩種情況，以適當地進行偵錯：

```
if (cart.items() > 11 && user.isRetail()) {
  doStuff();
}
doMore();
// 生產程式碼

// 如果你需要強制執行或跳過條件
// 你可以用測試程式來強制執行真實的情境
// 而不是更改程式碼

testLargeCartItems()
testUserIsRetail()
```

分離關注點非常重要，而且無論如何，業務邏輯和 hack 都要分開處理。

分離關注點（*separation of concerns*）

分離關注點的概念是將軟體系統劃分為明確的、獨立的部分，讓每個部分處理整個系統的特定層面或關注點。其目標是建立一個模組化且可維護的設計，讓程式碼更容易重複使用和擴展，並藉著將軟體拆成更小、更容易管理的部分，讓開發者一次只注意一個關注點，使程式碼更容易理解。

參閱

訣竅 8.1，「移除被改成註釋的程式碼」

8.4 移除 getter 裡面的註釋

問題

你的 getter 裡面有不重要的註釋。

解決方案

不要使用 getter。不要為 getter 或其他不重要的函式加上註釋。

討論

這個訣竅處理的是「使用 getter」以及「有不重要的註釋」這兩個問題。幾十年前大家習慣為每一個方法加上註釋，即使是不重要的方法。下面是為 getPrice() 函式加上 getter 註釋的例子：

```
contract Property {
    int private price;

    function getPrice() public view returns(int) {
        /* 回傳 Price */

        return price;
    }
}
```

刪除 getter 註釋後：

```
contract Property {
    int private _price;

    function price() public view returns(int) {
        return _price;
    }
}
```

有一個例外在於，如果你的函式需要註釋，而且它碰巧是一個 getter，你可以加入重要的註釋（最好是與設計決策有關）。

參閱

訣竅 3.1，「將貧乏物件轉換為豐富物件」

訣竅 3.8，「移除 getter」

訣竅 8.5，「將註釋轉換成函式名稱」

8.5 將註釋轉換成函式名稱

問題

你的程式碼有大量註釋。註釋與實作耦合，且難以維護。

解決方案

寫一個函式，將註釋改成那個函式的名稱，並將邏輯提取到它裡面。

討論

如果你用註釋來描述函式應該做什麼，最好的做法是將註釋修改成函式的名稱，用它來表達意向。下面有一個很糟的函式名稱，和一個好的註釋：

```
final class ChatBotConnectionHelper {
    // ChatBotConnectionHelper 的用途是建立
    // 一個接連至 Bot Platform 的連接字串。
    // 使用這個類別的 getString() 函式，
    // 來取得連接至平台的連接字串。

    function getString() {
        // 從 Chatbot 取得連接字串
    }
}
```

我們用這個訣竅來寫出能夠表達意向的類別和函式名稱，並移除註釋：

```
final class ChatBotConnectionSequenceGenerator {

    function connectionSequence() {
    }
}
```

一般來說，你可以使用 linter 來檢查註釋，以及檢查註釋 / 程式行數的比率是否超過預定的門檻（在理想情況下應接近 1）。

參閱

訣竅 8.6，「移除方法內的註釋」

8.6 移除方法內的註釋

問題

你的方法裡面有註釋。

解決方案

不要在方法內加上註釋。提取它們，只留下宣告性註釋來解釋非常複雜的設計決策。

討論

在方法內的註釋會將大操作（actions）拆成較小的操作。使用訣竅 10.7，「提取方法，將它做成物件」，並根據註釋來為提取出來的方法命名。這是一個被註釋分開的長方法：

```
function recoverFromGrief() {
    // Denial stage
    absorbTheBadNews();
    setNumbAsProtectiveState();
    startToRiseEmotions();
    feelSorrow();

    // Anger stage
    maskRealEffects();
    directAngerToOtherPeople();
    blameOthers();
    getIrrational();

    // Bargaining stage
    feelVulnerable();
    regret();
    askWhyToMyself();
```

```
        dreamOfAlternativeWhatIfScenarios();
        postponeSadness();

        // Depression stage
        stayQuiet();
        getOverwhelmed();
        beConfused();

        // Acceptance stage
        acceptWhatHappened();
        lookToTheFuture();
        reconstructAndWalktrough();
    }
```

將它分開可以讓它更易讀：

```
    function recoverFromGrief() {
        denialStage();
        angerStage();
        bargainingStage();
        depressionStage();
        acceptanceStage();
    }

    function denialStage() {
        absorbTheBadNews();
        setNumbAsProtectiveState();
        startToRiseEmotions();
        feelSorrow();
    }

    function angerStage() {
        maskRealEffects();
        directAngerToOtherPeople();
        blameOthers();
        getIrrational();
    }

    function bargainingStage() {
        feelVulnerable();
        regret();
        askWhyToMyself();
        dreamOfAlternativeWhatIfScenarios();
        postponeSadness();
    }
```

```
function depressionStage() {
    stayQuiet();
    getOverwhelmed();
    beConfused();
}

function acceptanceStage() {
    acceptWhatHappened();
    lookToTheFuture();
    reconstructAndWalktrough();
}
```

註釋很適合用來記載無法明顯看出來的設計決策,但它不應該寫在函式的主體內。

參閱

訣竅 6.2,「移除空行」

訣竅 6.7,「記錄設計決策」

訣竅 8.5,「將註釋轉換成函式名稱」

訣竅 10.7,「提取方法,將它做成物件」

訣竅 11.1,「拆開過長的方法」

8.7 將註釋換成測試

問題

你用註釋來說明函式在做什麼(也許還有它是怎麼做的),而且你想製作動態且容易維護的文件,而不是靜態且過時的說明。

解決方案

提取註釋、簡化它,為函式命名,進行測試,然後刪除註釋。

討論

註釋幾乎不會被維護，並且比測試更難閱讀，有時它們甚至有不相關的實作資訊。如果方法內有註釋解釋它在做什麼，你可以將註釋提取出來，使用註釋的說明（做什麼）來為方法改名，編寫測試來驗證註釋，並移除不相關的實作細節。

下面的函式說明它在做什麼，以及它是怎麼做的：

```python
def multiply(a, b):
    # 此函式將兩個數字相乘並回傳結果，
    # 如果其中一個數字為零，結果將為零，
    # 如果兩個數字都是正數，結果將為正數，
    # 如果兩個數字都是負數，結果將為正數。
    # 乘法是藉著呼叫基本操作來執行的。
    return a * b

# 這段程式碼有一個解釋函式在做什麼的註釋。
# 與其依賴註釋來理解程式碼的行為，
# 你可以寫一些單元測試來驗證函式的行為。
```

在移除註釋並建立測試案例之後：

```python
def multiply(first_multiplier, second_multiplier):
    return first_multiplier * second_multiplier

class TestMultiply(unittest.TestCase):
    def test_multiply_both_possitive_outcome_is_possitive(self):
        result = multiply(2, 3)
        self.assertEqual(result, 6)
    def test_multiply_both_negative_outcome_is_positive(self):
        result = multiply(-2, -4)
        self.assertEqual(result, 8)
    def test_multiply_first_is_zero_outcome_is_zero(self):
        result = multiply(0, -4)
        self.assertEqual(result, 0)
    def test_multiply_second_is_zero_outcome_is_zero(self):
        result = multiply(3, 0)
        self.assertEqual(result, 0)
    def test_multiply_both_are_zero_outcome_is_zero(self):
        result = multiply(0, 0)
        self.assertEqual(result, 0)

# 你定義了一個名為 test_multiply 的測試函式，
# 它使用不同的參數來呼叫 multiply 函式，
# 並使用 assertEqual 方法來驗證結果是否正確。
```

1. 從方法裡提取解釋函式在做什麼的註釋。
2. 使用註釋的說明（即「做什麼」）來將方法改名。
3. 編寫測試來驗證註釋。
4. 省略不相關的實現細節。

你也可以重寫註釋並簡化它，而不是非得採用演算法式的做法不可。這不是較安全的重構，但它會增加覆蓋率。有一個例外是，你無法測試私用（private）方法（參見訣竅 20.1，「測試私用方法」）。在不太可能的情況下，如果你需要替換私用方法的註釋，你應該以間接的方式測試它，或將它提取到另一個物件中。同樣地，你可以保留解釋重要設計決策的註釋。

參閱

訣竅 8.2，「刪除過時的註釋」

訣竅 8.4，「移除 getter 裡面的註釋」

訣竅 10.7，「提取方法，將它做成物件」

訣竅 20.1，「測試私用方法」

## 第九章

標準

標準的好處是它們提供很多選項，而且如果你不喜歡其中的任何一個，你可以
等待明年的新版本。

—— Andrew S. Tanenbaum，《*Computer Networks*》，第四版

9.0 引言

在大型組織中，制定編寫慣例以確保不同的團隊和開發者使用相同的規則和最佳實踐法
很重要，這有助於確保程式碼的一致和易懂，讓程式碼更容易編寫和維護，並有助於提
高碼庫的整體品質。藉著實施一套編寫標準，組織可以確保開發者遵守最佳實踐法，寫
出更可靠、可擴展和容易維護的程式碼。

9.1 遵守程式碼標準

問題

你和許多其他開發者一起開發一個大型的碼庫，你需要閱讀具有相同結構和慣例的所有
程式碼，但裡面夾雜許多標準。

解決方案

讓整個組織遵守相同的標準，並嚴格執行（可以的話，自動執行）。

討論

獨立開發專案很容易……在你經過幾個月之後再回來看它之前。和其他開發者合作需要取得一些共識，遵守共同的編寫標準，可讓程式更容易維護和閱讀，也可以協助程式碼復審者。大多數現代語言都有類似 PHP 的 PSR2（*https://oreil.ly/DZlCv*）之類的共同編寫標準，且大多數現代 IDE 都會自動執行這些標準。

下面的例子混雜了不同的標準：

```
public class MY_Account {
    // 這個類別名稱使用不同的大小寫規則與底線

    private Statement privStatement;
    // 在屬性名稱的開頭指示可見性

    private Amount currentbalance = amountOf(0);

    public SetAccount(Statement statement) {
        this.statement = statement;
    }
    // setter 與 getter 未被正規化

    public GiveAccount(Statement statement)
    { this.statement = statement; }
    // 縮排格式不統一
    // 把開始的大括號放在函式定義後面

    public void deposit(Amount value, Date date) {
        recordTransaction(
         value, date
        );
        // 有些變數基於型態來命名，而不是角色
        // 括號不一致
    }

    public void extraction(Amount value, Date date) {
        recordTransaction(value.negative(), date);
        // *deposit* 的相反應該是 withdrawal
    }
```

```
        public void voidPrintStatement(PrintStream printer)
        {
        statement.printToPrinter(printer);
        // 名稱使用重複的字眼
        }

        private void privRecordTransactionAfterEnteredthabalance(
            Amount value, Date date) {

            Transaction transaction = new Transaction(value, date);
            Amount balanceAfterTransaction =
                transaction.balanceAfterTransaction(balance);

            balance = balanceAfterTransaction;

            statement.addANewLineContainingTransation(
                transaction, balanceAfterTransaction);
            // 命名方式不統一
            // 換行方式不一致
        }
    }
```

這是遵守共同的編寫標準（任意一種）的樣子：

```
    public class Account {

        private Statement statement;

        private Amount balance = amountOf(0);

        public Account(Statement statement) {
            this.statement = statement;
        }

        public void deposit(Amount value, Date date) {
            recordTransaction(value, date);
        }

        public void withdrawal(Amount value, Date date) {
            recordTransaction(value.negative(), date);
        }

        public void printStatement(PrintStream printer) {
            statement.printOn(printer);
        }
```

```
        private void recordTransaction(Amount value, Date date) {
            Transaction transaction = new Transaction(value, date);
            Amount balanceAfterTransaction =
                transaction.balanceAfterTransaction(balance);
            balance = balanceAfterTransaction;
            statement.addLineContaining(transaction, balanceAfterTransaction);
        }
    }
```

你應該讓 linter 和 IDE 在批准合併請求之前檢查編寫標準，你也可以加入自己的命名規則，讓它涵蓋物件、類別、介面、模組……等軟體元素。寫得好的 clean code 一定遵守命名慣例、格式化和程式碼風格標準。標準是有幫助的，因為它們可以讓程式碼讀者更清楚並篤定地理解事物，包括你自己在內。

解析器或編譯器的自動程式碼格式化功能反映了機器如何解譯你的指令、防止意見不一致，以及遵守快速失敗原則。大型組織會強制自動執行程式碼風格化（code styling），以推動集體所有制。

 集體所有制（*collective ownership*）

集體所有制是指開發團隊的成員都有權更改碼庫的任何部分，不論最初是誰編寫的。其目的是促進集體責任感，讓程式碼更容易管理和改進。

參閱

訣竅 7.8，「更正拼字錯誤」

訣竅 10.4，「移除程式中的小聰明」

9.2 將縮排標準化

問題

你的程式碼既使用 tab 也使用空格來進行縮排。

解決方案

不要混用縮排風格，選擇其中一種，並徹底使用它。

討論

哪一種縮排風格比較好見仁見智，你可以自行決定做法。這個訣竅的重點是讓程式碼維持一致。你可以使用編寫標準測試來強制執行它們。以下是一個混合不同風格的例子：

```
function add(x, y) {
   // --->..return x + y;
   return x + y;
}

function main() {
   // --->var x = 5,
   // --->....y = 7;
    var x = 5,
        y = 7;
}
```

這是將它標準化之後的樣子：

```
function add(x, y) {
   // --->return x + y;
   return x + y;
}
```

在一些語言裡，縮排是語法的一部分，例如 Python，在這種語言中，縮排不是非本質的，因為它會改變程式碼的語義。有一些 IDE 會自動將一種風格轉換成另一種。

參閱

訣竅 9.1，「遵守程式碼標準」

9.3 統一大小寫用法

問題

你的碼庫由世界各地的很多人維護，他們使用不同的大小寫慣例。

解決方案

不要混合採用不同的大小寫慣例。選擇其中一種，並嚴格執行。

討論

很多人一起設計軟體時可能有個人或文化上的差異，有些人喜歡 camel case（*https://oreil.ly/QyVTA*），有人喜歡 snake_case（*https://oreil.ly/h-SFq*），或是 MACRO_CASE（*https://oreil.ly/o5tl-*）……等。程式碼應該直覺且易讀。此外還有關於大小寫的標準語言慣例，例如 Java 的 camelCase 或 Python 的 snake_case。

下面的 JSON 檔案混合幾個不同的大小寫慣例：

```
{
    "id": 2,
    "userId": 666,
    "accountNumber": "12345-12345-12345",
    "UPDATED_AT": "2022-01-07T02:23:41.305Z",
    "created_at": "2019-01-07T02:23:41.305Z",
    "deleted at": "2022-01-07T02:23:41.305Z"
}
```

這是擇其中一種慣例之後的樣子：

```
{
    "id": 2,
    "userId": 666,
    "accountNumber": "12345-12345-12345",
    "updatedAt": "2022-01-07T02:23:41.305Z",
    "createdAt": "2019-01-07T02:23:41.305Z",
    "deletedAt": "2022-01-07T02:23:41.305Z"
    // 這不意味著這個標準是正確的
}
```

你可以將公司的命名標準告訴 linter 並加以執行。有新人加入組織時，你應該透過自動化測試，禮貌地請他修改程式碼。有一種合理的例外情況是，只要你和超出你的領域的程式碼互動，你就要使用用戶端的標準，而不是你自己的標準。

參閱

訣竅 9.1，「遵守程式碼標準」

9.4 用英文寫程式

問題

你的程式碼使用本地語言（非英文），因為商業名稱比較難翻譯。

解決方案

堅持使用英文。將商業名稱翻譯成英文。

討論

所有程式語言都是用英文來寫的。除了 90 年代的一些失敗實驗外，所有現代語言都使用英文作為它們的基本元素和框架的語文。如果你想在中世紀歐洲學習讀寫，你必須學習拉丁文。對現今的程式語言和英文來說也是如此，混合使用英文和非英文名稱可能破壞多型（參見訣竅 14.14，「將非多型函式轉換為多型函式」）、增加認知負擔、犯下語法錯誤、破壞對射（見第 2 章的定義）……等。如今，大多數 IDE 和 linter 都有翻譯工具或詞典，你可以用它們來尋找外文單字的英文翻譯。

這個例子混用英文和西班牙文：

```
const elements = new Set();
elements.add(1);
elements.add(1);

// 這是標準集合，
// 集合不會儲存重複的元素。
echo elements.size() yields 1

// 你用西班牙文定義一個 multiset，
// 因為你正在擴展領域。
var moreElements = new MultiConjunto();

// 'multiconjunto' 是 'multiset' 的西班牙文，
// 'agregar' 是 'add' 的西班牙文。
moreElements.agregar('hello');
moreElements.agregar('hello');
echo moreElements.size() // yields 2 // 因為它是 multiset

// elements 與 moreElements 不是多型，
```

```
// 你不能交換它們的非本質實作。

class Person {
  constructor() {
    this.visitedCities = new Set();
  }

  visitCity(city) {
    this.visitedCities.add(city);
    // 如果你將 set（期望 'add()'）改為
    // MultiConjunto（期望 'agregar()'），它會出錯
  }
}
```

這是完全使用英文的樣子：

```
const elements = new Set();
elements.add(1);
elements.add(1);

// 這是標準集合。
echo elements.size() // yields 1

// 用英文來定義 multiset。
var moreElements = new MultiSet();

moreElements.add('hello');
moreElements.add('hello');
echo moreElements.size() // yields 2 // 因為它是 multiset
// elements 與 moreElements 是多型。
// 你可以在 Person 類別裡使用兩者之一，甚至在執行期。
```

9.5 統一參數順序

問題

你使用的參數不一致。

解決方案

別讓讀者一頭霧水，維持一致的順序。

討論

程式碼讀起來應該像散文。閱讀任何方法的順序都應該是相同的。如果語言支援，你也可以使用具名參數。下面的兩個方法看起來很相似：

```
function giveFirstDoseOfVaccine(person, vaccine) { }

function giveSecondDoseOfVaccine(vaccine, person) { }

giveFirstDoseOfVaccine(jane, flu);
giveSecondDoseOfVaccine(jane, flu);
// 裡面有不易察覺的錯誤，因為你改變了參數的順序。
```

下面是你讓參數的排序保持一致的情況：

```
function giveFirstDoseOfVaccine(person, vaccine) { }

function giveSecondDoseOfVaccine(person, vaccine) { }

giveFirstDoseOfVaccine(jane, flu);
giveSecondDoseOfVaccine(jane, flu);
```

下面是使用具名參數的情況：

```
function giveFirstDoseOfVaccine(person, vaccine) { }

giveFirstDoseOfVaccine(person=jane, vaccine=flu);
// 相當於 giveFirstDoseOfVaccine( vaccine=flu, person=jane);
giveSecondDoseOfVaccine(person=jane, vaccine=flu);
// 相當於 giveSecondDoseOfVaccine( vaccine=flu, person=jane);
```

具名參數（*named parameter*）

具名參數是許多程式語言的功能，可讓程式設計師藉著提供參數的名稱而不是參數的位置來指定參數值。它們也被稱為關鍵字參數（keyword argument）。

參閱

訣竅 7.16，「移除多餘的參數名稱」

訣竅 11.2，「減少多餘的參數」

9.6 修復破窗

問題

你正在修改程式碼的一部分，但發現其他地方有問題。

解決方案

遵循童子軍規則（參見訣竅 7.4，「將 result 變數改名」），讓程式碼比你剛來時更整潔。如果你發現雜亂之處，無論是誰弄亂的，你都要整理它。一旦發現問題就修復它。

討論

身為程式設計師的你閱讀程式碼的次數比寫程式碼的次數多得多。當你看到錯誤的程式碼，請負起責任改善它。如果你在進行其他修改時遇到這樣的程式碼：

```
int mult(int a,int other)
 { int prod
   prod= 0;
   for(int i=0;i<other ;i++)
     prod+= a ;
       return prod;
 }

// 格式、名稱、賦值和標準不一致
```

你應該使用許多訣竅來更改它：

```
int multiply(int firstMultiplier, int secondMultiplier) {
  int product = 0;
  for(int index=0; index<secondMultiplier; index++) {
    product += firstMultiplier;
  }
  return product;
}

// 或直接將它們相乘 :)
```

別怕進行更改，努力實現良好的測試覆蓋率，以確保業務功能不受影響，並切記軟體開發是團隊活動，所以在進行這類更改時，你要尋求共識。

參閱

訣竅 9.2，「將縮排標準化」

訣竅 9.3，「統一大小寫用法」

訣竅 21.4，「預防和刪除 ToDo 和 FixMe」

## 第十章

複雜性

物件導向程式設計透過管理複雜性來提升這些度量（metric）值。要對付複雜，最有效的工具是抽象。雖然你可以使用許多類型的抽象，但封裝是物件導向程式設計中管理複雜性的主要形式。

—— Rebecca Wirfs-Brock 與 Brian Wilkinson，「Object-Oriented Design: A Responsibility-Driven Approach」（*https://oreil.ly/WKGAl*）

10.0 引言

根據 David Farley 的說法，如果你想成為優秀的軟體工程師，你就要成為一位擅長學習的人，你唯一的責任就是將非本質的複雜性維持在最低水準。每個大型軟體系統都有複雜性，它是問題的主要來源。比較菜的軟體開發者和比較有經驗的開發者之間的主要差異之一，就是他們如何管理非本質複雜性，並將那些複雜性保持在最低水準。

10.1 移除重複的程式碼

問題

你的程式碼中有重複的行為。重複的行為與重複的程式碼不同，因為程式碼不是文本（text）。

解決方案

你要找出缺少什麼抽象，並將重複的行為移到那裡。

討論

重複的程式碼會讓程式更難以維護，且違反 *don't repeat yourself* 原則，它也會增加維護成本，並且可能讓程式改起來更耗時且容易出錯。如果程式碼有缺陷，該缺陷可能出現在很多地方。重複的程式碼也會讓程式更難重複使用，因為缺少抽象。在複製貼上之前，應再三考慮這些缺點。

在下面的 WordProcessor 和 Obfuscator 裡面有一些重複的替換文字（text replacer）程式碼：

```
class WordProcessor {

    function replaceText(string $patternToFind, string $textToReplace) {
        $this->text = '<<<' .
            str_replace($patternToFind, $textToReplace, $this->text) . '>>>';
    }
}

final class Obfuscator {

    function obfuscate(string $patternToFind, string $textToReplace) {
        $this->text =
            strlower(str_ireplace($patternToFind, $textToReplace, $this->text));
    }
}
```

將文字替換邏輯封裝到新抽象裡面之後，程式變成：

```
final class TextReplacer {
    function replace(
        string $patternToFind,
        string $textToReplace,
        string $subject,
        string $replaceFunctionName,
        $postProcessClosure) {
        return $postProcessClosure(
            $replaceFunctionName($patternToFind, $textToReplace, $subject));
    }
}
```

```
// 對文字替換程式進行大量測試以獲得信心。

final class WordProcessor {
    function replaceText(string $patternToFind, string $textToReplace) {
        $this->text = (new TextReplacer())->replace(
            $patternToFind,
            $textToReplace,
            $this->text,
            'str_replace', fn($text) => '<<<' . $text . '>>>');
    }
}

final class Obfuscator {
    function obfuscate(string $patternToFind, string $textToReplace) {
        $this->text = (new TextReplacer())->replace(
            $patternToFind,
            $textToReplace,
            $this->text,
            'str_ireplace', fn($text) => strlower($text));
    }
}
```

雖然 linter 能夠找出重複的程式碼，但它不擅長找出相似的模式。也許在不久的將來，機器學習能夠協助你自動找到這樣的抽象。你應該使用重構工具來重構這樣的程式碼，並使用測試程式作為你的護網。

 複製貼上程式設計（*copy-and-paste programming*）

複製貼上程式設計就是複製現有的程式碼，並將它貼到另一個位置，而不是編寫新程式碼。大量地進行複製和貼上會讓程式碼難以維護。

參閱

訣竅 19.3，「移除為了重複使用程式碼而設計的子類別」

10.2 移除設定、組態、功能開關

問題

你的程式碼依賴全域組態、設定或功能開關。

解決方案

找出並追蹤功能開關和自定設置，並在功能成熟時移除它們。將組態（configuration）具體化，改成小物件。

討論

功能旗標（*feature flag*）

功能旗標（也稱為功能開關（*feature toggle* 或 *feature switch*））可讓你在執行期啟用或停用特定功能，而不需要重新進行完整的部署。它可以用來向部分的使用者或環境釋出新功能，同時向其他人隱藏那些新功能，以進行 A/B 測試、釋出早期 beta 或金絲雀版本。

在控制板中改變系統行為是顧客的夢想，但這個功能對軟體工程師來說可能是一場惡夢。設定會帶來全域耦合、充斥著 if 和暴增的測試場景。你可以藉著建立多型物件並在外部注入它們來管理組態配置。你應該設置（configure）物件，使它們能夠以不同的方式來運作，並且使用明確的行為物件（behavioral object）來實現。具有 300 個布林組態的系統的測試組合（2^{300}）比全宇宙的原子數量（10^{80}）還要多。

下面的範例展示全域地注入設定如何影響你提取物件的方式：

```
class VerySpecificAndSmallObjectDealingWithPersistency {
  retrieveData() {
    if (GlobalSettingsSingleton.getInstance().valueAt('RetrievDataDirectly')) {
      // 注意在 'RetrievDataDirectly' 裡未被注意到的拼寫錯誤
      this.retrieveDataThisWay();
    }
    else {
      this.retrieveDataThisOtherWay();
    }
  }
}
```

你可以明確地使用 strategy 設計模式（參見訣竅 14.4，「將 Switch/Case/Elseif 陳述式換掉」）並在移除全域耦合之後測試它：

```
class VerySpecificAndSmallObjectDealingWithPersistency {
  constructor(retrievalStrategy) {
    this.retrievalStrategy = retrievalStrategy;
  }
  retrieveData() {
    this.retrievalStrategy.retrieveData();
  }
}
// 使用多型策略來移除 if 條件
```

這是一種架構模式，因此你要透過設計原則來控制它，或直接迴避它。有一個明顯的例外情況是，有時你可以將功能開關當成保護機制，這種做法在舊系統（legacy system）裡是可以接受的，但這些開關只應該在 CI/CD 系統中停留非常短暫的時間（幾週）。

A/B 測試

A/B 測試就是釋出並比較兩個不同的軟體版本，以確定哪一個對最終使用者來說比較好。

參閱

訣竅 14.16，「將寫死的業務條件具體化」

訣竅 17.3，「拆開神物件」

10.3 將狀態改成屬性

問題

你透過修改內部屬性來改變狀態。

解決方案

使用集合包含（set inclusion）來模擬物件的狀態，並以類似 MAPPER 現實世界比喻的方式模擬。

討論

這個訣竅違反我們的直覺，除非你在可變性（mutability）範疇之下思考它。狀態應該用數學的集合包含（set inclusion）來模擬，因為狀態必定是**非本質的**，你要將它們從物件中提取出來。物件生命週期的每一個狀態圖（state diagram）都是一個使用這個訣竅的機會。軟體工程師有一個非常困難的挑戰在於他們很難找出存活整個生命週期的好模型，因為這種模型很罕見。

以下是用屬性來模擬狀態的 Order：

```
public abstract class OrderState {}

public class OrderStatePending extends OrderState {}
// 這是一個具有不同行為的多型層次結構，
// enum 不足以模擬狀態。

public class Order {
    public Order(LinkedList<int> items) {
        LinkedList<int> items = items;
        OrderState state = new OrderStatePending();
    }

    public function changeState(OrderState newState) {
        OrderState state = newState;
    }

    public function confirm() {
        state.Confirm(this);
    }

}
```

這是將狀態從 Order 內取出，並依照狀態進行分組以管理集合時的樣子：

```
class Order {

    public Order(LinkedList<int> items) {
        items = items;
    }
}

class OrderProcessor {
    public static void main(String args[]) {
```

```
        LinkedList<int> elements = new LinkedList<int>();
        elements.add(1);
        elements.add(2);

        Order sampleOrder = new Order(elements);

        Collection<Order> pendingOrders = new LinkedList<Order>();
        Collection<Order> confirmedOrders = new LinkedList<Order>();

        pendingOrders.add(sampleOrder);

        pendingOrders.remove(sampleOrder);
        confirmedOrders.add(sampleOrder);
        }
    }
```

在圖 10-1 中,你可以看到 *Order 1* 在現實世界和模型中皆屬於 pending orders 集合。把它做成狀態會破壞對射。confirmed orders 目前是空的。

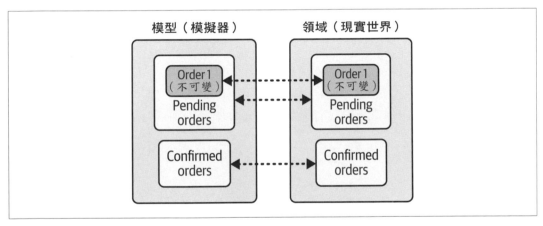

圖 10-1 在現實世界和在模型裡,Order 皆屬於同樣的集合

如果你想要採取極端的做法,你要將**每一個** setter 都視為它可能改變狀態。沒有銀彈(參見「訣竅 4.1,建立小物件」)可以防止你過度設計。例如,改變視覺元件的顏色是一個反例。你應該注意這一點並非常謹慎。

過度設計（*overdesigning*）

過度設計就是在應用程式中加入非必要的非本質複雜性。之所以發生這種情況，可能是因為你太專心讓軟體的功能更豐富，而不是保持簡單並專注於核心功能。

參閱

訣竅 3.3，「移除物件的 setter」

訣竅 16.2，「移除過早優化」

10.4 移除程式中的小聰明

問題

你發現程式碼很難讀，充斥著沒有語義的名稱。有時程式碼使用語言的非本質複雜性。

解決方案

移除小聰明與小技巧。保持謙卑，別賣弄聰明。clean code 講究易讀和簡單，而不是小偏方。

討論

「小聰明」通常與「易讀和易維護」互相對立。充斥著過早優化的聰明程式碼難以維護，而且通常有品質問題。下面是計算數字質因數的演算法：

```
function primeFactors(n){
  var f = [], i = 0, d = 2;

  for (i = 0; n >= 2; ) {
    if(n % d == 0){
      f[i++]=(d);
      n /= d;
    }
    else{
      d++;
```

```
      }
    }
    return f;
  }
```

你應該用測試來覆蓋它，以確保程式碼不會被破壞。然後進行小重構和重新命名，使用本書的訣竅來讓程式碼更清楚。遵守童子軍法則：移除小聰明，讓程式碼比你剛看到它時更好：

```
function primeFactors(numberToFactor) {
  var factors = [],
  divisor = 2,
  remainder = numberToFactor;

  while(remainder>=2) {
    if(remainder % divisor === 0){
      factors.push(divisor);
      remainder = remainder / divisor;
    }
    else {
      divisor++;
    }
  }
  return factors;
}
```

有一種明顯的例外是，當你優化低階操作的程式碼時，你可以運用巧思，因為在這個背景之下，效能比易讀更重要。你可以先寫出未優化的程式，然後用自動化測試來確保它可以按預期運行。有足夠的測試覆蓋率之後，你可以改進它，甚至犧牲一些易讀性。這也是在現有系統中使用測試驅動開發技術（參見訣竅 4.8，「移除非必要的屬性」）的機會。

參閱

訣竅 6.8，「將神祕數字換成常數」

訣竅 6.15，「避免神祕修正」

訣竅 16.2，「移除過早優化」

10.5 拆開多個 promise

問題

你有許多獨立的 promise，並且需要等待它們全部完成。

解決方案

不要非得採取有序的方式不可。一次等待所有的 promise。

討論

你在學習作業系統時應該學過 semaphore，它們很適合用來等待所有條件滿足，無論條件的順序為何。

semaphore

semaphore 是一種同步物件，可協助管理共享資源的使用，以及協調並行程序或執行緒之間的溝通。

下面是使用串行 promise 的例子：

```
async fetchLongTask() { }
async fetchAnotherLongTask() { }

async fetchAll() {
  let result1 = await this.fetchLongTask();
  let result2 = await this.fetchAnotherLongTask();
  // 但它們可以平行執行！
}
```

下面是平行地等待它們的做法：

```
async fetchLongTask() { }
async fetchAnotherLongTask() { }

async fetchAll() {
  let [result1, result2] =
      await Promise.all([this.fetchLongTask(), this.fetchAnotherLongTask()]);
      // 你等待全部都完成
}
```

你可以要求 linter 找出與等待 promise 有關的模式，並且讓工作方式盡量接近現實世界的業務規則。如果規則要求你等待所有操作，你就不應該非得按照特定順序不可。

promise

promise 是一種特殊物件，代表非同步操作的完成（或失敗）及其結果值。

10.6 拆開冗長的合作鏈

問題

你有一串很長的方法呼叫鏈。

解決方案

冗長的方法鏈會導致耦合與漣漪效應。在方法鏈上的任何改變都會破壞程式碼。這個問題的解決之道是只向你熟悉的對象發送訊息。

討論

如果你使用冗長的方法鏈，耦合會從第一個呼叫一直傳到最後一個呼叫，這也會破壞封裝並違反 Demeter 法則（見訣竅 3.8，「移除 getter」）與「Tell, don't ask」原則（見訣竅 3.3，「移除物件的 setter」）。你可以建立中間方法與更高階的訊息來解決這個問題。

下面的範例要求狗的腳移動：

```
class Dog {
  constructor(feet) {
    this.feet = feet;
  }
  getFeet() {
    return this.feet;
  }
}

class Foot {
  move() { }
```

```
    }

    feet = [new Foot(), new Foot(), new Foot(), new Foot()];
    dog = new Dog(feet);

    for (var foot of dog.getFeet()) {// incursion = 2
      foot.move();
    }
    // 相當於 dog.getFeet()[0].move(); dog.getFeet()[1].move() ...
```

將責任委託給狗以達成其目標的程式變成：

```
    class Dog {
      constructor(feet) {
        this.feet = feet;
      }
      walk() {
        // 這封裝了狗的走路方式
        for (var foot of this.feet) {
          foot.move();
        }
      }
    }

    class Foot {
      move() { }
    }

    feet = [new Foot(), new Foot(), new Foot(), new Foot()];
    dog = new Dog(feet);
    dog.walk();
```

避免連續的訊息呼叫。試著隱藏中間的合作，改成建立新的協定。

參閱

訣竅 17.9，「刪除中間人」

10.7 提取方法，將它做成物件

問題

你有一個很長的演算法方法。你想要理解它、測試它，並重複使用一些部分。

解決方案

將它移到一個物件內，並將它拆成較小的部分。

討論

長方法很難偵錯和測試，尤其是當它們的可見性為 protected 時。演算法在現實世界是存在的，夠格擁有它自己的物件。你要建立一個物件來代表方法的呼叫，將大方法移到新物件中，並將方法的臨時變數轉換成 private 屬性，最後同樣將參數轉換成 private 屬性來將它們從方法呼叫刪除。

當你執行多次提取方法（*extract methods*）時很適合使用方法物件，你可以將方法物件當成部分的演算法，並在它們之間傳遞部分的狀態。有一個適合使用方法物件的明顯跡象在於計算程序與它所屬的方法沒有關聯時。你也可以將匿名函式具體化，把它做成更原子化、更具內聚性且更容易測試的方法物件。

假設有一個大型的餘額計算方法：

```
class BlockchainAccount {
  // ...
  public double balance() {
    string address;
    // 這是一個很長且難以測試的方法
  }
}
```

這是將它具體化並重構時的樣子：

```
class BlockchainAccount {
  // ...
  public double balance() {
    return new BalanceCalculator(this).netValue();
  }
```

```
  }

  // 1. 建立一個物件來代表方法的呼叫
  // 2. 將大方法移到新物件中
  // 3. 將方法的臨時變數轉換為 private 屬性
  // 4. 使用 Extract Method（提取方法）在新物件中拆開大方法
  // 5. 也將參數換成 private 屬性，來將它們從方法呼叫中移除

  class BalanceCalculator {
    private string address;
    private BlockchainAccount account;

    public BalanceCalculator(BlockchainAccount account) {
      this.account = account;
    }

    public double netValue() {
      this.findStartingBlock();
      //...
      this computeTransactions();
    }
  }
```

有些 IDE 提供將函式提取成方法物件的工具。你可以用安全的方式來做自動更改，將邏輯提取到新組件中、進行單元測試、重複使用它，調換它……等。

參閱

訣竅 11.1，「拆開過長的方法」

訣竅 11.2，「減少多餘的參數」

訣竅 14.4，「將 Switch/Case/Elseif 陳述式換掉」

訣竅 14.13，「將三元運算式裡的元素提取出來」

訣竅 20.1，「測試私用方法」

訣竅 23.2，「將匿名函式具體化」

參考資料

方法物件的原始定義位於 Kent Beck 所著的《*Smalltalk Best Practice Patterns*》第 3 章

C2 Wiki 的「Method Object」(*https://oreil.ly/P1M-c*)

10.8 留意陣列建構式

問題

你在 JavaScript 中使用 new Array() 來建立 Array。

解決方案

在 JavaScript 裡要非常小心地使用 Array 並避免使用 new Array(),因為它不是同質的(homogenous)、也不是可預測的。

討論

JavaScript 的 new Array() 違反「最少驚訝原則」(參見訣竅 5.6,「凍結可變常數」),因為這種語言有太多 magic 技巧了。語言應該是直覺的、同質的、可預測的、簡單的,但 JavaScript、Python、PHP……還有許多其他語言並非如此。你應該盡量以簡單、清楚、可預測的方式來使用這些語言。

下面是一個反直覺的例子,它用一個參數(數字 5)來建立一個陣列:

```
const arrayWithFixedLength = new Array(3);

console.log(arrayWithFixedLength); // [ <3 個空項目> ]
console.log(arrayWithFixedLength[0]); // 未定義
console.log(arrayWithFixedLength[1]); // 未定義
console.log(arrayWithFixedLength[2]); // 未定義
console.log(arrayWithFixedLength[3]); // 也未定義
// 但索引應該超出範圍
console.log(arrayWithFixedLength.length); // 3
```

當你用兩個參數來建立它時則是：

```
const arrayWithTwoElements = new Array(3, 1);

console.log(arrayWithTwoElements); // [ 3, 1 ]
console.log(arrayWithTwoElements[0]); // 3
console.log(arrayWithTwoElements[1]); // 1
console.log(arrayWithTwoElements[2]); // 未定義
console.log(arrayWithTwoElements[5]); // 未定義（應超出範圍）
console.log(arrayWithTwoElements.length); // 2

const arrayWithTwoElementsLiteral = [3,1];

console.log(arrayWithTwoElementsLiteral); // [ 3, 1 ]
console.log(arrayWithTwoElementsLiteral[0]); // 3
console.log(arrayWithTwoElementsLiteral[1]); // 1
console.log(arrayWithTwoElementsLiteral[2]); // 未定義
console.log(arrayWithTwoElementsLiteral[5]); // 未定義
console.log(arrayWithTwoElementsLiteral.length); // 2
```

最好的解決方案是避免使用 new Array() 來建立陣列，而是使用語法建構子 []。許多「現代」語言充斥著試圖讓程式設計師更輕鬆的 hack，但它們實際上可能是隱形缺陷的根源。

參閱

訣竅 10.4，「移除程式中的小聰明」

訣竅 13.3，「使用更嚴格的參數」

訣竅 24.2，「處理 truthy 值」

10.9 移除幽靈物件

問題

你有物件會神祕地出現與消失。

解決方案

加入必要的間接層，但適可而止。

討論

加入中間物件會引入非本質複雜性並讓程式更不易讀。如果中間的揮發性（volatile）物件無法讓解決方案增加商業價值，你可以根據 YAGNI 原則（參見第 12 章「YAGNI」）刪除它們。

幽靈物件（*poltergeist object*）

幽靈物件是一種短命的物件，它被用來執行初始化，或呼叫位於另一個更持久的類別中的方法。

你建立一個 driver 來移動 car：

```
public class Driver
{
    private Car car;

    public Driver(Car car)
    {
        this.car = car;
    }

    public void DriveCar()
    {
        car.Drive();
    }
}

Car porsche = new Car();
Driver homer = new Driver(porsche);
homer.DriveCar();
```

你可以這樣移除它：

```
// 你不需要 driver
Car porsche = new Car();
porsche.driveCar();
```

不要將非本質的複雜性加入既有的本質複雜性裡，如果不需要中間人物件，那就將它移除。

參閱

訣竅 16.6，「移除錨定船」

訣竅 17.9，「刪除中間人」

## 第十一章

臃腫

軟體工程的目的是控制複雜性，而不是創造複雜性。

—— Pamela Zave，於 Jon Bentley 所著的《*Programming Pearls*》，第 2 版

11.0 引言

很多人一起設計的程式變得龐大時，臃腫（bloaters）是難免的。臃腫通常不會造成效能問題，卻會讓程式更難維護和測試，阻礙優質軟體繼續演進。臃腫會讓程式碼變得沒必要地龐大、複雜，且難以維護，通常是由於程式包含沒必要的功能、不良的設計選擇，或過度重複。程式碼會逐漸變得臃腫，然後你會突然發現你搞出一團亂的東西。你不想寫出冗長的方法，但你可能在一個方法裡寫了一小部分的程式，後來同事加入其他的部分，諸如此類。這是一種技術債（參見第 21 章「技術債」），但可以使用最先進的自動化工具輕鬆地減少。

11.1 拆開過長的方法

問題

你的一個方法有太多行程式碼。

解決方案

將長方法提取為更小的部分。將複雜的演算法拆成幾個部分。你也可以對這些部分進行單元測試。

討論

長方法有低內聚性和高耦合性。它們難以偵錯，而且比較不容易重複使用。你可以使用這個訣竅來將結構化的程式庫（structured libraries）和 helper 分解成較小的行為（參見訣竅 7.2，「改名及拆開 helper 與工具程式」）。行數依程式語言而定，但是在多數情況下，8 到 10 行應該夠了。

這是一個長方法：

```
function setUpChessBoard() {

    $this->placeOnBoard($this->whiteTower);
    $this->placeOnBoard($this->whiteKnight);
    // 很多行
    // .....
    $this->placeOnBoard($this->blackTower);
}
```

你可以這樣將它分成幾個部分：

```
function setUpChessBoard() {
    $this->placeWhitePieces();
    $this->placeBlackPieces();
}
```

現在你可以對每個部分進行單元測試。注意不要讓測試與實作細節耦合。所有的 linter 都可以測量方法的長度，並在它超過預定開檻時警告你。

參閱

訣竅 7.2，「改名及拆開 helper 與工具程式」

訣竅 8.6，「移除方法內的註釋」

訣竅 10.7，「提取方法，將它做成物件」

訣竅 14.10，「改寫嵌套的箭形程式碼」

訣竅 14.13，「將三元運算式裡的元素提取出來」

參考資料

Refactoring Guru 的「Long Method」（*https://oreil.ly/bZVzJ*）

11.2 減少多餘的參數

問題

你有一個需要太多參數的方法。

解決方案

不要將超過三個參數傳給你的方法。將相關的參數組成參數物件。你可以將它們綁在一起。

討論

具備太多參數的方法不易維護和重複使用，而且有高耦合性。你要將參數分組，找出它們之間的聚合關係，或建立一個具有參數背景脈絡的小物件，建立這種背景脈絡之後，你就可以在建立物件時被迫遵守參數之間的關係，依循快速失敗原則。

避免使用「基本」型態，例如字串、陣列、整數……等，並考慮使用小物件（參見訣竅 4.1，「建立小物件」）。你要找出參數的關聯，並將它們分組。優先考慮現實世界的對映物。瞭解參數的現實對應物如何組成內聚的物件。如果函式有太多參數，其中一些可能與類別的建構有關。

下面的範例使用大量的參數來呼叫 print 方法：

```
public class Printer {
  void print(
        String documentToPrint,
        String paperSize,
```

```
            String orientation,
            boolean grayscales,
            int pageFrom,
            int pageTo,
            int copies,
            float marginLeft,
            float marginRight,
            float marginTop,
            float marginBottom
        ) {
    }
}
```

你應該將其中的一些參數組在一起，以避免原始型態迷戀：

```
final public class PaperSize { }
final public class Document { }
final public class PrintMargins { }
final public class PrintRange { }
final public class ColorConfiguration { }
final public class PrintOrientation { }
// 為了簡化，省略帶有方法和屬性的類別定義

final public class PrintSetup {
    public PrintSetup(
            PaperSize papersize,
            PrintOrientation orientation,
            ColorConfiguration color,
            PrintRange range,
            int copiesCount,
            PrintMargins margins
            ) {}
}

final public class Printer {
  void print(
        Document documentToPrint,
        PrintSetup setup
        ) {
    }
}
```

大多數的 linter 都可以在參數太多時發出警告，幫助你在必要時採用這個訣竅。

參閱

訣竅 3.7，「完成空的建構式」

訣竅 9.5，「統一參數順序」

訣竅 10.7，「提取方法，將它做成物件」

訣竅 11.6，「將過多的屬性拆開」

11.3 減少多餘的變數

問題

你的程式碼宣告了太多變數，而且它們處於活動狀態（active）。

解決方案

劃分作用域，盡量讓變數是局部性的。

討論

縮小變數作用域可以讓程式碼更易讀，也可以重複使用較小段的程式碼。你也可以刪除未用的變數。在寫程式時，以及在測試案例可能失敗時，程式碼可能顯得雜亂。在具有良好測試覆蓋率的情況下，你可以在重構的過程中反覆縮小作用域，並使用訣竅 10.7「提取方法，將它做成物件」來降低方法的數量。作用域在較小的背景（context）裡比較明顯。

下面的範例使用很多變數：

```
function retrieveImagesFrom(array $imageUrls) {
  foreach ($imageUrls as $index => $imageFilename) {
    $imageName = $imageNames[$index];
    $fullImageName = $this->directory() . "\\" . $imageFilename;
    if (!file_exists($fullImageName)) {
      if (str_starts_with($imageFilename, 'https://cdn.example.com/')) {
          $url = $imageFilename;
          // 當你調整變數的作用域時，
          // 這個重複的變數實際上是沒必要的。
          $save_to = "\\tmp"."\\".basename($imageFilename);
```

```
$ch = curl_init ($url);
curl_setopt($ch, CURLOPT_HEADER, 0);
curl_setopt($ch, CURLOPT_RETURNTRANSFER, 1);
$raw = curl_exec($ch);
curl_close ($ch);
if(file_exists($saveTo)){
    unlink($saveTo);
}
$fp = fopen($saveTo,'x');
fwrite($fp, $raw);
fclose($fp);
$sha1 = sha1_file($saveTo);
$found = false;
$files = array_diff(scandir($this->directory()), array('.', '..'));
foreach ($files as $file){
    if ($sha1 == sha1_file($this->directory()."\\".$file)) {
        $images[$imageName]['remote'] = $imageFilename;
        $images[$imageName]['local'] = $file;
        $imageFilename = $file;
        $found = true;
        // 即使在找到後，迭代也繼續進行
    }
}
if (!$found){
  throw new \Exception('Image not found');
}
// 在此偵錯，你的背景充斥著
// 之前的執行遺留下來的、不再需要的變數。
// 例如：curl 處理程式
}
```

下面是縮小一些作用域之後的程式碼：

```
function retrieveImagesFrom(string imageUrls) {
  foreach ($imageUrls as $index => $imageFilename) {
    $imageName = $imageNames[$index];
    $fullImageName = $this->directory() . "\\" . $imageFilename;
    if (!file_exists($fullImageName)) {
        if ($this->isRemoteFileName($imageFilename)) {
            $temporaryFilename = $this->temporaryLocalPlaceFor($imageFilename);
            $this->retrieveFileAndSaveIt($imageFilename, $temporaryFilename);
            $localFileSha1 = sha1_file($temporaryFilename);
            list($found, $images, $imageFilename) =
              $this->tryToFindFile(
                $localFileSha1, $imageFilename, $images, $imageName);
            if (!$found) {
                throw new Exception('File not found locally ('.$imageFilename
```

```
            + ') Need to retrieve it and store it');
        }
    } else {
        throw new \Exception('Image does not exist on directory ' .
            $fullImageName);
    }
}
```

大多數的 linter 都可以提示避免使用過長的方法，它也提醒你應該將變數拆開並限制它們的作用域。你可以採用訣竅 10.7，「提取方法，將它做成物件」，並以 baby steps 進行。

 Baby Steps（嬰兒步）

baby steps 是指在開發過程中採取逐漸迭代和漸進的方法，執行小而可管理的工作或變動。baby steps 的概念源自 Agile（敏捷）開發方法論。

參閱

訣竅 6.1，「縮小重複使用的變數的作用域」

訣竅 11.1，「拆開過長的方法」

訣竅 14.2，「將事件的旗標變數改名」

11.4 移除多餘的括號

問題

運算式的括號太多了。

解決方案

在不改變程式碼語義的情況下，盡量減少括號。

討論

我們會從左到右讀取程式碼（至少在西方文化中是如此），但括號經常打斷這種流程，增加認知的複雜性。你只寫一次程式，但它被閱讀的次數卻多很多，因此讓程

式容易閱讀是重中之重。下面是一個用太多括號來計算 Schwarzschild 半徑的公式，Schwarzschild 半徑是不旋轉的黑洞的一種尺寸值：

```
schwarzschild = (((((2 * GRAVITATION_CONSTANT)) * mass) / ((LIGHT_SPEED ** 2)))
```

這是移除多餘括號後的樣子：

```
schwarzschild = (2 * GRAVITATION_CONSTANT * mass) / (LIGHT_SPEED ** 2)
```

你可以進一步精簡它：

```
schwarzschild = 2 * GRAVITATION_CONSTANT * mass / (LIGHT_SPEED ** 2)
```

我們知道數學運算順序是先乘除後加減，所以 2、GRAVITATION_CONSTANT 和 mass 的乘法可以先算，然後除以 (LIGHT_SPEED ** 2)，但這種寫法不會比上一種易讀。在一些複雜的公式中，你可以加入額外的括號來提升易讀性，你要取權衡利弊得失，就像許多其他的訣竅一樣。

參閱

訣竅 6.8，「將神祕數字換成常數」

11.5 移除多餘的方法

問題

你的類別有太多方法。

解決方案

將類別拆成更具內聚性的小部分，不要為類別加上任何沒必要的協定。

討論

工程師往往將協定放在他們認為適合的第一類別（first class）裡。這不是問題，只要在測試程式覆蓋功能之後重構它們即可。下面例子裡的 helper 類別有許多不內聚的方法：

```java
public class MyHelperClass {
  public void print() { }
  public void format() { }
  // ... 許多其他方法

  // ... 更多方法
  public void persist() { }
  public void solveFermiParadox() { }
}
```

你可以使用 MAPPER 來將它們拆成相關的抽象：

```java
public class Printer {
  public void print() { }
}

public class DateToStringFormatter {
  public void format() { }
}

public class Database {
  public void persist() { }
}

public class RadioTelescope {
  public void solveFermiParadox() { }
}
```

大多數 linter 會計算方法的數量並提醒你，讓你可以重構類別。將它們拆開可以幫助建立小型且可重複使用的物件。

參閱

訣竅 7.2，「改名及拆開 helper 與工具程式」

訣竅 11.6，「將過多的屬性拆開」

訣竅 11.7，「縮短匯入清單」

訣竅 17.4，「拆開分歧的變更」

訣竅 17.15，「重構資料泥團」

參考資料

Refactoring Guru 的「Large Class」(*https://oreil.ly/r1jQO*)

11.6 將過多的屬性拆開

問題

你有一個類別定義了大量的屬性。

解決方案

將該類別分成幾個具有內聚性的部分。找出與屬性有關的方法,然後將方法分組,按照那些組別將物件拆開。最後,找到與新物件有關的真實物件 (real object),並將既有的參考換掉。

討論

下面是一個具有太多屬性的試算表:

```
class ExcelSheet {
  String filename;
  String fileEncoding;
  String documentOwner;
  String documentReadPassword;
  String documentWritePassword;
  DateTime creationTime;
  DateTime updateTime;
  String revisionVersion;
  String revisionOwner;
  List previousVersions;
  String documentLanguage;
  List cells;
  List cellNames;
  List geometricShapes;
}
```

這是將它分解成幾個部分的樣子：

```
class ExcelSheet {
  FileProperties fileProperties;
  SecurityProperties securityProperties;
  DocumentDatingProperties datingProperties;
  RevisionProperties revisionProperties;
  LanguageProperties languageProperties;
  DocumentContent content;
}

// 物件的屬性減少了，
// 將它們分組不僅僅是為了測試，
// 新物件更內聚，更容易測試，
// 衝突更少，而且更容易重複使用，
// FileProperties/SecurityProperties 可重複用於其他文件。
// fileProperties 的規則和前提條件將被移至此物件，
// 所以 ExcelSheet 建構式會更簡潔。
```

多數 linter 都可以在有太多屬性被宣告時發出警告。設定好的警告門檻應該很容易，因為臃腫的物件知道太多東西、且由於為內聚而難以更改。開發者會經常更改這些物件，導致合併衝突，這是常見的問題根源。

參閱

訣竅 11.2，「減少多餘的參數」

訣竅 11.5，「移除多餘的方法」

訣竅 17.3，「拆開神物件」

訣竅 17.4，「拆開分歧的變更」

11.7　縮短匯入清單

問題

你的類別依賴太多其他類別，所以變得既耦合且脆弱。冗長的匯入清單是這個問題的象徵。

解決方案

在同一個文件裡不要匯入太多東西。拆開依賴關係和耦合。

討論

你可以拆開這個類別，並隱藏中間的非本質實作。這是一段很長的匯入：

```java
import java.util.LinkedList;
import java.persistence;
import java.util.ConcurrentModificationException;
import java.util.Iterator;
import java.util.LinkedList;
import java.util.List;
import java.util.ListIterator;
import java.util.NoSuchElementException;
import java.util.Queue;
import org.fermi.common.util.ClassUtil;
import org.fermi.Data;
// 你依賴太多程式庫了

public class Demo {
    public static void main(String[] args) {

    }
}
```

這是簡化的辦法：

```java
import org.fermi.domainModel;
import org.fermi.workflow;

// 只依賴少量程式庫，
// 並隱藏它們的實作。
// 間接匯入可能有相同的效果，
// 卻不會破壞封裝。

public class Demo {
    public static void main(String[] args) {

    }
}
```

你可以在 linter 中設定警告門檻值。在設計解決方案時，你也要考慮依賴關係，以減少漣漪效應。大多數的現代 IDE 都會在有未使用的匯入時發出警告。

參閱

訣竅 11.5，「移除多餘的方法」

訣竅 17.4，「拆開分歧的變更」

訣竅 17.14，「改變與類別的耦合」

訣竅 25.3，「移除程式包依賴關係」

11.8 拆開「and」函式

問題

你有一些函式執行的任務不只一項。

解決方案

除非你要實現原子性（atomicity），否則不要在一個函式裡執行多個任務。分解這些組合函式。

討論

如果函式的名稱有「and」，而且你不需要原子性，那就要將它拆開，因為在相同的作用域內做兩件事會導致程式碼耦合，使得程式碼更難測試和閱讀。你可以提取並分解該方法。同時做多件事會導致耦合，違反單一責任原則（參見訣竅 4.7，「具體化字串驗證」），也會讓測試更難以進行。

這裡有一個做兩件事的函式：

```
def fetch_and_display_personnel():
  data = # ...

  for person in data:
    print(person)
```

這是將它分開後的樣子：

```
def fetch_personnel():
  return # ...

def display_personnel(data):
  for person in data:
    print(person)
```

這是另一個例子：

```
calculatePrimeFactorsRemoveDuplicatesAndPrintThem()

// 有三個職責
```

這是將它分成三個部分之後的樣子：

```
calculatePrimeFactors();

removeDuplicates();

printNumbers();

// 三個不同的方法
// 你可以測試它們並重複使用它們
```

名稱有「and」的函式是拆開的潛在對象。然而，你要仔細檢查它們，因為有偽陽性（false positives）的可能性。小心不要做過頭了，而且函式應該既是最簡單的，也是原子化的。在製作方法時，務必運用橡皮鴨方法，以確定你做得正確。

橡皮鴨偵錯（*rubber duck debugging*）

橡皮鴨偵錯就是逐行解釋程式碼，就像你教導一隻橡皮鴨如何寫程式一樣。口頭表達和描述程式碼的每一步可能讓你發現未曾找到的錯誤或不一致的邏輯。

參閱

訣竅 11.1，「拆開過長的方法」

11.9 拆開肥大介面

問題

你的介面宣告太多協定了。

解決方案

拆開你的介面。

討論

「肥大介面（fat interface）」這個詞強調了介面承載太多方法，包括並非所有使用方都需要，或會去使用的方法。這種介面違反「將介面分離成更小、更聚焦的合約」的原則。

介面分離原則（*interface segregation principle*）

介面分離原則是指物件不應該被迫依賴它們不使用的介面。設計許多專門的小介面比做出一個龐大的單體介面更好。

下面的範例覆寫了一些行為：

```
interface Animal {
  void eat();
  void sleep();
  void makeSound();
  // 這是一個讓所有動物共用的協定
}

class Dog implements Animal {
  public void eat() { }
  public void sleep() { }
  public void makeSound() { }
}

class Fish implements Animal
  public void eat() { }
  public void sleep() {
    throw new UnsupportedOperationException("I do not sleep");}
  public void makeSound() {
```

```
      throw new UnsupportedOperationException("I cannot make sounds");
    }
  }

  class Bullfrog implements Animal
    public void eat() { }
    public void sleep() {
      throw new UnsupportedOperationException("I do not sleep");
    }
    public void makeSound() { }
  }
```

將介面分成更原子化的部分時：

```
  interface Animal {
    void move();
    void reproduce();
  }
  // 你甚至可以拆開這兩個職責

  class Dog implements Animal {
    public void move() { }
    public void reproduce() { }
  }

  class Fish implements Animal {
    public void move() { }
    public void reproduce() { }
  }

  class Bullfrog implements Animal {
    public void move() { }
    public void reproduce() { }
  }
```

你可以檢查介面行為的多寡，並評估整個協定的內聚性。優先採用小型、可重複使用的元件可促進程式碼和行為的重複使用。

參閱

訣竅 12.4，「移除一次性介面」

訣竅 17.14，「改變與類別的耦合」

## 第十二章

YAGNI

愛因斯坦常說，大自然一定可以用簡單的方法來解釋，因為上帝不是反覆無常或獨斷專行的。但是軟體工程師不能拿這種說法來自我安慰。

—— Fred Brooks，《*The Mythical Man-Month: Essays on Software Engineering*》

12.0 引言

YAGNI 是「You Ain't Gonna Need It」的縮寫，它建議開發者只需實作當下真正需要的功能，不要加入未來可能用不到的非必要功能。**YAGNI** 的理念是盡量減少非本質的複雜性，把焦點放在當下最重要的任務上。

YAGNI 原則的觀點與「軟體開發界往往過度設計解決方案，或預測未來需求並加入非必要功能」對立，那種做法可能導致程式沒必要地複雜、浪費時間和精力，以及讓維護成本節節高升。

YAGNI 原則鼓勵開發者專注於專案的當下需求，只加入滿足這些需求的功能。這有助於保持專案的簡單和聚焦，讓開發者更敏捷，能夠針對不斷改變的需求做出反應。

12.1 移除 dead code

問題

你有再也用不到或不需要的程式碼。

解決方案

不要保留「未雨綢繆」的程式碼,將它刪除。

討論

dead code(無作用的程式碼)會讓程式更不容易維護,並違反 KISS 原則(訣竅 6.2,「移除空行」),因為不會執行的程式碼不會有人維護。下面是一個 gold-plated(鍍金)程式碼範例:

```
class Robot {
  walk(){
    //...
    }
  serialize(){
    //...
  }
  persistOnDatabase(database){
    //...
  }
}
```

gold plating

gold plating 是指在產品或專案中加入超出最低需求或規格的非必要特性或功能。這可能有幾種原因,例如希望讓顧客有深刻的印象,或是讓產品在市場上脫穎而出。然而,gold plating 可能對專案有害,因為它可能導致成本超支和進度落後,也可能讓最終使用者無法獲得實際的價值。

這是一個具備正確職責的簡單物件：

```
class Robot {
  walk(){
    // ...
    }
}
```

 測試覆蓋工具可以找出 dead code（未被測試覆蓋）—— 假如你有一套出色的測試程式的話。但注意，測試覆蓋對於 meta 程式有一些問題（參見第 23 章「meta 程式」），當你編寫 meta 程式時，你很難找到程式碼的參考。為了簡單起見，請刪除 dead code。如果你不確定程式碼是不是 dead code，你可以使用功能切換來暫時停用它。刪除程式碼的好處必定比加入程式碼更多，而且你一定可以在 Git 歷史中找到它（訣竅 8.1，「移除被改成註釋的程式碼」）。

參閱

訣竅 16.6，「移除錨定船」

訣竅 23.1，「移除 meta 程式」

12.2 用程式碼來取代圖表

問題

讓程式碼和測試程式成為活生生的文件。

解決方案

使用程式碼和測試程式作為自主文件。

討論

多數圖表僅關注結構（非本質的），而不是行為（本質的）。你只能用它們來溝通想法。相信你的測試程式。它們可以反映現況，並受到妥善的維護。

圖 12-1 是一個 Unified Modeling Language（UML）圖表。雖然這種圖表很有幫助，但更重要的是，你必須瞭解程式碼和測試，因為在開發過程中，這種圖表可能過時。如果你有持續地進行測試，測試就不會騙人。

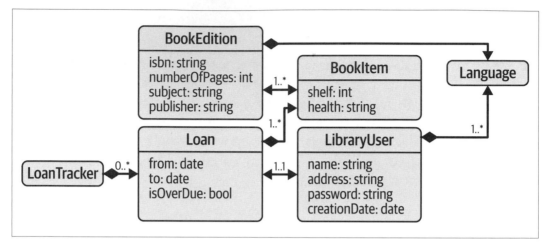

圖 12-1 描述程式庫（library）的簡單 UML 圖表

下面是 Library 領域的圖表部分的簡化程式碼：

```
final class BookItem {
    function numberOfPages() { }
    function language(): Language { }
    function book(): Book { }
    function edition(): BookEdition { }
    // 借閱（loan）和過期（overdue）不是書本項目（book item）的職責
}

final class LoanTracker {
    function loan(
        BookItem $bookCopy,
        LibraryUser $reader,
        DatePeriod $loanDates) {
        // DatePeriod 比貧乏的 $fromDate 與 $toDate 更好
    }
}

final class LoanTrackerTests extends TestCase {
    // 擁有大量受維護的測試程式可以告訴你系統如何實際運作
}
```

移除所有程式碼註解（annotation），並公開禁止使用它們。軟體設計是一種接觸運動（contact sport），你要設計雛型，實際運行模型並從中學習。表格和 JPEG 是靜態的，不能運行，它們活在一切順利運行的另一個理想世界裡。但有一些實用的高階架構圖可以幫助你理解大局，與溝通特定概念。

UML（Unified Modeling Language）圖表

UML 圖表是定義軟體系統或應用程式的結構和行為的標準視覺圖表，它使用一組常見的符號和表示法。它們在 80 年代和 90 年代很流行，與瀑布開發模式密切相關，這種模式會在實際開始編寫程式之前完成設計，與敏捷方法論相反。現今仍有許多組織使用 UML。

參閱

訣竅 3.1，「將貧乏物件轉換為豐富物件」

訣竅 12.5，「移除設計模式濫用」

參考資料

Wikipedia 的「Computer-Aided Software Engineering」（*https://oreil.ly/pAN3o*）

瀑布模型

根據 David Farley 的說法，在軟體開發裡的瀑布模型（*waterfall model*）是一種分階段的、依序進行的方法，它將工作分解成一系列明確定義的階段，且在每一個階段之間有明確的工作交接。它的想法是依序處理每一個階段，而不是迭代它們。在敏捷方法論於 90 年代備受矚目之前，這種模式是主流思想。

12.3 將只有一個子類別的類別重構

問題

你有一個類別只有一個子類別。

解決方案

不要事先過度抽象化,因為這是推測設計法(speculative design),你應該利用你學到的知識才對。在得到更多具體的例子之前,先把抽象類別移除。

討論

以前,專家經常建議工程師應該為將來的變更進行設計,現在,你要根據實際的證據來設計。在發現重複的部分時移除它,但不是在發現它之前。以下是一個推測設計的案例:

```python
class Boss(object):
    def __init__(self, name):
        self.name = name

class GoodBoss(Boss):
    def __init__(self, name):
        super().__init__(name)

# 這其實是不良的分類範例,
# Boss 應該是不可變的,但可能
# 因為建設性的回饋而改變心情
```

在壓縮層次結構之後變成這樣:

```python
class Boss(object):
    def __init__(self, name):
        self.name = name

# Boss 是具體的,而且可以改變心情
```

用 linter 來檢測這個問題非常容易,因為它們可以在編譯時追蹤這個錯誤。建立子類別絕對不是第一選擇,你必須等到抽象概念出現才建立它們,而不是根據你的推測。如果你的語言可以宣告介面,介面是更優雅的解決方案,因為它的耦合程度更低。但有一個

例外是，有些框架會建立抽象類別作為預留位置（placeholder），以便在它們之上建構具體模型。

參閱

訣竅 12.4，「移除一次性介面」

訣竅 19.3，「移除為了重複使用程式碼而設計的子類別」

訣竅 19.6，「將孤立的類別改名」

訣竅 19.7，「將具體類別宣告為 final」

訣竅 19.8，「明確地定義類別繼承」

訣竅 19.9，「遷移空類別」

12.4 移除一次性介面

問題

你有一個僅實作一次的介面。

解決方案

在你看到更多需要提取有用的、內聚的協定的案例之前，不要過度抽象化。

討論

提前規劃介面和將協定抽象化是推測設計和過度設計的跡象。下面的範例試著判斷車輛（vehicle）應該有什麼行為：

```
public interface Vehicle {
    public void start();
    public void stop();
}

public class Car implements Vehicle {
    public void start() {
```

```
        System.out.println("Running...");
    }
    public void stop() {
        System.out.println("Stopping...");
    }
}
// 沒有更多具體的 vehicle 了嗎？
```

因為沒有足夠的證據，所以只實現（realization）一個：

```
public class Car {
    public void start() {
        System.out.println("Running...");
    }
    public void stop() {
        System.out.println("Stopping...");
    }
}

// 等待發現更多具體的 vehicle
```

因為這條規則適用於業務邏輯，所以這個訣竅有幾個例外。有一些框架將介面定義成必須滿足的協定（protocol）。你要在對射中模擬現實世界的現有協定。在 MAPPER 裡（於第 2 章定義），介面可對映至協定。此外，依賴反轉協定宣告了需要透過實作來滿足的介面，在此之前，介面可能是空的。如果你的語言為測試 mocking 定義了介面，請考慮訣竅 20.4，「將 mock 換成真實物件」。務必等待抽象出現，不要沒必要地發揮創意或進行推測。

 依賴反轉（*dependency inversion*）

依賴反轉是一種設計原則，它藉著顛覆傳統的依賴關係來將高階物件與低階物件解耦。這個原則建議，與其讓高階物件直接依賴低階物件，不如讓兩者都依賴抽象或介面。這可讓碼庫更靈活和模組化，因為當你想要更改低階模組的實作時，不一定要更改高階模組。

參閱

訣竅 7.14，「將類別名稱開頭或結尾的 Impl 移除」

訣竅 12.3，「將只有一個子類別的類別重構」

訣竅 20.4，「將 mock 換成真實物件」

12.5 移除設計模式濫用

問題

你的程式碼有過度設計的徵兆，濫用了一些設計模式。

解決方案

移除設計模式，改用更簡單的概念。使用基於真實世界對射概念（本質的）的名稱，而不是使用模式的名稱（非本質的）。

討論

表 12-1 的類別是基於實作來命名的。

表 12-1　使用模式來命名的不良名稱

壞例子	好例子
FileTreeComposite	FileSystem
DateTimeConverterAdapterSingleton	DateTimeFormatter
PermutationSorterStrategy	BubbleSort
NetworkPacketObserver	NetworkSniffer
AccountsComposite	Portfolio

表 12-1 中的五個名稱屬於現實世界，你的頭腦可以用對射的 1:1 關係將它們對映到熟悉的物件。移除模式困難的地方在於改變物件的行為，以避免由設計模式本身引入的複雜性。

參閱

訣竅 7.7，「將抽象的名稱改掉」

訣竅 10.4，「移除程式中的小聰明」

訣竅 12.2，「用程式碼來取代圖表」

訣竅 17.2，「換掉單例」

12.6 換掉業務集合

問題

你有一些沒有額外行為的特化集合。

解決方案

不要建立沒必要的抽象。使用語言標準程式庫的類別。

討論

用 MAPPER 來發現抽象是一項艱巨的任務。你應該移除不需要的抽象，除非它們加入新行為。這是一個單字字典：

```
Namespace Spelling;

final class Dictionary {

    private $words;
    function __construct(array $words) {
        $this->words = $words;
    }

    function wordCount(): int {
        return count($this->words);
    }

    function includesWord(string $subjectToSearch): bool {
        return in_array($subjectToSearch, $this->words);
    }
}

// 它有類似抽象資料型態字典的協定
// 以及測試程式

final class DictionaryTest extends TestCase {
    public function test01EmptyDictionaryHasNoWords() {
        $dictionary = new Dictionary([]);
        $this->assertEquals(0, $dictionary->wordCount());
    }
```

```
    public function test02SingleDictionaryReturns1AsCount() {
        $dictionary = new Dictionary(['happy']);
        $this->assertEquals(1, $dictionary->wordCount());
    }

    public function test03DictionaryDoesNotIncludeWord() {
        $dictionary = new Dictionary(['happy']);
        $this->assertFalse($dictionary->includesWord('sadly'));
    }

    public function test04DictionaryIncludesWord() {
        $dictionary = new Dictionary(['happy']);
        $this->assertTrue($dictionary->includesWord('happy'));
    }
}
```

你可以使用標準類別來實現相同的效果：

```
Namespace Spelling;

// 不再需要 final class Dictionary 了

// 測試程式使用標準類別，
// 在 PHP 裡，你可以使用關聯陣列，
// Java 與其他語言有 HashTables、Dictionaries……等。

use PHPUnit\Framework\TestCase;

final class DictionaryTest extends TestCase {
    public function test01EmptyDictionaryHasNoWords() {
        $dictionary = [];
        $this->assertEquals(0, count($dictionary));
    }

    public function test02SingleDictionaryReturns1AsCount() {
        $dictionary = ['happy'];
        $this->assertEquals(1, count($dictionary));
    }

    public function test03DictionaryDoesNotIncludeWord() {
        $dictionary = ['happy'];
        $this->assertFalse(in_array('sadly', $dictionary));
    }

    public function test04DictionaryIncludesWord() {
        $dictionary = ['happy'];
```

```
                $this->assertTrue(in_array('happy', $dictionary));
        }
    }
```

它與 MAPPER 概念互相矛盾,在 MAPPER 概念中,你要建立可在對射中找到,並在現實中存在的物件。MAPPER 中的第一個 P 是指 Partial,你不需要模擬所有現實實體,只要模擬相關的即可。

 有一個例外是,為了提升效能,有時你需要優化集合,如果有夠強的證據的話(參見第 16 章「過早優化」)。你要不時清理程式碼,而特化的集合是很好的起點。

參閱

訣竅 13.5,「避免在遍歷的同時修改集合」

## 第十三章

快速失敗

知道該去哪裡進行檢查以及確保程式出錯時快速失敗是一門藝術。這種選擇是
簡化技藝的一部分。

—— Ward Cunningham

13.0 引言

快速失敗對編寫 clean code 來說非常重要。你必須在業務規則失敗時立即採取行動。每
一次沉默的失敗都會讓你錯過一次改進的機會。為了準確地偵錯,你要找到根本原因,
而根本原因會給你某些提示,以便追蹤和解決失敗。能夠快速失敗的系統比較穩固,比
它弱的系統會將失敗隱藏起來並繼續工作,即使那個失敗已經影響結果的正確性了。

13.1 重構變數的重新賦值

問題

你重複使用具有不同作用域的變數。

解決方案

不要重複使用變數名稱,因為這會讓程式更不易讀和破壞重構的機會,而且沒有任何好
處;這是過早優化,且無法節省記憶體。盡量將作用域縮到最小。

討論

如果你重複使用變數並擴展它的作用域，自動重構工具可能失效，而且你的虛擬機器可能會錯過優化的機會。建議你在定義、使用和清理變數時，盡量縮短它們的生命週期。下面的例子有兩個不相關的 purchase：

```
class Item:
  def taxesCharged(self):
    return 1;

lastPurchase = Item('Soda');
# 用 purchase 來做事

taxAmount = lastPurchase.taxesCharged();
# 與 purchase 有關的許多工作
# 你喝了氣泡水

# 如果你不傳遞沒用的 lastPurchase 作為參數，
# 你就無法從下面提取方法

# 幾小時後……
lastPurchase = Item('Whisky'); # 你買了另一個飲料

taxAmount += lastPurchase.taxesCharged();
```

這是縮小作用域後的樣子：

```
class Item:
  def taxesCharged(self):
    return 1;

def buySupper():
  supperPurchase = Item('Soda');
  # 用 purchase 來做事

  # 與 purchase 有關的許多工作
  # 你喝了氣泡水
  return supperPurchase;

def buyDrinks():
  # 你可以提取方法！

  # 幾小時後……
  drinksPurchase = Item('Whisky');
  # 我買了另一個飲料
```

```
    return drinksPurchase;

    taxAmount = buySupper().taxesCharged() + buyDrinks().taxesCharged();
```

重複使用變數也稱為「無脈絡可循的複製貼上（noncontextual copy-and-paste）」提示。

參閱

訣竅 11.1，「拆開過長的方法」

虛擬機器優化

當今的大多數現代程式語言都在虛擬機器（*virtual machines*，VMs）上運行。它們將硬體細節抽象化，並在幕後進行許多優化，幫助你專心寫出更容易閱讀的程式碼，並避免過早優化（參見第 16 章「過早優化」）。它們讓你幾乎不需要設計巧妙且高效的程式，因為它們解決了許多效能問題。在第 16 章，你將瞭解如何蒐集實際證據，以確定是否需要優化程式碼。

13.2 強制執行前提條件

問題

你想要使用商業前提條件、後置條件和不變量來建立更穩健的物件。

解決方案

在開發環境和生產環境中皆打開斷言，除非你有強烈的證據指出它是個重大的效能問題。

討論

物件的一致性是遵守 MAPPER（見第 2 章的定義）的關鍵。只要程式碼違反軟體合約，你就要發出警告。在問題發生的當下最容易偵錯。一如既往，建構式是絕佳的第一道防線。

按合約設計

Bertrand Meyer 所著《*Object-Oriented Software Construction*》是使用物件導向範式來進行軟體開發的全方位指南。該書的關鍵思想之一是「按合約設計」，該做法強調在軟體模組之間建立清楚而明確的合約。合約定義了確保模組正確合作及軟體持續可靠且容易維護所需的責任和行為。當合約被破壞時，應遵守快速失敗原則，並立即察覺問題。

這是熟悉的 Date 驗證範例：

```python
class Date:
  def __init__(self, day, month, year):
    self.day = day
    self.month = month
    self.year = year

  def setMonth(self, month):
    self.month = month

startDate = Date(3, 11, 2020)
# OK

startDate = Date(31, 11, 2020)
# 應失敗，卻沒有

startDate.setMonth(13)
# 應失敗，卻沒有
```

這是在建立 Date 之前就放入控制程式碼（control）的樣子：

```python
class Date:
  def __init__(self, day, month, year):
    if month > 12:
        raise Exception("Month should not exceed 12")
    #
    # 等 ...

    self._day = day
    self._month = month
    self._year = year

startDate = Date(3, 11, 2020)
# OK

startDate = Date(31, 11, 2020)
```

```
# 失敗

startDate.setMonth(13)
# 失敗，因為不變量讓物件不可變
```

你一定要明確表達物件的完備性，並開啟生產環境的斷言，即使它會稍微降低效能。資料和物件的損壞比較難找到，因此快速失敗是很棒的做法。

參閱

訣竅 3.1，「將貧乏物件轉換為豐富物件」

訣竅 25.1，「淨化輸入」

參考資料

Bertrand Meyer 的《*Object-Oriented Software Construction*》（*https://oreil.ly/3s8G5*）

前提條件、後置條件與不變量

前提條件是在呼叫函式或方法之前必須為真的條件，它指定函式或方法的輸入必須滿足的要求。不變量是在程式執行的任何時候都必須保持為真的條件，不會被任何潛在的改變影響。它指定了程式的一個不能隨著時間而改變的特性。最後，後置條件與方法被呼叫之後有關。你可以使用它們來確保正確性、檢測缺陷或引導程式設計。

13.3　使用更嚴格的參數

問題

你有能夠接收多種不同（且非多型的）參數的 magic 函式。

解決方案

建立明確的合約。只預期一個協定。

討論

函式簽章（function signature）非常重要，偏愛 magic 強制轉型的語言是包著糖衣的誘餌，雖然它們承諾提供簡單的方案，但你很快就會開始 debug 奇怪的值。與其使用許多 if 條件來編寫有彈性的函式，不如始終接受「遵守單一協定」的一種參數。

函式簽章（*function signature*）

函式簽章指定了函式名稱、參數型態和回傳型態（如果語言是強定型的）。它被用來區分不同的函式，並確保函式被正確呼叫。

在這個例子中，你可以接收多個不同且非多型的參數：

```
function parseArguments($arguments) {
    $arguments = $arguments ?: null;
    // 一定是 billion-dollar mistake (null)
    if (is_empty($arguments)) {
        $this->arguments = http_build_query($_REQUEST);
        // 全域耦合與副作用
    } elseif (is_array($arguments)) {
        $this->arguments = http_build_query($arguments);
    } elseif (!$arguments) { // null 未被遮蔽
        $this->arguments = null;
    } else {
        $this->arguments = (string)$arguments;
    }
}
```

這是典型的單一解決方案：

```
function parseArguments(array $arguments) {
    $this->arguments = http_build_query($arguments);
}
```

magic 強制轉型及其彈性是有代價的，它們會把髒東西隱藏在地毯下，違反快速失敗原則。

參閱

訣竅 10.4，「移除程式中的小聰明」

訣竅 15.1，「建立 null 物件」

訣竅 24.2，「處理 truthy 值」

13.4 將 switch 裡的 default 移除

問題

在 switch 陳述式裡,你沒有在該丟出例外時丟出例外。

解決方案

不要在 case 陳述式裡加入 default 子句。把它改成明確的例外,並避免設計推測性解決方案。

討論

「default」意味著「你還不知道的所有事情」。你無法預測未來,所以 default 是代表「無法預見的情況」的一種例外。在使用 case 時,我們通常會加入一個 default case 以防止失敗。「失敗」一定比「在沒有證據的情況下做出決策」還要好。由於 case 和 switch 通常有問題,你可以使用訣竅 14.4,「將 Switch/Case/Elseif 陳述式換掉」來避免它們。在 C 和 C++ 中,default case 是選用的。在 Java 中,default case 是強制使用的,如果省略,編譯器會發出錯誤。在 C# 中,deault case 是選用的,但如果省略,編譯器會發出警告。

這是一個推測性的 default case:

```
switch (value) {
  case value1:
    // 若符合 value1,執行以下程式碼……
    doSomething();
    break;
  case value2:
    // 若符合 value2,執行以下程式碼……
    doSomethingElse();
    break;
  default:
    // 如果 value 目前不符合上述值
    // 或未來的值,
    // 則執行以下操作
    doSomethingSpecial();
    break;
}
```

下面是將它換成例外的寫法：

```
switch (value) {
  case value1:
    // 若符合 value1，執行以下程式碼……
    doSomething();
    break;
  case value2:
    // 若符合 value2，執行以下程式碼……
    doSomethingElse();
    break;
  case value3:
  case value4:
    // 你目前知道這些選項存在
    doSomethingSpecial();
    break;
  default:
    // 如果 value 不符合上述值，你要做出決定
    throw new Exception('Unexpected case ' + value + ', need to consider it');
    break;
}
```

你可以讓 linter 警告你使用了 default，除非有例外的情況，因為編寫穩健的程式並不意味著在沒有證據的情況下做出決定。因為 default 有很多合理的用法，你要注意誤報。

參閱

訣竅 14.4，「將 Switch/Case/Elseif 陳述式換掉」

13.5 避免在遍歷的同時修改集合

問題

你在遍歷集合的同時修改它。

解決方案

不要在遍歷集合的同時修改它們，因為這可能會造成內部指標不一致。

討論

有一些開發者經常過度優化他們的解決方案,他們認為複製集合是一種昂貴的操作,但複製小型和中型集合並非如此,而且程式語言以許多不同的方式來遍歷集合(參見第 16 章「過早優化」)。在遍歷期間修改集合通常是不安全的,且不良後果可能在距離遍歷程式碼很遠的地方才出現。

下面是一個產生不固定的後果的例子:

```
// 在此將元素加入集合 ...
Collection<Object> people = new ArrayList<>();

for (Object person : people) {
    if (condition(person)) {
        people.remove(person);
    }
}
// 你迭代並且移除元素,
// 可能漏掉其他應該刪除的對象
```

下面藉著複製集合來讓程式碼更安全:

```
// 在此將元素加入集合 ...
Collection<Object> people = new ArrayList<>();

List<Object> iterationPeople = ImmutableList.copyOf(people);

for (Object person : iterationPeople) {
    if (condition(person)) {
        people.remove(person);
    }
}
// 遍歷複本,並將它從原始集合移除

people.removeIf(currentIndex -> currentIndex == 5);
// 或使用語言工具(若有)
```

雖然開發者很早就學到這件事了,但它在業界和現實軟體中仍然很常見。

參閱

訣竅 6.6,「換掉明確的迭代」

訣竅 12.6,「換掉業務集合」

13.6 重新定義雜湊與何謂相等

問題

你在物件中實作雜湊，卻沒有重新定義何謂相等。

解決方案

如果你要檢查雜湊，你也要檢查相等與否，以保持一致。

討論

雖然雜湊保證當兩個物件有不同的雜湊值時，它們就是不同的，但不保證它們有相同的雜湊值時，它們是相同的；這種不對稱可能導致對射失敗。你一定要檢查雜湊（較快），再檢查相等（較慢）。

下面的例子比較大型集合裡的 Person：

```java
public class Person {

  public String name;

  @Override
  public boolean equals(Person anotherPerson) {
    return name.equals(anotherPerson.name);
  }

  @Override
  public int hashCode() {
    return (int)(Math.random()*256);
  }
}
```

在使用 hashmap 時，你可能會錯誤地猜測物件在集合中不存在。以下是重新定義雜湊時的樣子：

```java
public class Person {

public String name;
    // 有 public 屬性是另一個問題
    @Override
```

```
    public boolean equals(Person anotherPerson) {
      return name.equals(anotherPerson.name);
    }

    @Override
    public int hashCode() {
      return name.hashCode();
    }
  }
```

許多 linter 都有一些規則使用靜態分析和解析樹來重新定義雜湊與何謂相等。透過變異檢測（參見訣竅 5.1，「將 var 改為 const」），你可以使用相同的雜湊來 seed 不同的物件，並檢查測試程式。每一個效能改進法都有其缺點，這就是為什麼你要在程式碼可以正確運作之後再調整效能，並用自動功能測試程式來覆蓋它。

參閱

訣竅 14.15，「將『比較是否相等』改掉」

訣竅 16.7，「將領域物件裡的快取取出」

雜湊化

雜湊化就是將任意大小的資料對映到固定大小的值。雜湊函數的輸出稱為雜湊值或雜湊碼。你可以將雜湊值當成大型集合的索引表；相較於依序遍歷元素，它們就像捷徑，可以讓你更有效率地找出元素。

13.7 重構而不改變功能

問題

你同時進行開發與重構。

解決方案

不要同時改變功能與重構。

討論

在重構的同時改變功能會讓程式碼復審難以進行，也可能導致合併衝突。有時你需要進行重構，以利進一步的開發，若是如此，請暫停開發解決方案，先進行重構，再繼續開發解決方案。

下面是同時進行重構和更改功能的例子：

```
getFactorial(n) {
  return n * getFactorial(n);
}

// 改名與更改

factorial(n) {
  return n * factorial(n-1);
}

// 這只是一個小例子，
// 在處理更多程式碼時，情況會變得更糟
```

將這些修改分開可以提高它們的清楚程度：

```
getFactorial(n) {
  return n * getFactorial(n);
}
// 改變

getFactorial(n) {
  return n * getFactorial(n-1);
}
// 執行測試

factorial(n) {
  return n * factorial(n-1);
}
// 改名
```

你可以使用實體標記（physical token）來提醒你究竟是處於重構階段，還是開發階段。

## 第十四章

If

先讓改變容易進行（警告：這可能很難），再進行容易的改變。

—— Kent Beck 在 Twitter 上的推文（*https://oreil.ly/bNz48*）

14.0 引言

GoTo 指令曾經被廣泛接受，直到 Edsger Dijkstra（*https://oreil.ly/N9Krv*）寫下那篇振聾發聵的論文：「Go To Statement Considered Harmful」（*https://oreil.ly/8WBw2*）。現在已經沒有人使用 GoTo 指令了（參見訣竅 18.3，「將 GoTo 換成結構化的程式碼」），也幾乎已經沒有程式語言支援它，因為它會產生 spaghetti（義大利麵式的）程式碼，這種程式難以維護且容易出錯。結構化程式設計在好幾年前就解決 spaghetti 程式碼的問題了。

spaghetti 程式碼

spaghetti 程式碼是結構不良，難以理解和維護的程式碼。之所以稱為「spaghetti（意大利麵式）」，是因為這種程式碼通常互相糾纏，很像一盤捲在一起的意大利麵。它有多餘或重複的程式碼，以及許多條件式、跳轉和迴圈，很難追蹤。

下一場革命是消除大多數的 if 陳述式，因為 if/case 和 switch 其實是偽裝成結構化流程的 GoTo。組合語言之類的低階機器語言同時有 GoTo 和 if。

大多數的 if 陳述式都與非本質的決策耦合。這種耦合會產生連漪效應，讓程式碼難以維護，因為非本質的 if 是有害的，和 GoTo 一樣，原因在於它們違反開閉原則（參見訣竅 14.3，「具體化布林變數」），讓你的設計更難以擴展。if 陳述式為一些更嚴重的問題大開方便之門，例如 switch、case、default、return、continue 和 break，它們會讓你的演算法更晦澀難懂，迫使你建構非本質地複雜的解決方案。

結構化程式設計（*structured programming*）

結構化程式設計強調使用控制流程結構，例如迴圈和函式，來讓程式更清楚、更容易維護、更易讀，且更可靠。你會將程式分解成較小的、較容易管理的部分，然後使用結構化控制流程來組織這些部分。

14.1 將非本質的 if 換成多型

問題

在你的程式裡面有非本質的 if。

解決方案

將它們換成多型的物件。

討論

以下是非本質的 if 陳述式：

```
class MovieWatcher {
  constructor(age) {
    this.age = age;
  }
  watchXRatedMovie() {
    if (this.age < 18)
      throw new Error("You are not allowed to watch this movie");
    else
      this.watchMovie();
  }
  watchMovie() {
    // ..
```

```
    }
  }

  const jane = new MovieWatcher(12);

  jane.watchXRatedMovie();
  // 丟出例外，因為 Jane 年紀太小，還不能看這部電影
```

你必須決定要不要刪除這個 if 陳述式，並且瞭解它究竟是代表業務規則（**本質的**）還是實作產物（**非本質的**）。在軟體世界以外的現實世界中，人們在自然語言裡使用 if 來描述年齡限制，因此，你要遵守對射，將它視為本質的，**不要換掉它**。

這是**本質的** if：

```
  class Movie {
    constructor(rate) {
      this.rate = rate;
    }
  }

  class MovieWatcher {
    constructor(age) {
      this.age = age;
    }
    watchMovie(movie) {
      if ((this.age < 18) && (movie.rate === 'Adults Only'))
        throw new Error("You are not allowed to watch this movie");
      // 如果沒有出現例外，你可以觀賞電影
      playMovie();
    }
  }

  const jane = new MovieWatcher(12);
  const theExorcist = new Movie('Adults Only');

  jane.watchMovie(theExorcist);
  // Jane 只有 12 歲，不能看《大法師》
```

電影分級（rating）的 if 與現實中的 if 無關，但與非本質的實作有關（並且耦合）。問題出在「使用字串來模擬分級」這個設計決策（參見第 3 章「貧乏模型」）。這是一個典型的既不向擴展開放，又不向修改關閉的解決方案。

隨著新需求的出現，問題變得更糟：

```
class Movie {
  constructor(rate) {
    this.rate = rate;
  }
}

class MovieWatcher {
  constructor(age) {
    this.age = age;
  }
  watchMovie(movie) {
    // !!!!!!!!!!!!!!!!! 充斥著許多 if !!!!!!!!!!!!!!!!!!!!!!!!!!!!
    if ((this.age < 18) && (movie.rate === 'Adults Only'))
      throw new Error("You are not allowed to watch this movie");
    else if ((this.age < 13) && (movie.rate === 'PG 13'))
      throw new Error("You are not allowed to watch this movie");
    // !!!!!!!!!!!!!!!!! 充斥著許多 if !!!!!!!!!!!!!!!!!!!!!!!!!!!!

    playMovie();
  }
}

const theExorcist = new Movie('Adults Only');
const gremlins = new Movie('PG 13');

const jane = new MovieWatcher(12);

jane.watchMovie(theExorcist);
// Jane 只有 12 歲，不能看《大法師》
jane.watchMovie(gremlins);
// Jane 只有 12 歲，不能看《小精靈》

const joe = new MovieWatcher(16);

joe.watchMovie(theExorcist);
// Joe 只有 16 歲，不能看《大法師》
joe.watchMovie(gremlins);
// Joe 已經 16 歲了，可以看《小精靈》
```

程式碼充斥著 if 陳述式，因為新的分級帶來新的 if，而且缺少 default 陳述式。代表分級的字串並非一級物件。拼寫錯誤會引入難以發現的錯誤，而且你會被迫在 Movie 裡加入 getter 來做出決策。

這個例子為每一個 if 條件（如果它還不存在）建立一個多型層次結構，將每個 if 主體移到先前的抽象中，並將 if 呼叫換成一個多型方法呼叫：

```
// 1. 為每個 if 條件（如果尚不存在）
// 建立一個多型層次結構
class MovieRate {
  // 如果語言允許，這應該宣告為抽象（abstract）
}

class PG13MovieRate extends MovieRate {
  //2. 將每個 *if 主體 * 移到先前的抽象中
  warnIfNotAllowed(age) {
    if (age < 13)
      throw new Error("You are not allowed to watch this movie");
  }
}

class AdultsOnlyMovieRate extends MovieRate {
  //2. 將每個 *if 主體 * 移到先前的抽象中
  warnIfNotAllowed(age) {
    if (age < 18)
      throw new Error("You are not allowed to watch this movie");
  }
}

class Movie {
  constructor(rate) {
    this.rate = rate;
  }
}

class MovieWatcher {
  constructor(age) {
    this.age = age;
  }
  watchMovie(movie) {
    // 3. 將 if 呼叫換成多型方法呼叫
    movie.rate.warnIfNotAllowed(this.age);
    // 看電影
  }
}

const theExorcist = new Movie(new AdultsOnlyMovieRate());
const gremlins = new Movie(new PG13MovieRate());

const jane = new MovieWatcher(12);
```

```
// jane.watchMovie(theExorcist);
// Jane 只有 12 歲，不能看《大法師》
// jane.watchMovie(gremlins);
// Jane 只有 12 歲，不能看《小精靈》

const joe = new MovieWatcher(16);

// joe.watchMovie(theExorcist);
// Joe 只有 16 歲，不能看《大法師》
joe.watchMovie(gremlins);
// Joe 已經 16 歲了，可以看《小精靈》
```

這個解決方案比較好，因為程式碼不再充斥著 if，而且當你收到新的需求，以及需要從領域中學習時，只要擴展模型即可。如果你需要建立新的分級，你要使用新的多型實例。此外，我們不需要 default 行為，因為例外將中斷流程。很多時候使用 *null* 物件（參見訣竅 15.1，「建立 null 物件」）就夠了。現在分級（rating）是一級物件，你再也不會遇到之前範例的拼寫問題。本質的 if 仍然存在（檢查年齡），但非本質的 if 已經消失（分級限制）。

合作鏈（collaborator chain）問題可以透過重構程式碼來解決：

```
movie.rate.warnIfNotAllowed(this.age);

class Movie {
  constructor(rate) {
    this._rate = rate; // 現在 rate 是私用的
  }
  warnIfNotAllowed(age) {
    this._rate.warnIfNotAllowed(age);
  }
}

class MovieWatcher {
  constructor(age) {
    this.age = age;
  }
  watchMovie(movie) {
    movie.warnIfNotAllowed(this.age);
    // 看電影
  }
}
```

現在分級（rating）是私用的，所以你不會破壞封裝，也不需要使用 getter。用這個訣竅來處理本質的 if 的程式碼如下所示：

```
class Age {
}

class AgeLessThan13 extends Age {
  assertCanWatchPG13Movie() {
    throw new Error("You are not allowed to watch this movie");
  }
  assertCanWatchAdultMovie() {
    throw new Error("You are not allowed to watch this movie");
  }
}

class AgeBetween13And18 extends Age {
  assertCanWatchPG13Movie() {
    // 沒問題
  }
  assertCanWatchAdultMovie() {
    throw new Error("You are not allowed to watch this movie");
  }
}

class MovieRate {
  // 如果語言允許，這應該宣告為抽象（abstract）
  // abstract assertCanWatch();
}

class PG13MovieRate extends MovieRate {
  // 將每個 *if 主體 * 移到之前的抽象中
  assertCanWatch(age) {
    age.assertCanWatchPG13Movie()
  }
}

class AdultsOnlyMovieRate extends MovieRate {
  // 將每個 *if 主體 * 移到之前的抽象中
  assertCanWatch(age) {
    age.assertCanWatchAdultMovie()
  }
}

class Movie {
  constructor(rate) {
    this._rate = rate; // 現在 rate 是私用的
```

```
    }
    watchByMe(moviegoer) {
      this._rate.assertCanWatch(moviegoer.age);
    }
  }

  class MovieWatcher {
    constructor(age) {
      this.age = age;
    }
    watchMovie(movie) {
      movie.watchByMe(this);
    }
  }

  const theExorcist = new Movie(new AdultsOnlyMovieRate());
  const gremlins = new Movie(new PG13MovieRate());

  const jane = new MovieWatcher(new AgeLessThan13());

  // jane.watchMovie(theExorcist);
  // Jane 只有 12 歲，不能看《大法師》
  // jane.watchMovie(gremlins);
  // Jane 只有 12 歲，不能看《小精靈》

  const joe = new MovieWatcher(new AgeBetween13And18());

  // joe.watchMovie(theExorcist);
  // Joe 只有 16 歲，不能看《大法師》
  joe.watchMovie(gremlins);
  // Joe 已經 16 歲了，可以看《小精靈》
```

雖然這段程式碼確實可行，但它出現過度設計的徵兆，因為代表年齡的類別與模型的實際概念無關，因此違反對射原則。同時，這種模型過於複雜，因為你要為新年齡群組建立新類別，而且年齡組可能不是互斥的。

為了避免最後一個設計，並在**本質**和**非本質**的 if 之間定義明確的界限，你可以使用以下規則：

 這是一個很棒的設計原則：如果元素屬於相同的領域（電影和評分），那就建立抽象，如果它們跨越不同領域（電影和年齡），那就不要建立。

這個訣竅建議你避免使用大多數的 if 陳述式，這對你來說可能很難，尤其是在剛開始時，因為在軟體產業中，使用條件式的習慣根深蒂固，而且你可能已經習慣這種做法。然而，這個訣竅讓你有機會刪除所有非本質的 if，讓模型有更少耦合且更容易擴展。null 物件模式是這種技術的特例，你能夠刪除所有 null 值，因為空的 if 必然是非本質的（參見第 15 章「null」）。

多型層次結構（*polymorphic hierarchy*）

在多型層次結構中，類別根據它們的「behaves-as-a」關係組成層次結構，在這種結構中，你可以從比較通用的類別繼承行為，以建立專門的類別。基本抽象類別是多型層次結構的基礎，它定義了多個具體子類別共享的通用行為。子類別從超類別繼承這些特性，並且可以加入自己的行為。建立子類別是實作多型的方式之一（參見訣竅 14.14，「將非多型函式轉換為多型函式」），但這種方式很不靈活，因為超類別在編譯後無法更改。

14.2 將事件的旗標變數改名

問題

你的函式有旗標變數（布林值）使用不明確的名稱。

解決方案

將旗標變數改名，以展示發生了什麼事。

討論

旗標指出發生了什麼事情，有時它們的名稱太籠統。下面的旗標展示發生了某件事：

```
function dummy() {

    $flag = true;

    while ($flag == true) {
        $result = checkSomething();
        if ($result) {
            $flag = false;
```

```
            }
        }
    }
```

這個解決方案更具宣告性且彰顯意向:

```
function dummy()
{
    $atLeastOneElementWasFound = false;

    while (!$atLeastOneElementWasFound) {

        $elementSatisfies = checkSomething();
        if ($elementSatisfies) {
            $atLeastOneElementWasFound = true;
        }
    }
}
```

你應該搜尋整個程式碼,尋找命名不當的旗標。旗標在產品程式碼中非常普遍,你應該限制它們的使用量,並規定使用清楚且彰顯意向的名稱。

參閱

訣竅 6.4,「移除雙重否定」

訣竅 14.11,「不要在檢查條件時回傳布林值」

訣竅 14.3,「具體化布林變數」

14.3 具體化布林變數

問題

你的程式碼使用布林變數作為旗標,公開非本質的實作,並讓程式碼充斥著 if 條件。

布林旗標

布林旗標是一個變數,它只能是 true 或 false,代表二進制條件的兩種可能狀態。布林旗標通常和條件陳述式、迴圈和其他控制結構一起使用,以控制邏輯流程。

解決方案

不要使用布林變數，因為它們會迫使你編寫 if 陳述式（參見訣竅 14.1，「將非本質的 if 換成多型」），請建立多型狀態。

討論

布林變數會讓程式難以擴展，並破壞 SOLID 的開閉原則（參見訣竅 19.1，「拆除深繼承」）。在將所有值轉換為 truthy 和 falsy 的語言中，你很難拿它們來做比較（參見訣竅 24.2，「處理 truthy 值」）。如果布林可以對映到現實的布林實體，你應該按照第二章定義的 MAPPER 建立它。否則，你可以使用狀態設計模式（*state design pattern*）來模擬它，讓程式更容易擴展。

開閉原則

開閉原則（*open-closed principle*）是 SOLID 中的「O」（參見訣竅 19.1，「拆除深繼承」）。它指出軟體類別應該對擴展開放，對修改關閉。你應該在不修改程式碼的情況下擴展功能。此原則鼓勵使用抽象介面、繼承和多型，以便在不更改現有程式碼的情況下添加新功能。此原則也可以促進關注點分離（參見訣竅 8.3，「刪除邏輯註釋」），讓你能夠更輕鬆地獨立開發、測試和部署軟體組件。

下面的範例有三個布林旗標：

```
function processBatch(
    bool $useLogin,
    bool $deleteEntries,
    bool $beforeToday) {
    // ...
}
```

你可以將它具體化為現實世界的概念如下：

```
function processBatch(
    LoginStrategy $login,
    DeletionPolicy $deletionPolicy,
    Date $cutoffDate) {
    // ...
}
```

自動偵測功能可以提醒你關於布林的使用情況，但它可能會誤報，而且有些語言在處理布林比較時可能有問題。在 JavaScript 這類有 truthy 和 falsy 值的語言中（參見訣竅 24.2，「處理 truthy 值」），布林值是常見的錯誤根源，因此當你宣告某物為布林時應特別小心。旗標很難維護和擴展。請更深入瞭解領域並使用多型，而非使用 if/switch/case（參見訣竅 14.1，「將非本質的 if 換成多型」）。

狀態設計模式

狀態設計模式可讓物件在執行期內部狀態改變時改變其行為，而不改變其類別。在使用這種模式時，你要定義一組有效的 state（狀態）物件來將每個狀態的行為封裝在一個單獨的類別中。state 物件公開一個共同的介面來讓 context（背景）物件將它的行為委託給適當的 state 物件。當 context 物件的狀態改變時，它只要切換到適當的 state 物件即可。它解開 context 物件和 state 物件之間的耦合，context 物件更靈活和容易擴展，有利於實現開閉原則。

參閱

訣竅 6.4，「移除雙重否定」

訣竅 14.2，「將事件的旗標變數改名」

參考資料

Martin Fowler 所著的「FlagArgument」（*https://oreil.ly/RXti-*）

14.4 將 Switch/Case/Elseif 陳述式換掉

問題

你的控制結構有 switch 與 case。

解決方案

將它們換成多型的物件。

討論

switch 會將太多決策合併在一起，也會破壞開閉原則（參見訣竅 14.3，「具體化布林變數」），因為每個新條件都會改變主演算法，容易造成合併衝突。它們還會導致程式碼重複和非常龐大的方法。你應該使用狀態模式來模擬轉換，並使用策略模式或方法物件來選擇分支，以建立遵守開閉原則的層次結構或組合物件。

下面的範例將多種不同的音訊格式轉換成 MP3：

```
class Mp3Converter {
  convertToMp3(source, mimeType) {
    if(mimeType.equals("audio/mpeg")) {
        this.convertMpegToMp3(source)
    } else if(mimeType.equals("audio/wav")) {
        this.convertWavToMp3(source)
    } else if(mimeType.equals("audio/ogg")) {
        this.convertOggToMp3(source)
    } else if(...) {
        // 許多新的 else 子句
    }
}
```

它相當於同樣有問題的程式碼：

```
class Mp3Converter {
  convertToMp3(source, mimeType) {
  switch (mimeType) {
    case "audio/mpeg":
      this.convertMpegToMp3(source);
      break;
    case "audio/wav":
      this.convertWavToMp3(source);
      break;
    case "audio/ogg":
      this.convertOggToMp3(source);
      break;
   default:
      throw new Error("Unsupported MIME type: " + mimeType);
  }
}
```

使用專門的 converter 不是問題，因為你可以在不更改程式碼的情況下加入新的 converter：

```
class Mp3Converter {
  convertToMp3(source, mimeType) {
    const foundConverter = this.registeredConverters.
        find(converter => converter.handles(mimeType));
        // 不要使用 meta 程式來尋找和迭代 converter，
        // 因為這是另一個問題。
    if (!foundConverter) {
      throw new Error('No converter found for ' + mimeType);
    }
    foundConverter.convertToMp3(source);
  }
}
```

因為 if/else 有合理的使用場景，請勿一味地禁止這些指令。你可以將 if 陳述式和其他陳述式之間的比例設成警告的門檻，而不是完全禁止它。

參閱

訣竅 10.7，「提取方法，將它做成物件」

訣竅 13.4，「將 switch 裡的 default 移除」

訣竅 14.5，「將寫死的 if 條件式換成集合」

訣竅 14.10，「改寫嵌套的箭形程式碼」

訣竅 15.1，「建立 null 物件」

策略設計模式

策略設計模式定義一組可互換的演算法，並封裝每個演算法，讓你可以在執行期交換它們。該模式可讓使用方物件在執行期根據具體的背景或情況從一系列的演算法中選擇並使用某個演算法。它也可以讓使用方物件與策略之間的耦合更鬆弛，讓你更容易擴展或修改使用方物件的行為，而不影響它的實作。

14.5 將寫死的 if 條件式換成集合

問題

你有寫死的 if 條件式。

解決方案

建立一個集合來對映你的條件。

討論

寫死的 if 條件會讓程式很難測試。你可以將所有的 if 換成動態條件或多型。下面是一個將網域對映到國家名稱的範例：

```
private string FindCountryName (string internetCode)
{
  if (internetCode == "de")
    return "Germany";
  else if(internetCode == "fr")
    return "France";
  else if(internetCode == "ar")
    return "Argentina";
    // 許多 else 子句
  else
    return "Suffix not Valid";
}
```

你可以建立兩個集合來對映它們，或者單一集合：

```
private string[] country_names = {"Germany", "France", "Argentina"}; // 還有很多
private string[] Internet_code_suffixes= {"de", "fr", "ar" }; // 不止這些
// 你也可以在這裡進行行內初始化

private Dictionary<string, string> Internet_codes =
 new Dictionary<string, string>();

// 你可以找到更有效率的集合遍歷方法
// 這段虛擬碼只是為了說明
int currentIndex = 0;
foreach (var suffix in Internet_code_suffixes) {
  Internet_codes.Add(suffix, Internet_codes[currentIndex]);
```

```
    currentIndex++;
  }

  private string FindCountryName(string internetCode) {
    return Internet_codes[internetCode];
  }
```

以前將程式碼寫死不是選項，在現代的做法中，你可以透過寫死程式碼來從中學習，然後將解決方案一般化與重構。

參閱

訣竅 14.4，「將 Switch/Case/Elseif 陳述式換掉」

訣竅 14.10，「改寫嵌套的箭形程式碼」

訣竅 14.16，「將寫死的業務條件具體化」

14.6 將布林改成短路的條件

問題

你有一個完整的布林計算，但是在完成計算之前，你就知道結果了。

解決方案

在計算布林條件時，應推遲計算（be lazy）。如果你的語言支援，使用短路。

討論

布林真值表在數學中非常有用，但小心，短路計算有時會產生副作用和效能問題。短路計算可以避免寫出無效完整計算（invalid full evalutation），例如即使值已經確定了（例如 OR 條件的第一個部分為真）仍然進行完整的計算。

這是使用邏輯 AND（&）的無效完整計算：

```
if (isOpen(file) & size(contents(file)) > 0)
    // 它會執行完整的計算，因為它是逐位元計算
```

```
// 而且將會失敗，因為它無法從
// 未開啟的檔案中取出內容
```

這個版本使用短路計算：

```
if (isOpen(file) && size(contents(file)) > 0)
    // 短路計算
    // 如果檔案沒有開啟，它不會試著取得內容
```

這個訣竅有一個例外在於，你不應將短路當成 if 的替代方案。如果運算元有副作用（因為大多數程式語言都支援短路，而且其中許多語言只有這個選項），你應該優先考慮這種運算式。

參閱

訣竅 14.9，「避免短路 hack」

訣竅 14.12，「不要拿布林值來做比較」

訣竅 24.2，「處理 truthy 值」

14.7 加入隱性的 else

問題

你有一個無 else 的 if 陳述式。

解決方案

明確表達想法，即使有 else 的保護也是如此，並將它放在 if 條件的旁邊。

討論

有明確的 else 保護的程式碼比較易讀，而且認知負擔較小。它也可以幫助你發現未預見的條件，且傾向快速失敗原則（參見第 13 章「快速失敗」）。如果你在 if 句子裡提早 return，你可以省略 else 部分，然後刪除 if 並使用多型。這是你會錯過真實案例（case）的時候。

這段範例使用不明確的 else：

```
function carBrandImplicit(model) {
  if (model === 'A4') {
    return 'Audi';
  }
  return 'Mercedes-Benz';
}
```

這是將它明確化的樣子：

```
function carBrandExplicit(model) {
  if (model === 'A4') {
    return 'Audi';
  }
  if (model === 'AMG') {
    return 'Mercedes-Benz';
  }

  // 快速失敗
  throw new Exception('Model not found');
}
```

你也可以重寫它們並進行變異檢測（參見訣竅 5.1，「將 var 改為 const」）。這個訣竅引起了許多公開辯論和強烈意見。請瞭解所有意見並評估利弊。

參閱

訣竅 14.4，「將 Switch/Case/Elseif 陳述式換掉」

訣竅 14.10，「改寫嵌套的箭形程式碼」

14.8 改寫箭形條件式

問題

你有一些呈現梯狀或箭形的嵌套布林條件。

解決方案

避免檢查布林運算式並回傳明確的布林值。將它換成一個公式值。

討論

階梯碼或箭形碼很難閱讀，其頭尾的作用域也很難匹配。這類程式也可以歸類為忍者碼（ninja code），忍者碼在低階語言中比較常見。在處理布林公式時，相較於展示一系列的布林檢查並回傳明確的 true/false，展示業務布林公式更易讀。

這是一個箭形碼的例子：

```
def is_platypus(self):
    if self.is_mammal():
        if self.has_fur():
            if self.has_beak():
                if self.has_tail():
                    if self.can_swim():
                        return True
    return False


# 這也是錯的，因為它充斥著 IF，
# 且會讓生物學家很難閱讀。
def is_platypus(self):
    if not self.is_mammal():
        return False
    if not self.has_fur():
        return False
    if not self.has_beak():
        return False
    if not self.has_tail():
        return False
    if not self.can_swim():
        return False
    return True
```

這是改寫條件式之後的樣子：

```
def is_platypus(self):
    return self.is_mammal() &&
        self.has_fur() &&
            self.has_beak() &&
                self.has_tail() &&
                    self.can_swim()


# 你甚至可以根據動物分類來將條件式分組
```

你可以基於語法樹安全地重構程式碼，以移除明確的布林值。注意回傳的布林值。在 return 之後，可能有一些 if 陳述式需要用適當的訣竅來移除。

忍者碼

忍者碼（*ninja code*）也稱為 clever code 或 smart code，它是指寫得巧妙但難以理解或維護的程式碼。它通常是有經驗的程式設計師寫出來的，那些人喜歡使用高階的程式設計技術或特定的語言功能來編寫比較有效率且過早優化的程式碼。忍者碼或許令人讚嘆，或許跑得比其他程式碼更快，但它很難閱讀和理解，可能導致維護、擴展和開發方面的問題。忍者碼是 clean code 的相反。

參閱

訣竅 14.2，「將事件的旗標變數改名」

訣竅 14.10，「改寫嵌套的箭形程式碼」

訣竅 14.11，「不要在檢查條件時回傳布林值」

訣竅 14.12，「不要拿布林值來做比較」

訣竅 22.4，「改寫嵌套的 try/catch」

訣竅 22.6，「改寫例外箭形程式碼」

訣竅 24.2，「處理 truthy 值」

14.9 避免短路 hack

問題

你將布林計算當成提升易讀性的捷徑，用布林計算來表示「當第一個條件有效時，第二個條件才有效」。

解決方案

不要拿有副作用的函式來做布林比較。把它改寫成一個 if。

討論

聰明的程式設計師喜歡寫一些巧妙但晦澀難懂的程式碼，即使沒有強力的證據支持這種「優化」。將相依條件寫成布林是過早優化的象徵（參見第 16 章），它也讓程式碼更難讀。

下面的例子將一個條件與第一個條件的結果結合在一起：

```
userIsValid() && logUserIn();

// 這個運算短路了，
// 除非第一項是 true，
// 否則不會計算第二項。

functionDefinedOrNot && functionDefinedOrNot();

// 在一些語言裡，undefined 的作用就像 false，
// 如果 functionDefinedOrNot 是未定義的，
// 這不會發出錯誤或執行。
```

你可以使用更具宣告性的 if 來改寫這兩個案例：

```
if (userIsValid()) {
    logUserIn();
}

if(typeof functionDefinedOrNot == 'function') {
    functionDefinedOrNot();
}
// 檢查 typeOf 不是好辦法
```

參閱

訣竅 10.4，「移除程式中的小聰明」

訣竅 14.6，「將布林改成短路的條件」

訣竅 15.2，「移除 optional chaining」

14.10 改寫嵌套的箭形程式碼

問題

你有一些嵌套的 if 和 else 難以閱讀和測試。

解決方案

避免嵌套 if，並盡量避免所有非本質的 if。

討論

在程序性程式碼中，嵌套的 if 很常見。這種解決方案與指令碼的關係比較密切，而不是物件導向程式設計。以下是箭形或梯狀程式碼的例子：

```
if (actualIndex < totalItems)
  {
    if (product[actualIndex].Name.Contains("arrow"))
    {
      do
      {
        if (product[actualIndex].price == null)
        {
          // 處理沒有價格的情況
        }
        else
        {
          if (!(product[actualIndex].priceIsCurrent()))
          {
            // 加上價格
          }
          else
          {
            if (hasDiscount)
            {
              // 處理折扣
            }
            else
            {
              // ……等
            }
          }
```

```
      }
        actualIndex++;
      }
      while (actualIndex < totalCount && totalPrice < wallet.money);
    }
    else
      actualIndex++;
  }
  return actualIndex;
}
```

你可以將它重構成:

```
foreach (products as currentProduct) {
  addPriceIfDefined(currentProduct)
}
addPriceIfDefined()
{
  // 只有在符合上述規則時才加上價格
}
```

因為有很多 linter 能解析語法樹,因此你可以在編譯時檢查嵌套層次。

參閱

訣竅 6.13,「避免 callback 地獄」

訣竅 11.1,「拆開過長的方法」

訣竅 14.4,「將 Switch/Case/Elseif 陳述式換掉」

訣竅 14.8,「改寫箭形條件式」

訣竅 14.11,「不要在檢查條件時回傳布林值」

訣竅 14.18,「改寫嵌套的三元運算子」

訣竅 22.6,「改寫例外箭形程式碼」

參考資料

Coding Horror 部落格的「Flattening Arrow Code」(*https://oreil.ly/JzJTk*)

14.11 不要在檢查條件時回傳布林值

問題

你有檢查布林條件的程式（而且可能進行強制轉型）。

解決方案

不要回傳明確的布林值。使用布林值的情況在 MAPPER 裡通常都不能對映至真實世界的布林值，將它改為業務條件。

討論

大多數的布林 return 都與非本質的解決方案耦合，它們實際上並未對映現實世界的布林值。你必須編寫高階的程式碼和解決方案來支援對射規則，許多布林都不符合這條規則。你也可以回傳一個布林命題（boolean proposition），而不是檢查否定條件（negation），並使用業務邏輯公式而非演算法來建立答案。在處理布林公式時，展示業務布林公式比使用否定的 if 子句更易讀。在處理低階抽象時，你經常會找到布林 return。當你建立複雜且成熟的軟體時，應開始把這種原始型態迷戀拋諸腦後，把更多心思放在現實世界的規則和恆等性（identity）上。

以下是一個熟悉但不那麼完美的例子：

```
function canWeMoveOn() {
  if (work.hasPendingTasks())
    return false;
  else
    return true;
}
```

你可以直接綁定業務規則，以對映至現實世界的業務條件：

```
function canWeMoveOn() {
  return !work.hasPendingTasks();
}
```

這個 return 在語法上是相同的，但更易讀。儘管如此，小心地回傳布林值；在 return 後，你要加上一個 if 陳述式。對此，你可以應用訣竅 14.4，「將 Switch/Case/Elseif 陳述式換掉」。

下面是一個判斷數字是奇數還是偶數的例子：

```
boolean isEven(int num) {
    if(num % 2 == 0) {
        return true;
    } else {
        return false;
    }
}
```

我們藉著回傳確切的實作來讓程式碼更簡潔：

```
boolean isEven(int numberToCheck) {
    // 你將 what（檢查奇偶數）與 how（演算法）
    // 解耦了
    return (numberToCheck % 2 == 0);
}
```

你可以搜尋碼庫中的「return true」陳述式，如果可以，試著換掉它們。

參閱

訣竅 6.4，「移除雙重否定」

訣竅 14.2，「將事件的旗標變數改名」

訣竅 14.4，「將 Switch/Case/Elseif 陳述式換掉」

訣竅 14.10，「改寫嵌套的箭形程式碼」

訣竅 14.11，「不要在檢查條件時回傳布林值」

訣竅 14.12，「不要拿布林值來做比較」

訣竅 14.17，「移除多餘的布林值」

訣竅 24.2，「處理 truthy 值」

14.12 不要拿布林值來做比較

問題

你拿布林值來做比較，並進行奇怪的強制轉型，最終得到意外的結果。

解決方案

不要與 true 值做比較。你不是 ture 就是 false，或你根本不該比較。

討論

在一些可以處理 truthy 和 falsy 值的語言中，與布林常數比較會掩蓋一些奇怪的強制轉型（參見訣竅 24.2，「處理 truthy 值」）。它們不遵守最少驚訝原則（參見訣竅 5.6，「凍結可變常數」）和快速失敗原則（參見第 13 章）。你絕不應該混合使用布林與可轉換為布林的物件，因為許多語言會將值強制轉型成非布林領域。

這是在 bash 指令碼裡的一個例子：

```bash
#!/bin/bash

if [ false ]; then
    echo "True"
else
    echo "False"
fi

# 算成 true 因為
# "false" 是非空字串

if [ false ] = true; then
    echo "True"
else
    echo "False"
fi

# 這也算成 ture
```

你可以明確地使用 <C>false</C> 常數來避免這個問題：

```
#!/bin/bash

if false ; then
    echo "True"
else
    echo "False"
fi

# 這算成 false
```

人們經常將非布林值當成布林值來使用，但是在使用布林值時必須非常嚴謹。許多語言處理 truthy 值時都有問題，即使是指令碼語言也不例外。

參閱

訣竅 24.2，「處理 truthy 值」

14.13 將三元條件式裡的元素提取出來

問題

在你的三元條件式裡面有很長的程式碼。

解決方案

不要使用三元條件式來執行程式碼。你應該將它們視為數學公式來閱讀。

討論

冗長的三元條件式難以閱讀，而且會讓程式碼難以重複使用和測試。你可以使用訣竅 10.7，「提取方法，將它做成物件」。當你在包含多個函式的程式碼裡使用三元條件式時，你很難判斷哪個函式被條件影響，這可能讓你更難識別和修復缺陷，以及瞭解程式碼的整體運作方式。

看一下這個例子：

```
const invoice = isCreditCard ?
  prepareInvoice();
  fillItems();
  validateCreditCard();
  addCreditCardTax();
  fillCustomerDataWithCreditCard();
  createCreditCardInvoice()
:
  prepareInvoice();
  fillItems();
  addCashDiscount();
  createCashInvoice();

// 中間結果不予考慮，
// invoice 的值是最後
// 一次執行的結果
```

在使用提取方法訣竅之後，你可以像閱讀數學公式一樣閱讀它：

```
const invoice = isCreditCard ?
              createCreditCardInvoice() :
              createCashInvoice();
```

這更簡潔：

```
if (isCreditCard) {
  const invoice = createCreditCardInvoice();
} else {
  const invoice = createCashInvoice();
}
```

使用多型更好：

```
const invoice = paymentMethod.createInvoice();
```

linter 可以找到大型程式碼區塊。無論哪裡有很長的程式碼，你都可以將它重構成更高階的功能和更短的方法。

參閱

訣竅 10.7，「提取方法，將它做成物件」

訣竅 11.1，「拆開過長的方法」

14.14 將非多型函式轉換為多型函式

問題

你有許多方法執行相同的操作，但它們無法互換。

解決方案

利用多型來讓程式更容易擴展。

討論

多型（*polymorphism*）

如果兩個物件有相同的方法簽章並執行相同的操作（可能有不同的實作方式），那麼它們的那些方法是多型的。

如果兩個物件以相同的語義來回應相同的方法呼叫，但它們的方法以不同方式來實作，你可以實現部分多型。透過多型，你可以讓程式更容易擴展，減少耦合，並避免大量的 if。

儘管下面的例子裡的函式實作了相同的行為，但它們名稱不是多型的：

```
class Array {
    public function arraySort() {
    }
}

class List {
    public function listSort() {
    }
}

class Stack {
    public function stackSort() {
    }
}
```

重新命名這些函式可實現多型：

```
interface Sortable {
    public function sort();
}

class Array implements Sortable {
    public function sort() {
        // Array 的 sort() 方法的實作程式
    }
}

class List implements Sortable {
    public function sort() {
        // List 的 sort() 方法的實作程式
    }
}

class Stack implements Sortable {
    public function sort() {
        // Stack 的 sort() 方法的實作程式
    }
}
```

這是個語義錯誤。你可以加入警告訊息，提醒在多型的類別裡有相似的方法名稱。命名非常重要（參見第 7 章「命名」），你要根據概念而不是根據非本質的型態來命名。

參閱

訣竅 14.4，「將 Switch/Case/Elseif 陳述式換掉」

14.15 將「比較是否相等」改掉

問題

你的程式碼比較屬性是否相等。

解決方案

不要匯出並比較（export and compare）。把比較操作隱藏在單一方法內。

討論

比較屬性在程式中很常見，但你應該關注行為和職責。一個物件與其他物件之間的比較是該物件的職責。喜歡過早優化的人（參見第 16 章）會說這種做法比較低效，但你要請他們提供實際的證據，並且與「更容易維護且不會破壞封裝與建立重複程式碼的解決方案」做比較。

下面是一個來自大型碼庫的範例，它在許多地方重複使用業務規則（進行區分大小寫或不區分大小寫的比較）：

```
if (address.street == 'Broad Street') { }

if (location.street == 'Bourbon St') { }

// 在大型系統裡使用 24601 次，
// 這些比較將大小寫視為不同。
```

將比較職責委託給單一地方可以避免所有的重複，也可以讓你在單一位置更改規則：

```
if (address.isAtStreet('Broad Street') { }

if (location.isAtStreet('Bourbon St') { }
// 在大型系統裡使用 24601 次

function isAtStreet(street) {
  // 你可以在一處將比較
  // 改成區分大小寫。
}
```

你可以使用語法樹來檢測屬性比較。原始型態有很好的用法，就像許多其他訣竅一樣。你要將職責放在單一地方，包含比較的動作。當你的業務規則改變時，你只要修改一個位置即可。

參閱

訣竅 4.2，「具體化原始資料」

訣竅 13.6，「重新定義雜湊與何謂相等」

訣竅 14.12，「不要拿布林值來做比較」

訣竅 17.8，「防止依戀情節」

14.16 將寫死的業務條件具體化

問題

你的程式碼有寫死的條件。

解決方案

將死硬的業務規則移至組態配置（configuration）中。

討論

也許你在學習程式設計時，曾經得出一個結論：將程式碼寫死絕不是好主意。在使用測試驅動開發（TDD）（參見訣竅 4.8，「移除非必要的屬性」）時的確如此，因為這種技術比較容易產生快速且簡單的解決方案，而不是推測性的解決方案，但 TDD 也建議你在獲得充分證據後，迅速移除寫死的程式碼，並在第三個可選的步驟中進行抽象化。如果你的程式碼有無法解釋且寫死的條件，你要研究原因，如果它是有效的業務規則，你要將它提取到揭示意向的函式裡。如果條件被寫成全域設定（global setting），你也可以使用訣竅 10.2，「移除設定、組態、功能開關」來將它移除。

下面是一個現實的例子，它用特殊規則來優待顧客：

```
if (currentExposure > 0.15 && customer != "Very Special Customer") {
    // 特別小心，不要清算（liquidate）
    liquidatePosition();
}
```

這是更具宣告性的解決方案，它迫使你指定這些 customer：

```
customer.liquidatePositionIfNecessary(0.15);

    // 它遵守 Tell, don't ask 原則
```

雖然你可以搜尋寫死的條件（與原始型態有關的），但你可能會找出更多偽陽案例。如果你會進行程式碼復審，應特別關注這種寫死的程式碼。

訣竅 10.2，「移除設定、組態、功能開關」

訣竅 14.5，「將寫死的 if 條件式換成集合」

14.17　移除多餘的布林值

問題

你的函式裡面有多個 return 陳述式，而且都回傳相同的值。

解決方案

仔細檢查布林運算式並進行重構。

討論

始終回傳一個固定值的函式可能讓程式碼難以閱讀，並隱藏潛在的缺陷。但是，如果這種設計決策已經定案了，你不應該讓它對程式的功能造成負面影響。如果這種情況在函式的邏輯中反覆發生，它可能是個錯誤。

舉一個簡單的例子：

```
if a > 0 and True:
// 這段程式碼是偵錯用的，被遺留下來，
// 並且錯誤地通過程式碼復審。
print("a is positive")
else:
print("a is not positive")
```

這是簡化後的樣子：

```
if a > 0:
    print("a is positive")
else:
    print("a is not positive")
```

布林運算式應該寫得易讀和理解。

參閱

訣竅 14.11，「不要在檢查條件時回傳布林值」

訣竅 14.12，「不要拿布林值來做比較」

14.18 改寫嵌套的三元運算子

問題

你有許多嵌套的三元條件。

解決方案

將嵌套的三元條件改成具有提早 return 的 if。

討論

嵌套必然是個問題，因為它會讓程式更加複雜，你可以透過多型（參見訣竅 14.14，「將非多型函式轉換為多型函式」）或提早 return 來處理它。下面是具有五個嵌套的三元運算式和一個預設值的範例：

```
const getUnits = secs => (
  secs <= 60        ? 'seconds' :
  secs <= 3600      ? 'minutes' :
  secs <= 86400     ? 'hours'   :
  secs <= 2592000   ? 'days'    :
  secs <= 31536000  ? 'months'  :
                      'years'
)
```

使用 if 可以讓程式更具宣告性：

```
const getUnits = secs => {
  if (secs <= 60) return 'seconds';
  if (secs <= 3_600) return 'minutes';
  if (secs <= 86_400) return 'hours';
  if (secs <= 2_592_000) return 'days';
  if (secs <= 31_536_000) return 'months';
  return 'years'
```

```
}

// 使用 JavaScript 的「數字分隔符號」
// 來方便閱讀。
// JavaScript 引擎會忽略底線，
// 底線不會影響數字的值。
```

這是更體貼且更具宣告性的版本：

```
const getUnits = secs => {
 if (secs <= 60) return 'seconds';
 if (secs <= 60 * 60) return 'minutes';
 if (secs <= 24 * 60 * 60) return 'hours';
 if (secs <= 30 * 24 * 60 * 60) return 'days';
 if (secs <= 12 * 30 * 24 * 60 * 60) return 'months';
 return 'years'
}

// 你可以閱讀「過早優化」章節，
// 以確定這會不會大幅降低效能
```

你也可以使用 map 或多型小物件（參見訣竅 4.1，「建立小物件」）：

```
const timeUnits = {
  60: 'seconds',
  3_600: 'minutes',
  86_400: 'hours',
  2_592_000: 'days',
  31_536_000: 'months',
};

const getUnits = secs => {
  const unit = Object.entries(timeUnits)
    .find(([limit]) => secs <= limit)?.[1] || 'years';
  return unit;
}
```

linter 可以使用解析樹來檢測這種複雜性，你必須處理非本質的複雜性來讓程式碼更易讀。

參閱

訣竅 6.13，「避免 callback 地獄」

訣竅 14.5，「將寫死的 if 條件式換成集合」

## 第十五章

Null

我無法抗拒放入 null 參考的誘惑,這純粹是因為它很容易實作,但它會導致無數的錯誤、漏洞和系統崩潰,在過去四十年來,它應該已經造成數十億美元的損失和損害了。

—— Tony Hoare

15.0 引言

大多數程式設計師都廣泛使用 *null* 值。它很方便、有效率且快速。然而,它給軟體開發者帶來無數的問題。本章專門討論使用 null 值的問題,以及如何解決這些問題。

null 值是個旗標。它代表許多不同的情況,取決於它被使用和調用的背景,這導致軟體開發中最嚴重的錯誤:在物件和它的使用方之間的合約裡暗中耦合了一個決策。它也會破壞對射原則,因為它使用相同的實體來表示領域中的多個元素,迫使你必須解讀背景脈絡。所有物件都要盡可能地具體(specific)並且具備單一職責(參見訣竅 4.7,「具體化字串驗證」),但是在任何系統中,null 這個萬用符號(wildcard)都是最不內聚的物件,而且它可以對映到現實世界的多個不同的概念。

15.1 建立 null 物件

問題

你使用 null。

解決方案

null 是精神分裂（schizophrenic）患者，它在現實世界中不存在。null 的創造者、圖靈獎得主 Tony Hoare 曾經後悔做出這個設計（*https://oreil.ly/BrmOi*），全球的程式設計師也因此受苦。你可以將 null 換成 null 物件。

討論

程式設計師將 null 當成各種不同的旗標來使用。它可以指示不同的狀況，例如值的缺少、未定義的值、錯誤……等。它的多語義性會帶來耦合和錯誤。null 的使用存在許多問題，包括呼叫方和發送方之間的耦合、呼叫方和發送方之間的不匹配，以及 if/switch/case 的泛濫。此外，null 與真實物件不是多型的關係，這就是你得到 null 指標例外錯誤的原因。最後，null 在現實世界中不存在，因此，它違反對射原則。

> *null 物件模式（null object pattern）*
>
> *null* 物件模式建議建立一種稱為「null 物件」的特殊物件，這種物件的行為類似常規物件，但幾乎沒有功能。使用它的好處在於，你可以安全地對著 null 物件呼叫方法，而不需要使用 if 來檢查 null 參考（參見第 14 章「If」）。

下面的範例有 coupon（優惠券）或 null（沒有優惠券）的情況：

```
class CartItem {
    constructor(price) {
        this.price = price;
    }
}

class DiscountCoupon {
    constructor(rate) {
        this.rate = rate;
```

```
        }
    }

    class Cart {
        constructor(selecteditems, discountCoupon) {
            this.items = selecteditems;
            this.discountCoupon = discountCoupon;
        }

        subtotal() {
            return this.items.reduce((previous, current) =>
                previous + current.price, 0);
        }

        total() {
            if (this.discountCoupon == null)
                return this.subtotal();
            else
                return this.subtotal() * (1 - this.discountCoupon.rate);
        }
    }

    cart = new Cart([
        new CartItem(1),
        new CartItem(2),
        new CartItem(7)
        ], new DiscountCoupon(0.15)]);
    // 10 - 1.5 = 8.5

    cart = new Cart([
        new CartItem(1),
        new CartItem(2),
        new CartItem(7)
        ], null);
    // 10 - null  = 10
```

採取 null 物件模式可以避免使用 if 來檢查（有時你會忘記）：

```
    class CartItem {
        constructor(price) {
            this.price = price;
        }
    }

    class DiscountCoupon {
        constructor(rate) {
```

```
            this.rate = rate;
        }

        discount(subtotal) {
            return subtotal * (1 - this.rate);
        }
    }

    class NullCoupon {
        discount(subtotal) {
            return subtotal;
        }
    }

    class Cart {
        constructor(selecteditems, discountCoupon) {
            this.items = selecteditems;
            this.discountCoupon = discountCoupon;
        }

        subtotal() {
            return this.items.reduce(
                (previous, current) => previous + current.price, 0);
        }

        total() {
            return this.discountCoupon.discount(this.subtotal());
        }
    }

    cart = new Cart([
        new CartItem(1),
        new CartItem(2),
        new CartItem(7)
        ], new DiscountCoupon(0.15));
    // 10 - 1.5 = 8.5

    cart = new Cart([
        new CartItem(1),
        new CartItem(2),
        new CartItem(7)
        ], new NullCoupon());
    // 10 - nullObject = 10
```

大多數 linter 都能顯示 null 的使用並發出警告，像 TypeScript 這樣的語言甚至根本沒有 null。Rust 語言有一種「Option」型態，代表 Some(value) 或 None。Kotlin 有一種

「nullable type」系統，可讓開發者指定一個值是否可以為 null。在關聯資料庫中，null 也存在，並同時代表許多不同的情況。

null 指標例外（*null pointer exception*）

null 指標例外是程式企圖操作或使用 null 指標時發生的錯誤。null 指標是指向空記憶體位址或空物件實例的變數參考或物件參考。

參考資料

Tony Hoare 的「Null References: The Billion Dollar Mistake」（*https://oreil.ly/BrmOi*）

15.2 移除 optional chaining

問題

你的程式在進行一連串的函數呼叫時把一個 null 藏在地毯下面。

解決方案

避免使用 null 與未定義（undefined）值。如果你不使用它們，你就再也不需要使用 optional chaining 了。

討論

optional chaining、optional、coalescence 和許多其他解決方案都會把惡名昭彰的 null 隱藏在地毯之下。當你的程式進入成熟、穩健的階段，而且沒有 null 時，你就不需要它們了。

optional chaining

optional chaining 可以讓你使用一個物件裡的嵌套屬性，而不需要檢查呼叫鏈裡面的每一個屬性是否存在。如果你不使用它，當你試著存取不存在的物件屬性時會出現錯誤。

下面的例子使用 optional chaining 運算子：

```
const user = {
  name: 'Hacker'
};

if (user?.credentials?.notExpired) {
  user.login();
}

user.functionDefinedOrNot?.();

// 看似簡潔卻有點走偏門，
// 可能包含大量的 NULL 和 Undefined
```

一如往常，你可以讓它更明確。雖然下面這段程式碼沒那麼簡潔，但它更具宣告性：

```
function login() {}

const user = {
  name: 'Hacker',
  credentials: { expired: false }
};

if (!user.credentials.expired) {
  login();
}

// 也很簡潔。
// user 是真實的使用者或多型的 NullUser，
// credential 一定是有定義的，
// 可能是 InvalidCredentials 的實例。
// 假設你將程式碼中的 null 移除了。

if (user.functionDefinedOrNot !== undefined) {
    functionDefinedOrNot();
}

// 這也是錯的。
// 明確地檢查 undefined 也是類似的問題。
```

你可以使用 Elvis 運算子（?:）來實作類似的行為：

```
a ?: b
```

它是下面這段程式的簡寫：

```
if (a != null) a else b
```

例如，你可以將：

```
val shipTo = address?:"No address specified"
```

改寫成：

```
val shipTo = if (address != null) address else "No address specified"
```

它們是語言功能，你可以使用訣竅 15.1「建立 null 物件」來檢測並移除它們。很多開發者為了提升安全感而到處編寫程式碼來處理 null，雖然這比完全不處理 null 更安全，但遲早你會漏掉某些檢查。nullish、truthy 和 falsy 值一定有問題，你應該把目標設得更高，寫出更簡潔的程式碼（參見訣竅 24.2，「處理 truthy 值」）。

 好方法：移除程式中的所有 null。不好的方法：使用 optional chaining。
爛方法：完全不處理 null。

參閱

訣竅 10.4，「移除程式中的小聰明」

訣竅 14.6，「將布林改成短路的條件」

訣竅 14.9，「避免短路 hack」

訣竅 15.1，「建立 null 物件」

訣竅 24.2，「處理 truthy 值」

參考資料

Mozilla.org 的「Optional Chaining」（*https://oreil.ly/KhZaN*）

Mozilla.org 的「Nullish Value」（*https://oreil.ly/PS4BJ*）

15.3 將選用的屬性轉換成集合

問題

你需要模擬選用（optional）的屬性。

解決方案

集合是多型的，它非常適合用來模擬選用（optional）。請使用集合來模擬選用的屬性。

討論

如果你需要模擬可能缺少的東西，有一些時髦的語言提供 optional、nullable（可為 null 的），以及許多其他處理 null 的非正確解決方案。但請注意，空集合和非空集合是多型的。

這裡有一個選用的 email：

```
class Person {
  constructor(name, email) {
    this.name = name;
    this.email = email;
  }

  email() {
    return this.email;
    // 可能是 null
  }
}

// 你無法安全地使用 person.email()，
// 所以必須明確地檢查是否為 null。
```

這是將 email 轉換為（可能為空的）email 集合的樣子：

```
class Person {
  constructor(name, emails) {
    this.name = name;
    this.emails = emails;
    // email 始終是個集合，
    // 即使它是空的。
```

```
   // 你可以在此檢查它
   if (emails.length > 1) {
       throw new Error("Emails collection can have at most one element.");
   }
 }
 }

 emails() {
   return this.emails;
 }
 // 你可以變異 email，因為它們是非本質的

 addEmail(email) {
   this.emails.push(email);
 }

 removeEmail(email) {
   const index = this.emails.indexOf(email);
   if (index !== -1) {
     this.emails.splice(index, 1);
   }
 }
}

// 你可以用迴圈來迭代 person.emails()
// 而不檢查 null
```

你可以檢測 nullable 屬性，並在必要時進行更改，因為這是「null 物件模式」的一般化模式（參見訣竅 15.1，「建立 null 物件」）。

 你可以檢查集合的新基數（cardinality），以確保它符合需求（之前它是 0 或 1）。

參閱

訣竅 15.1，「建立 null 物件」

訣竅 15.2，「移除 optional chaining」

訣竅 17.7，「移除選用的參數」

15.4 使用真實物件來表示 null

問題

你需要建立真實的 null 物件。

解決方案

不要濫用設計模式,包括 null 物件模式。在對射中找到真實的 null 物件並建立該物件。

討論

濫用 null 物件模式(參見訣竅 15.1,「建立 null 物件」)會產生空類別,污染名稱空間(參見「訣竅 18.4,「移除全域類別」),並建立重複的行為。你可以實例化真實物件類別來建立 null 物件。null 物件模式很適合用來取代 null 和 if,而且這種模式的結構會引導你建立一個層次結構(hierarchy)。然而,這種模式不是必要的,你要讓真實物件與 null 物件有多型的關係。要實現多型並非只能透過繼承(參見訣竅 14.4,「將 Switch/Case/Elseif 陳述式換掉」)。有一種簡單的解決方案是建立一個真實物件,並讓它的行為類似 null 物件。表 15-1 列出一些熟悉的 null 物件。

表 15-1 熟悉的 null 物件

類別	null 物件
Number	0
String	" "
Array	[]

這個例子建立一個特殊的 NullAddress:

```
abstract class Address {
    public abstract String city();
    public abstract String state();
    public abstract String zipCode();
}

// 使用繼承來製作 null 物件是錯的,
// 你應該使用介面(可以的話)。
public class NullAddress extends Address {
```

```java
    public NullAddress() { }

    public String city() {
        return Constants.EMPTY_STRING;
    }

    public String state() {
        return Constants.EMPTY_STRING;
    }

    public String zipCode() {
        return Constants.EMPTY_STRING;
    }

}

public class RealAddress extends Address {

    private String zipCode;
    private String city;
    private String state;

    public RealAddress(String city, String state, String zipCode) {
        this.city = city;
        this.state = state;
        this.zipCode = zipCode;
    }

    public String zipCode() {
        return zipCode;
    }

    public String city() {
        return city;
    }

    public String state() {
        return state;
    }

}
```

這是使用 Address 物件的真實實例的情況：

```java
// 只有「address」
public class Address {

    private String zipCode;
    private String city;
    private String state;

    public Address(String city, String state, String zipCode) {
        // 看起來貧乏 :(
        this.city = city;
        this.state = state;
        this.zipCode = zipCode;
    }

    public String zipCode() {
        return zipCode;
    }

    public String city() {
        return city;
    }

    public String state() {
        return state;
    }

}

Address nullAddress = new Address(
    Constants.EMPTY_STRING,
    Constants.EMPTY_STRING,
    Constants.EMPTY_STRING);

// 或

Address nullAddress = new Address("", "", "");

// 這是 null 物件
// 你不應該將它指派給單例 (singleton)、static 或 global
// 它的行為就像 null 物件，這樣就可以了。
// 這段程式沒有過早優化。
```

有時建立 null 物件類別是一種過度設計的徵兆。當你能夠建立並使用真實的物件時經常發生這種情況，這個真實物件不應該是 global、singleton（參見訣竅 17.2，「換掉單例」）或 static。

參閱

訣竅 14.4，「將 Switch/Case/Elseif 陳述式換掉」

訣竅 15.1，「建立 null 物件」

訣竅 17.2，「換掉單例」

訣竅 18.1，「具體化全域函式」

訣竅 18.2，「具體化靜態函式」

訣竅 19.9，「遷移空類別」

15.5 不使用 null 來表示未知位置

問題

你使用特殊值來表示遺缺資料，但你可能犯錯。

解決方案

不要使用 null 值來表示真實的地點。

討論

使用某個值來表示資料遺缺違反快速失敗原則，會導致意外的結果。你要使用多型來模擬未知位置（參見訣竅 14.14，「將非多型函式轉換為多型函式」）。Null Island（*https://oreil.ly/uNZxP*）是一個虛構的地方，它位於大西洋的本初子午線和赤道的交點，座標是 0ºN 0ºE（*https://oreil.ly/k5z1i*）。之所以有「Null Island」這個名稱是因為許多 GPS 系統會在這個地點放上遺缺的（missing）或無效的（invalid）位置座標資料。這個地點其

實沒有陸地，它在海中。這個地點已經成為地理資訊系統（GIS）和地圖軟體的熱門參考，因為它可以用來篩出位置資料中的錯誤。

下面是一個使用零值來代表特殊情況的例子：

```kotlin
class Person(val name: String, val latitude: Double, val longitude: Double)
fun main() {
    val people = listOf(
        Person("Alice", 40.7128, -74.0060), // 紐約市
        Person("Bob", 51.5074, -0.1278), // 倫敦
        Person("Charlie", 48.8566, 2.3522), // 巴黎
        Person("Tony Hoare", 0.0, 0.0) // Null 島
    )

    for (person in people) {
        if (person.latitude == 0.0 && person.longitude == 0.0) {
            println("${person.name} lives on Null Island!")
        } else {
            println("${person.name} lives at " +
                    "(${person.latitude}, ${person.longitude}).")
        }
    }
}
```

當你明確地模擬資料無法使用的情況時，你不知道 Tony 住在哪裡：

```kotlin
abstract class Location {
    abstract fun calculateDistance(other: Location): Double
    abstract fun ifKnownOrElse(knownAction: (Location) -> Unit,
        unknownAction: () -> Unit)
}

class EarthLocation(val latitude: Double, val longitude: Double) : Location() {
    override fun calculateDistance(other: Location): Double {
        val earthRadius = 6371.0
        val latDistance = Math.toRadians(
            latitude - (other as EarthLocation).latitude)
        val lngDistance = Math.toRadians(
            longitude - other.longitude)
        val a = sin(latDistance / 2) * sin(latDistance / 2) +
          cos(Math.toRadians(latitude)) *
          cos(Math.toRadians(other.latitude)) *
          sin(lngDistance / 2) * sin(lngDistance / 2)
        val c = 2 * atan2(sqrt(a), sqrt(1 - a))
        return earthRadius * c
    }
}
```

```
        override fun ifKnownOrElse(knownAction:
          (Location) -> Unit, unknownAction: () -> Unit) {
            knownAction(this)
        }
    }

class UnknownLocation : Location() {
    override fun calculateDistance(other: Location): Double {
        throw IllegalArgumentException(
            "Cannot calculate distance from an unknown location.")
    }

    override fun ifKnownOrElse(knownAction:
        (Location) -> Unit, unknownAction: () -> Unit) {
            unknownAction()
    }
}

class Person(val name: String, val location: Location)

fun main() {
    val people = listOf(
        Person("Alice", EarthLocation(40.7128, -74.0060)), // 紐約市
        Person("Bob", EarthLocation(51.5074, -0.1278)), // 倫敦
        Person("Charlie", EarthLocation(48.8566, 2.3522)), // 巴黎
        Person("Tony", UnknownLocation()) // 不明地點
    )
    val rio = EarthLocation(-22.9068, -43.1729) // 里約熱內盧的座標

    for (person in people) {
        person.location.ifKnownOrElse(
            { location -> println(person.name" is " +
                person.location.calculateDistance(rio) +
                    " kilometers { println("${person.name} "
                        + "is at an unknown location.") }
        )
    }
}
```

ifKnownOrElse 函式是一個使用多型與 null 物件來解決問題的 monad。不要使用 null 來表示真實物件（參見訣竅 15.4，「使用真實物件來表示 null」）。

monad

monad 提供一種結構化的方式來封裝和操作函式。它可以讓你將操作串連起來，以一致且可預測的方式來處理函式及其副作用，例如在處理選用的值時。

參閱

訣竅 15.1，「建立 null 物件」

訣竅 15.4，「使用真實物件來表示 null」

訣竅 17.5，「將 9999 特殊旗標值換成一般值」

參考資料

Wikipedia 的「Null Island」（*https://oreil.ly/uNZxP*）

Google Maps 的「NullISLAND」（*https://oreil.ly/k5z1i*）

## 第十六章

過早優化

程式設計師花費大量的時間來思考或擔心非關鍵部分的速度,事實上,這些效能優化會給偵錯和維護工作帶來很大的負面影響。我們應該忽略微小的效能問題,大約有 97% 的情況都是如此:過早優化乃萬惡之源。

—— Donald Knuth,「Structured Programming with go to Statements」

16.0 引言

過早優化是業界的一大問題。每一位開發者都沉醉於「計算複雜性」和最快速的演算法。初級開發者和高級開發者有一個差異在於決定何時何地進行優化的能力。優化不是白吃的午餐,因為它會增加很多非本質複雜性,你必須非常謹慎地應用它們。複雜的解決方案會讓你的模型遠離現實世界,因為它們會在模型和業務物件之間加入很多晦澀難懂的程式層,並違反對射原則,它們也讓程式碼更難讀。如果沒有充分的證據支持,就不要應用它們。

 計算複雜度(*computational complexity*)

計算複雜度用來評估解決計算問題所需的資源,最重要的資源是時間和記憶體。它被用來衡量和比較演算法和計算系統使用這些資源的效率。

現代人工智慧助手可以協助優化程式碼。你可以當一位技術生化人,將非本質的優化手段交給人工助手處理,把注意力放在本質的領域問題上。

16.1 不要為物件指定 ID

問題

你使用現實世界不存在的 ID、主鍵和參考。

解決方案

刪除這些 ID，直接和你的物件連接。

討論

ID 是非本質的，它們在現實世界中不存在，除非你需要使用 ID 來匯出物件並建立一個全域參考。因此，你不需要在內部使用 ID 來連接物件。對任何物件來說，ID 都不是有效的屬性，因為參考一定發生在物件外面（沒有物件應該知道它自己的 ID）。根據對射原則，你要避免使用它們，僅在需要提供外部（非本質的）參考時才使用 ID。經常出現外部 ID 的情況包括資料庫、API 和序列化。

主鍵（*primary key*）

在資料庫的背景中，主鍵是資料表中特定紀錄或資料列的唯一代碼。它被用來單獨識別每一條紀錄，可用來快速搜尋和排序資料。主鍵可能是一行（column）或多行的組合，如果是多行的組合，它們一起形成單獨代表各筆紀錄的值。主鍵通常與資料表一起建立，資料庫的其他資料表會將主鍵當成參考來使用。

如果你需要宣告一個鍵，務必使用暗鍵（dark key，非連續小整數的數字），例如 GUID。如果你擔心建立一個大的關聯圖（relation graph），請使用代理或延遲載入（僅在需要時尋找相關的完整物件）。除非你有強烈的效能下降證據，否則不要在程式中加入這種非本質的複雜性。

全域唯一識別碼（*Globally Unique Identifier*，*GUID*）

GUID 是在計算機系統中用來對映資源（例如檔案、物件或網路中的實體）的唯一識別碼。GUID 是以保證獨特性的演算法來產生的。

這是具有 Teacher、School 與 Student 實體的 school 領域：

```
class Teacher {
    static getByID(id) {
        // 與資料庫耦合，
        // 因此違反分離關注點原則。
    }

    constructor(id, fullName) {
        this.id = id;
        this.fullName = fullName;
    }
}

class School {
    static getByID(id) {
        // 前往耦合的資料庫
    }

    constructor(id, address) {
        this.id = id;
        this.address = address;
    }
}

class Student {
    constructor(id, firstName, lastName, teacherId, schoolId) {
        this.id = id;
        this.firstName = firstName;
        this.lastName = lastName;
        this.teacherId = teacherId;
        this.schoolId = schoolId;
    }

    school() {
        return School.getById(this.schoolId);
    }

    teacher() {
        return Teacher.getById(this.teacherId);
    }
}
```

這是在現實世界中參考它們的樣子：

```
class Teacher {
    constructor(fullName) {
        this.fullName = fullName;
    }
}

class School {
    constructor(address) {
        this.address = address;
    }
}

class Student {
    constructor(firstName, lastName, teacher, school) {
        this.firstName = firstName;
        this.lastName = lastName;
        this.teacher = teacher;
        this.school = school;
    }
}
// 不再需要 id 了，因為它們在現實世界中不存在。
// 如果你需要向外部 API 或資料庫公開 School，
// 另一個物件（不是 school）
// 將持續對映 externalId<->school……等
```

這是一種設計策略。你可以使用 linter 和業務物件，在定義包含 ID 的屬性或函式時發出警告。對物件導向軟體來說，ID 不是必要的。你應該引用物件（本質的）而不是引用 ID（非本質的）。如果你需要向系統作用域之外（API、介面、序列化）提供參考，請使用暗的（dark）且無意義的 ID，例如 GUID。你可以使用 repository 設計模式，或類似的方法。

 repository 設計模式

repository 設計模式提供一個介於應用程式的業務邏輯和資料儲存層之間的抽象層，讓架構更靈活且容易維護。

參閱

訣竅 3.6，「移除 DTO」

訣竅 16.2，「移除過早優化」

Wikipedia 的「Universally Unique Identifier」（*https://oreil.ly/TzeKj*）

16.2　移除過早優化

問題

你在沒有實證證據的情況下，對程式進行推測性優化。

解決方案

不要猜測不一定會發生的事情。根據真實情況的證據來進行優化。

討論

過早優化是非常不明智且常見的做法，它會讓程式碼變得更複雜、難以維護、更難閱讀、更難測試，也會引入非本質的耦合。你必須等到程式具有良好的測試覆蓋率並在實際場景中評估效能之後才能進行優化。如果你需要在兩種實作之間做出選擇，你應該選擇比較易讀的實作，即使效能評估指出它執行一千次迴圈的效能較差，畢竟你應該不會呼叫一個函式一千次。你可以使用測試驅動開發技術（參見訣竅 4.8，「移除非必要的屬性」），因為它傾向產生最簡單的解決方案。

下面的範例在資料庫的效能可被接受時使用快取：

```
class Person {
    ancestors() {
        cachedResults =
            GlobalPeopleSingletonCache.getInstance().relativesCache(this.id);
        if (cachedResults != null) {
            return (cachedResults.hashFor(this.id)).getAllParents();
        }
        return database().getAllParents(this.id);
    }
}
```

因為你不會執行這段程式碼一千次，所以你可以簡化它：

```
class Person {
  ancestors() {
    return this.mother.meAndAncestors().concat(this.father.meAndAncestors());
  }
  meAndAncestors() {
    return this.ancestors().push(this);
  }
}
```

這是一種反模式（參見訣竅 5.5，「移除延遲初始化」）。它無法被機器工具檢測到（目前還不行）。在功能模型夠成熟之前，你應該延遲效能決策。Donald Knuth 在他的著作「The Art of Computer Programming」（*https://oreil.ly/3ufPb*）中建立 / 編譯了最高效能的演算法和資料結構，並展現了極大的智慧，警告你不要濫用它們。

參閱

訣竅 10.4，「移除程式中的小聰明」

參考資料

Donald Knuth 於 ACM 的「Structured Programming with go to Statements」（*https://oreil.ly/0UxWn*）

C2 Wiki 上的「Premature Optimization」（*https://oreil.ly/gNIXM*）

16.3 移除位元操作的過早優化

問題

你在程式碼中使用位元運算子來進行精細的優化。

解決方案

除非你的業務模型是位元邏輯，否則不要使用位元運算子。

位元運算子（*bitwise operator*）

位元運算子處理數字的個別位元。計算機使用它們在位元之間執行低階的邏輯操作，例如 AND、OR 和 XOR。它們在整數域中運作，有異於布林域。

討論

不要把整數和布林值混為一談，它們在對射中完全不同。遺憾的是，許多程式語言混合它們來實作自作聰明的過早優化，打破非本質的實作和本質的領域問題之間的自然界限。這種情況導致許多與 truthy 值和 falsy 值有關的意外問題（參見訣竅 24.2，「處理 truthy 值」），並讓程式更難以維護。你只能根據證據優化程式碼，並始終使用科學方法、效能評估，僅在必要時進行優化。使用位元運算子會讓程式更不易改變和維護。下面的程式在許多語言裡都是有效的，但它是一種 hack：

```
const nowInSeconds = ~~(Date.now() / 1000)

// 雙 NOT 位元運算子 ~~
// 是一種位元操作，它先執行一次位元否定，
// 再執行一次位元否定。
// 這個操作會切除所有小數，
// 將結果轉換成整數。
```

這是更清楚的寫法：

```
const nowInSeconds = Math.floor(Date.now() / 1000)
```

一如既往，如果你的領域是即時的或任務關鍵的軟體，你可以犧牲易讀性來換取效率，但如果你在 pull request 或程式碼復審中看到這段程式碼，你要瞭解它的理由。如果理由不充分，你應該將它復原並改成正常的邏輯。

參閱

訣竅 10.4，「移除程式中的小聰明」

訣竅 16.2，「移除過早優化」

訣竅 16.5，「更改結構優化」

訣竅 22.1，「移除空例外區塊」

訣竅 24.2，「處理 truthy 值」

16.4 減少過度泛化

問題

你的程式碼有過早且過度的泛化（overgeneralization）。

解決方案

不要進行超越實際知識的泛化。你應該擅長學習，而不是猜測未來。

討論

過度泛化是違反對射（見第 2 章的定義）的特例，因為這是在模擬尚未在現實世界中見過的實體。重構不是只要檢查結構程式碼（structural code）就好了，你還要重構行為，並檢查它是否真的需要抽象化。

這個例子在取得足夠的證據之前猜測了某件事：

```rust
fn validate_size(value: i32) {
    validate_integer(value);
}

fn validate_years(value: i32) {
    validate_integer(value);
}

fn validate_integer(value: i32) {
    validate_type(value, :integer);
    validate_min_integer(value, 0);
}
```

這是更簡潔的解決方案：

```rust
fn validate_size(value: i32) {
    validate_type(value, Type::Integer);
    validate_min_integer(value, 0);
}

fn validate_years(value: i32) {
    validate_type(value, Type::Integer);
    validate_min_integer(value, 0);
```

```
    }

    // 重複（duplication）是非本質的，不應抽象化
```

軟體開發是一種思考活動，你可以用自動化工具來幫助和輔助你。

參閱

訣竅 10.1，「移除重複的程式碼」

16.5 更改結構優化

問題

你根據非現實的情境，對時間和空間複雜性進行結構優化。

解決方案

在取得真實使用場景的效能評估結果之前，不要對資料結構進行優化。

討論

結構優化會讓程式碼更難讀，因為它會讓你脫離對射。如果你取得強力證據，需要進行結構優化，你仍然要讓測試覆蓋你的場景。撰寫易讀（效率可能不夠好）的程式碼。使用真實的使用者資料來進行真實的效能評估（不過，迭代 100,000 次程式碼可能不是真實的使用情況）。如果你有結論性數據，你要使用 Pareto 法則（見第 1 章）來改善效能的瓶頸，解決導致 80% 效能問題的 20% 最糟問題。

在大學和網路課程中，我們通常在還沒有學到良好的設計原則之前學習演算法、資料結構和計算複雜性，所以經常高估（可能的）效能問題的重要性，低估程式碼易讀性和軟體生命週期的重要性。當你過早優化時，通常沒有證據指出被解決的問題真的是個問題。請在事實告訴你真的有問題時，再對程式進行針對性的改進。

看看這個真實的範例：

```
for (k = 0; k < 3 * 3; ++k) {
    const i = Math.floor(k / 3);
    const j = k % 3;
    console.log(i + ' ' +  j);
}

// 這段神祕的程式碼
// 迭代一個二維陣列。
// 你沒有證據指出
// 這在實際的情況下有用。
```

這是完全改寫它的結果：

```
for (outerIterator = 0; outerIterator< 3; outerIterator++) {
  for (innerIterator = 0; innerIterator< 3; innerIterator++) {
   console.log(outerIterator + ' ' +  innerIterator);
  }
 }

// 這是易讀的雙重 for 迴圈
// 3 是一個小數字
// 沒有效能問題（到目前為止）
// 你將等待真實的證據出現
```

如果你正在編寫業務程式碼，而不是低階程式碼，你要停止為機器進行優化，並開始為人類讀者和程式碼維護者進行優化。此外，避免使用為了過早優化而設計的程式語言（例如 Go、Rust、C++），優先考慮穩健、更高階和支援 clean code 的選項。

參閱

訣竅 10.4，「移除程式中的小聰明」

訣竅 16.2，「移除過早優化」

16.6 移除錨定船

問題

你有一些「以備不時之需」的程式碼。

解決方案

不要遺留以後才會用到的程式碼。

討論

錨定船（anchor boat）會引入意外的複雜性和耦合，它也是一種死碼（dead code）。刪除死碼，只保留已測試的程式碼。下面是一個錨定船案例：

```
final class DatabaseQueryOptimizer {

  public function selectWithCriteria($tableName, $criteria) {
    // 一些優化操作準則
  }

  private function sqlParserOptimization(SQLSentence $sqlSentence)
    : SQLSentence {
    // 解析 SQL，將它轉換為字串，
    // 然後將它們的節點當成字串來操作，並使用大量正規表達式。
    // 這是一個非常昂貴的操作，其代價超越真正的 SQL 帶來的效益。
    // 但由於你做了太多工作，我們決定保留這段代碼。
  }
}
```

這是刪除它之後的樣子：

```
final class DatabaseQueryOptimizer {

  public function selectWithCriteria($tableName, $criteria) {
    // 一些優化操作準則
  }
}
```

你可以使用變異檢測（參見訣竅 5.1，「將 var 改為 const」）的變體來刪除死碼，並檢查是否有測試失敗。你必須有較好的測試覆蓋率才能採用這個解決方案。死碼一定有問題，你可以使用現代開發技術，例如 TDD（參見訣竅 4.8，「移除非必要的屬性」），來確保所有程式碼都是有用的。

參閱

訣竅 10.9，「移除幽靈物件」

訣竅 12.1，「移除 dead code」

16.7 將領域物件裡的快取取出

問題

快取看起來很炫，因為它們似乎可以神奇地解決效能問題，但它們有隱性成本。

解決方案

移除快取，直到你有確切的證據，並願意付出使用它們的代價。

討論

快取（_cache_）

快取被用來暫時儲存頻繁操作的物件，以加快操作速度。你可以使用它來減少昂貴資源的操作次數以提高軟體效能。將資料放入記憶體快取後，軟體可以直接從快取中提取物件，省下存取慢速儲存設備的成本。

快取會造成很多耦合，因為它們在現實世界中不存在，它們也會讓程式更難以改變。它們會破壞確定性（determinism），讓程式更難以測試和維護。當你使用快取來編寫解決方案時，除非你非常小心地封裝解決方案，否則程式將變得不穩定。快取失效是很難處理的問題，往往被快取開發者低估。如果你有令人信服的效能評估數據，並且願意付出一些耦合代價，你可以在中間放一個物件。留意你的所有失效場景並加入單元測試。根據經驗，你會逐步遭遇失效場景。在 MAPPER（見第 2 章的定義）中尋找現實世界的快取象徵，如果可以找到，那就建立它的模型。

在 Book 物件內有一個煩人的快取：

```
final class Book {

    private $cachedBooks;

    public function getBooksFromDatabaseByTitle(string $title) {
        if (!isset($this->cachedBooks[$title])) {
            $this->cachedBooks[$title] =
                $this->doGetBooksFromDatabaseByTitle($title);
        }
        return $this->cachedBooks[$title];
```

```
    }

    private function doGetBooksFromDatabaseByTitle(string $title) {
        return globalDatabase()->selectFrom('Books', 'WHERE TITLE = ' . $title);
    }
}
```

你可以把快取放在領域物件之外：

```
final class Book {
    // 裡面只有與 Book 有關的事情
}

interface BookRetriever {
    public function bookByTitle(string $title);
}

final class DatabaseLibrarian implements BookRetriever {
    public function bookByTitle(string $title) {
        // 前往資料庫（希望不是全域的）
    }
}

final class HotSpotLibrarian implements BookRetriever {
    // 你一定要尋找現實世界的象徵
    private $inbox;
    private $realRetriever;

    public function bookByTitle(string $title) {
        if ($this->inbox->includesTitle($title)) {
            // 你很幸運。有人回傳這本書的複本。
            return $this->inbox->retrieveAndRemove($title);
        } else {
            return $this->realRetriever->bookByTitle($title);
        }
    }
}
```

這是一種設計異味，你可以透過內規來強制實施。快取應該是正常運作的、聰明的，可以讓你管理失效的情況。通用的快取僅適用於低階物件，例如作業系統、檔案和串流，不要用它們來儲存領域物件。

參閱

訣竅 13.6,「重新定義雜湊與何謂相等」

訣竅 16.2,「移除過早優化」

16.8　基於實作,移除 callback 事件

問題

你的觸發程式(trigger)與 callback 內的操作之間有耦合的程式碼。

解決方案

根據事件發生時的情況來為函式命名。

討論

callback 遵循觀察者設計模式,這種模式的目的是將事件與操作解耦。如果你直接建立這種聯結,你的程式碼將難以維護,而且與實作之間的關係會更緊密。有一條原則是,你應該用「發生什麼事」來為事件命名,而不是「你應該做什麼」。

例如這個事件:

```
const Item = ({name, handlePageChange}) =>
  <li onClick={handlePageChange}>
    {name}
  </li>

// handlePageChange 與你決定要做的事情耦合,
// 而不是實際發生的事情。
//
// 你無法重複使用這種 callback。
```

這種寫法比較簡潔且耦合性較低:

```
const Item = ({name, onItemSelected}) =>
  <li onClick={onItemSelected}>
    {name}
  </li>
```

```
// 有一個項目被選擇時，才會呼叫 onItemSelected，
// 父組件可以決定要做什麼（或不做任何事），
// 你延遲決策時間。
```

你可以在程式碼復審階段發現這個問題，並應用這個訣竅。名稱非常重要。在最後一刻之前，不要定義與實作耦合的名稱。

 觀察者設計模式（*observer design pattern*）

觀察者設計模式定義物件之間的一對多依賴關係；例如，當一個物件改變其狀態時，所有依賴它的物件都會得到通知並自動更新，不需要使用直接的參考。在這種模式下，你要訂閱已發布的事件，修改後的物件會發出通知，但它不知道訂閱者有誰。

參閱

訣竅 17.13，「將使用者介面的業務程式碼移除」

16.9 移除建構式裡的資料庫查詢

問題

在你的建構式裡有一些方法會存取資料庫。

解決方案

建構式應該建構（可能也要初始化）物件。請將持久保存機制與領域物件解耦。

討論

副作用一定意味著不良做法。此外，你應該避免資料庫與業務物件耦合，因為持久保存是非本質的，不應該出現在 MAPPER 中。你要將本質的業務邏輯和非本質的持久保存解耦。在持久保存類別裡，請在建構式 / 解構式之外的函式中執行查詢。你可能會在舊程式中發現資料庫與業務物件沒有被正確地分開。建構式絕對不應該有副作用，因為根據單一責任原則（參見訣竅 4.7，「具體化字串驗證」），它們只應該建構有效的物件。

這是一個明確呼叫資料庫的 Person 建構式：

```
public class Person {
  int childrenCount;

  public Person(int id) {
    connection = new DatabaseConnection();
    childrenCount = connection.sqlCall(
        "SELECT COUNT(CHILDREN) FROM PERSON WHERE ID = " . id);
  }
}
```

這是將它解耦後的樣子：

```
public class Person {
  int childrenCount;

  public Person(int id, int childrenCount) {
    this.childrenCount = childrenCount;
    // 你可以在建構式裡指派數字，
    // 非本質的資料庫已被解耦，
    // 你可以測試物件。
  }
}
```

關鍵在於分離關注點，在設計穩健的軟體時，耦合是頭號敵人（參見訣竅 8.3，「刪除邏輯註釋」）。

參閱

訣竅 16.10，「將解構式內的程式碼移除」

16.10 將解構式內的程式碼移除

問題

在解構式（destructor）裡面有釋出資源的程式碼。

解決方案

不要使用解構式。而且不要在那裡編寫功能程式碼。

討論

使用解構式會導致耦合及意外的結果,最常見的問題是記憶體洩漏。你應該避免它們,遵循零原則(rule of zero),讓資源回收器(garbage collector)為你工作。類別解構式是一種特殊方法,它會在物件被銷毀或超出作用域時被呼叫。以前的虛擬機器沒有資源回收器,物件的解構式要負責清理它在生命週期內獲得的任何資源,例如關閉已被打開的檔案,或釋出在 heap 上配置的記憶體。如今,在大多數的現代程式語言中,物件的銷毀和資源的釋出都是自動進行的。

零原則(*Rule of Zero*)

零原則提倡避免為程式語言或既有的程式庫可以自行完成的工作編寫程式碼。如果行為可以在不編寫任何程式碼的情況下實作,你就應該依賴現有的程式碼。

這個解構式明確地釋出檔案資源:

```cpp
class File {
public:
    File(const std::string& filename) {
        file_ = fopen(filename.c_str(), "r");
    }
    ~File() {
        if (file_) {
            fclose(file_);
        }
    }

private:
    FILE* file_;
};
```

你可以在解構式加入關於 File 是否仍然打開的警告:

```cpp
class File {
public:
    File() : file_(nullptr) {}

    bool Open(const std::string& filename) {
        if (file_) {
            fclose(file_);
        }
        file_ = fopen(filename.c_str(), "r");
```

```
        return (file_ != nullptr);
    }

    bool IsOpen() const {
        return (file_ != nullptr);
    }

    void Close() {
        if (file_) {
            fclose(file_);
            file_ = nullptr;
        }
    }
    ~File() {
        // 當檔案被打開時，丟出例外，
        // 而不是關閉它（這是無效的場景）
        if (file_) {
            throw std::logic_error(
                "File is still open after reaching its destructor");
        }
    }

private:
    FILE* file_;
};
```

許多語言有特定的介面可傳達「可關閉性（closability）」，例如 Java 的 Closable 和 C# 的 Disposable 介面，如果你真的想要釋出資源，你應該利用這些介面。

linter 能夠在解構式裡面有程式碼時發出警告。有一個值得注意的例外情況在於：在非常重要的低階程式碼中，你可能無法使用資源回收器，因為它會帶來輕微的效能損失和資源消耗。關於資源回收器的另一個例外是即時系統，因為大多數的自動資源回收器是不定時執行的，會導致即時行為的延遲。其他情況下，在解構式內編寫程式是過早優化的徵兆。請好好瞭解物件的生命週期，並準確地管理事件。

 資源回收器（*garbage collector*）

程式語言使用資源回收器來自動管理記憶體配置和釋出。它會辨識程式不再使用的物件，並將它從記憶體移除，以釋出記憶體。

參閱

訣竅 16.9，「移除建構式裡的資料庫查詢」

## 第十七章

耦合

> 如果軟體系統的兩個部分之一的變更會導致另一個部分的變更,它們就耦合了。
>
> —— Neal Ford 等人,《*Software Architecture: The Hard Parts*》(O'Reilly 2021)

17.0 引言

耦合是物件之間相互依賴的程度。高耦合意味著一個物件的變更可能對其他物件造成重大影響,低耦合意味著物件相對獨立,其中一個物件的變更對其他物件的影響很小。高耦合往往在你變更軟體之後造成不良的後果。在大型軟體系統中的大部分工作都會降低非本質耦合。高耦合的系統難以理解和維護,物件之間的互動較複雜,變更會在整個碼庫中引起漣漪效應。雖然提供新興特性的糾纏系統(entangled system)很迷人,但重度耦合的系統可能讓維護工作成為惡夢一場。

17.1 將隱藏的假設明確化

問題

你的程式有一些隱含假設(hidden assumption)未在解決方案中明確表達,而且它們會影響系統的行為。

解決方案

清楚地編寫程式。

討論

軟體與合約有關，模棱兩可的合約是一場惡夢。隱含假設就是沒有用程式碼來明確陳述的底層信念或期望。就算它們被隱藏，卻仍然存在，而且可能影響軟體的行為。有各種因素可能導致這些假設，例如不完整的需求、對使用者或環境做出錯誤的假設、程式語言或工具的限制，以及糟糕的非本質決策。

下面的程式有關於測量單位的（不正確的）隱含假設：

```
tenCentimeters = 10
tenInches = 10

tenCentimeters + tenInches
# 20
# 這個錯誤的根源是與測量單位（任何）有關的隱含假設，
# 它導致火星氣候探測者號墜毀。
```

將它明確化可以在早期處理例外，並處理轉換：

```
class Unit:
    def __init__(self, name, symbol):
        self.name = name
        self.symbol = symbol

class Measure:
    def __init__(self, scalar, unit):
        self.scalar = scalar
        self.unit = unit

    def __str__(self):
        return f"{self.scalar} {self.unit.symbol}"

centimetersUnit = Unit("centimeters", "cm")
inchesUnit = Unit("inches", "in")

tenCentimeters = Measure(10, centimetersUnit)
tenInches = Measure(10, inchesUnit)

tenCentimeters + tenInches
```

```
# 錯誤，直到引入轉換因子，
# 在這個例子裡，轉換是常數
# 一英寸 = 一公分 / 2.54
```

隱含假設很難辨識，可能導致缺陷、安全漏洞和易用性問題。為了降低這些風險，你應該留意假設和偏見。你要和使用者互動，以瞭解他們的需求和期望，並在各種情況下充分測試軟體，以發現隱含假設和邊緣案例。

參閱

訣竅 6.8，「將神祕數字換成常數」

參考資料

關於火星氣候探測者號的災難，可參考訣竅 2.8，「唯一的軟體設計原則」中的討論。

17.2 換掉單例

問題

在你的程式裡面有單例（singleton）。

解決方案

單例模式可能造成很多問題，大多數的開發者社群都將之視為反模式。你可以將它們換成有脈絡可循的獨特物件。

討論

單例是全域耦合和過早優化（參閱第 16 章「過早優化」）的明顯案例。它會讓測試變得更難，在類別之間引入緊密的耦合，而且在多執行緒環境中有一些問題。以前有很多開發者使用單例作為存取資料庫、組態配置、環境設定和日誌紀錄（logging）的全域知名接觸點（global well-known point of access）。

下面是一個典型的單例定義，其中的 God 在許多宗教裡是唯一的：

```
class God {
    private static $instance = null;

    private function __construct() {
    }

    public static function getInstance() {
        if (null === self::$instance) {
            self::$instance = new self();
        }

        return self::$instance;
    }
}
```

你可以改用有脈絡可循的物件：

```
interface Religion {
    // 定義宗教的共同行為
}

final class God {
    // 不同的宗教有不同的信仰
}

final class PolytheisticReligion implements Religion {
    private $gods;

    public function __construct(Collection $gods) {
        $this->gods = $gods;
    }
}

final class MonotheisticReligion implements Religion {
    private $godInstance;

    public function __construct(God $onlyGod) {
        $this->godInstance = $onlyGod;
    }
}

// 根據基督教和一些其他宗教，
// God 只有一位。
// 但是在其他宗教中並非如此。
```

```
$christianGod = new God();
$christianReligion = new MonotheisticReligion($christianGod);
// 在這個背景中，God 是唯一的。
// 你不能建立新的 God 或更改 God。
// 這是一個 scoped global。

$jupiter = new God();
$saturn = new God();
$mythologicalReligion = new PolytheisticReligion([$jupiter, $saturn]);

// 根據背景，God 是獨特的（或不是）。
// 你可以建立具有或不具有唯一性的測試宗教。
// 這種做法的耦合度較低，因為你切斷針對 God 類別的直接參考
// God 類別的責任只有建立 god，不負責管理祂們。
```

單例模式是一種設計反模式，你要規定避免使用它們。你可以針對 getInstance() 之類的模式加入 linter 規則，以免新開發者將這種反模式引入程式中。表 17-1 整理與單例有關的問題。

表 17-1 與單例有關的問題

問題	說明
違反對射	單例在現實中不存在。
緊耦合	它們提供難以拆開的全域接觸點。
非本質的實作	它與實作的關係太密切了，且未模擬現實世界的行為。
難以測試	單例會讓單元測試很難寫。
不節省記憶體	現代資源回收器處理揮發性物件的表現比處理永久物件更好。
破壞依賴注入	更難解耦依賴項目。
違反實例化合約	當你要求類別建立實例時，你期望它建立一個新的實例。
違反快速失敗	你不應該有能力建立新實例，而且它們應該失敗，而不是給你一個舊實例。
實作耦合	你使用 getInstance() 而不是 new() 方法。
更難使用測試驅動開發（TDD）技術	TDD 能夠處理耦合問題，你必須在編寫新測試時迴避它。
獨特概念與背景有關	參考上一個範例。獨特性與作用域有關，而且它絕對不應該是全域的。
多執行緒環境問題	許多單例既不是執行緒安全的，也不是可重入的（reentrant），而且會導致意外的行為。
累積垃圾狀態	執行多個測試可能導致單例膨脹，且由於單例不會被回收，所以垃圾會留下來。

問題	說明
違反類別單一責任與關注點分離	類別的責任只有建立實例,而非管理實例。
容易被當成入口	一旦你開始使用單例,你就會開始讓這個方便的全域參考有更多物件。
依賴地獄	類別可能依賴一個單例物件,該單例物件又依賴另一個單例物件,以此類推。
缺乏彈性	建立單例物件後,你就無法被換掉或修改它。
難以管理生命週期	管理單例的生命週期有挑戰性,可能導致記憶體洩漏,或使用沒必要的資源。

參閱

訣竅 10.4,「移除程式中的小聰明」

訣竅 12.5,「移除設計模式濫用」

17.3 拆開神物件

問題

你的物件懂太多或做太多了。

解決方案

不要把太多責任指派給單一物件。

討論

神物件(god object)

神物件擁有太多責任或整個系統的控制權。這些物件往往既龐大且複雜,包含大量的程式碼和邏輯。它們違反單一責任原則(參見訣竅 4.7,「具體化字串驗證」)和分離關注點概念(參見訣竅 8.3,「刪除邏輯註釋」)。神物件往往是軟體架構的瓶頸,會讓系統難以維護、擴展和測試。

神物件具有內聚性,而且會引發大量的耦合、合併衝突和其他維護問題。它們也因為擁有比現實世界實體更多的職責而違反對射原則。你要堅守單一責任原則並劃分責任。你可以在舊軟體庫中看到一些例子。

下面是一個神物件的例子:

```
class Soldier {
  run() {}
  fight() {}
  driveGeneral() {}
  clean() {}
  fire() {}
  bePromoted() {}
  serialize() {}
  display() {}
  persistOnDatabase() {}
  toXML() {}
  jsonDecode() {}

  // ...
}
```

請拆開它,只留下本質的職責:

```
class Soldier {
  run() {}
  fight() {}
  clean() {}
}
```

至於 Soldier 的其餘功能,你可以將它們封裝到專門的邏輯類別中。linter 能夠計算方法數量,並在物件可能成為神物件時發出警告。注意,如果物件的唯一責任是作為入口,例如門面(façades),它可以做成神物件。在 60 年代,程式庫(library)是可以接受的,但在物件導向程式設計中,你要將責任分散到許多物件中。

門面模式(*façade pattern*)

門面設計模式為複雜的系統或子系統提供一個簡化的介面。它的用途是隱藏系統的複雜性,為使用者提供更簡單的介面。它也扮演使用者和子系統之間的中間人,避免使用者被子系統的實作細節干擾。

常數類別是一種特例。這些類別內聚性低，耦合性高，違反單一責任原則（參見訣竅 4.7，「具體化字串驗證」）。下面是一個包含太多不相關常數的類別：

```
public static class GlobalConstants
{
    public const int MaxPlayers = 10;
    public const string DefaultLanguage = "en-US";
    public const double Pi = 3.14159;
}
```

你可以將它拆成較小的類別，然後將相關的行為放在它們裡面：

```
public static class GameConstants
{
    public const int MaxPlayers = 10;
}

public static class LanguageConstants
{
    public const string DefaultLanguage = "en-US";
}

public static class MathConstants
{
    public const double Pi = 3.14159;
}
```

你可以讓 linter 在常數定義的數量超過門檻時警告你，因為在設計軟體時，找到正確的職責是你的主要任務之一。

參閱

訣竅 6.8，「將神祕數字換成常數」

訣竅 10.2，「移除設定、組態、功能開關」

訣竅 11.6，「將過多的屬性拆開」

訣竅 17.4，「拆開分歧的變更」

17.4 拆開分歧的變更

問題

你在一個類別裡面更改一些東西，然後也必須更改在同一個類別裡面的某些無關的東西。

解決方案

類別只能有一個職責和一個變更原因。將發散類別（divergent class）拆開。

討論

發散類別有低內聚、高耦合，以及程式碼重複。這些類別違反單一責任原則（參見訣竅 4.7，「具體化字串驗證」）。你建立類別是為了履行職責，如果一個物件做太多事情，它可能朝著不同的方向演變，因此你應該從中提出另一個類別。

下面的 Webpage 物件有太多職責了：

```
class Webpage {
  renderHTML() {
    this.renderDocType();
    this.renderTitle();
    this.renderRssHeader();
    this.renderRssTitle();
    this.renderRssDescription();
    this.renderRssPubDate();
  }
  // RSS 格式可能改變
}
```

這是拆開職責的樣子：

```
class Webpage {
  renderHTML() {
    this.renderDocType();
    this.renderTitle();
    (new RSSFeed()).render();
  }
  // HTML render 可能改變
}

class RSSFeed {
```

```
render() {
  this.renderDescription();
  this.renderTitle();
  this.renderPubDate();
  // ...
}
// RSS 格式可能改變
// 可能有單元測試
// 等……
}
```

你可以自動檢查大型類別或追蹤變更。類別必須遵守單一責任原則（參見訣竅 4.7，「具體化字串驗證」），而且只能有一個改變的理由。如果它們往不同的方向發展，那就代表它們做太多事了。

參閱

訣竅 11.5，「移除多餘的方法」

訣竅 11.6，「將過多的屬性拆開」

訣竅 11.7，「縮短匯入清單」

訣竅 17.3，「拆開神物件」

參考資料

Refactoring Guru 的「Divergent Change」（*https://oreil.ly/Kvubl*）

17.5 將 9999 特殊旗標值換成一般值

問題

你使用 Maxint 之類的常數來標記無效的 ID，以為絕對不會有那麼大的值。

解決方案

不要讓真實的 ID 與無效的 ID 耦合在一起。

討論

用有效的（valid）ID 來代表無效的（invalid）ID 違反對射原則，而且數字往上增加的速度可能比想像中更快到達無效的 ID。你也不能使用 null 值來表示無效的 ID，因為這會導致從呼叫方到函式的耦合旗標。你要使用特殊的多型物件來模擬特殊情況（參見訣竅 14.14，「將非多型函式轉換為多型函式」），並避免使用 9999、-1 和 0，因為它們是有效的領域物件，而且會產生實作上的耦合。在計算機的早期，資料型態是嚴格的。後來他們發明了「billion-dollar mistake（十億美元的錯誤）」（也就是 null —— 參見第 15章），並進一步發展成使用特殊的值來模擬特殊場景。

下面的範例使用特殊的旗標數字（9999）：

```c
#define INVALID_VALUE 9999

int main(void)
{
    int id = get_value();
    if (id == INVALID_VALUE)
    {
        return EXIT_FAILURE;
        // id 是旗標，也是有效的領域值
    }
    return id;
}
int get_value()
{
  // 發生不好的事了
  return INVALID_VALUE;
}
// 回傳 EXIT_FAILURE (1)
```

我們排除使用特殊有效值（9999）的需求，將它換成無效值（-1）：

```c
int main(void)
{
    int id = get_value();
    if (id < 0)
    {
        printf("Error: Failed to obtain value\n");
        return EXIT_FAILURE;
    }
    return id;
}
```

```
int get_value()
{
   // 發生不好的事了
   return -1;  // 回傳負值來表示錯誤
}
```

如果程式語言支援例外（參見第 22 章「例外」）的話更棒：

```
// 沒有定義 INVALID_VALUE

int main(void)
{
   try {
      int id = get_value();
      return id;
   } catch (const char* error) {
       printf("%s\n", error);
       return EXIT_FAILURE;
   }
}

int get_value()
{
  // 發生不好的事了
   throw "Error: Failed to obtain value";
}

// 回傳 EXIT_FAILURE (1)
```

外部 ID 通常對映到數字或字串，但如果沒有外部 ID，不要試圖使用數字或字串作為（無效的）參考。

參閱

訣竅 15.1，「建立 null 物件」

訣竅 25.2，「改變連續的 ID」

訣竅 15.5，「不使用 null 來表示未知位置」

17.6 移除霰彈槍手術

問題

對一個函式進行修改會導致多處程式碼的修改。

解決方案

隔離變更，遵循 don't repeat yourself（DRY）原則（參見訣竅 4.7，「具體化字串驗證」）。

霰彈槍手術（*shotgun surgery*）

霰彈槍手術就是在碼庫中進行一次更改需要在系統的不同部分進行多次修改。改變碼庫的一部分會影響系統的許多其他部分時就會發生這種情況。這就像發射霰彈：一次火藥爆炸會擊中多個目標，就像一次變更會影響系統的多個部分。

討論

如果你沒有正確地分配責任，或是有重複的程式碼，當現實世界的行為發生變化時，你可能要對模型進行許多修改。正如第 2 章的定義，這是不良對射的象徵。在系統中到處複製貼上程式碼通常會導致這種情況。

試想你需要稍微修改以下的程式碼：

```
final class SocialNetwork {

    function postStatus(string $newStatus) {
        if (!$user->isLogged()) {
            throw new Exception('User is not logged');
        }
        // ...
    }

    function uploadProfilePicture(Picture $newPicture) {
        if (!$user->isLogged()) {
            throw new Exception('User is not logged');
        }
        // ...
```

```
        }

        function sendMessage(User $recipient, Message $messageSend) {
            if (!$user->isLogged()) {
                throw new Exception('User is not logged');
            }
            // ...
        }
    }
```

將邏輯提取到一處會變成這樣：

```
    final class SocialNetwork {

        function postStatus(string $newStatus) {
            $this->assertUserIsLogged();
            // ...
        }

        function uploadProfilePicture(Picture $newPicture) {
            $this->assertUserIsLogged();
            // ...
        }

        function sendMessage(User $recipient, Message $messageSend) {
            $this->assertUserIsLogged();
            // ...
        }

        function assertUserIsLogged() {
            if (!$this->user->isLogged()) {
                throw new Exception('User is not logged');
                // 這只是一個簡化
                // 操作應定義成具有前提條件……等的物件。
            }
        }
    }
```

有一些現代的 linter 和生成式機器學習工具可以找出重複的模式（不僅僅是重複的程式碼）。此外，在進行程式碼復審時，你也可以輕鬆地發現這個問題並要求重構。如果你的模型與現實世界是一對一的關係，而且你將職責放在正確的位置，那麼添加新功能應該很簡單。特別注意跨越多個類別的小改變。

17.7 移除選用的參數

問題

在函式中有選用（optional）參數。

解決方案

為了讓程式更緊湊而編寫的選用參數會導致隱性耦合。

討論

選用參數會將呼叫方與非本質的選用值耦合在一起，導致意外的結果、副作用和漣漪效應。在提供選用參數但僅限於基本型態的語言中，你必須設定旗標並加入非本質的 if。這個問題的解決方案是明確地定義參數，並使用**具名參數**，如果語言支援的話。

這裡有一個選用的驗證策略：

```
final class Poll {

    function _construct(
        array $questions,
        bool $annonymousAllowed = false,
        $validationPolicy = 'Normal') {

        if ($validationPolicy == 'Normal') {
          $validationPolicy = new NormalValidationPolicy();
        }
        // ...
    }
}

// 有效
new Poll([]);
new Poll([], true);
new Poll([], true , new NormalValidationPolicy());
new Poll([], , new StrictValidationPolicy());
```

將參數明確化就沒有隱含假設了：

```
final class Poll {

    function _construct(
        array $questions,
        AnonyomousStrategy $anonymousStrategy,
        ValidationPolicy $validationPolicy) {
        // ...
    }
}

// 無效
new Poll([]);
new Poll([], new AnonyomousInvalidStrategy());
new Poll([], , new StrictValidationPolicy());

// 有效
new Poll([], new AnonyomousInvalidStrategy(), new StrictValidationPolicy());
```

如果語言支援選用參數，檢測它很簡單。務必保持明確，並優先讓程式更易讀，而不是讓函數呼叫更短（而且更耦合）。

參閱

訣竅 17.10，「將預設參數移至最後」

訣竅 21.3，「移除 Warning/Strict Off」

17.8 防止依戀情節

問題

你有一個物件使用太多其他物件的方法。

解決方案

拆開依賴關係並重構行為。

依戀情節（*feature envy*）

依戀情節就是物件對其他物件的行為比對自己的行為更感興趣，因而過度使用其他物件的方法。

討論

依戀情節會造成嚴重的依賴和耦合，導致程式碼更難以重複使用和測試。這通常是責任分配不良的徵兆。你應該用 MAPPER 找出職責，並將方法移到適當的類別中。

這個 candidate 定義了如何印出它的地址：

```
class Candidate {
  void printJobAddress(Job job) {
    System.out.println("This is your position address");
    System.out.println(job.address().street());
    System.out.println(job.address().city());
    System.out.println(job.address().ZipCode());
  }
}
```

列印的責任應該屬於相關的 job：

```
class Job {

  void printAddress() {
    System.out.println("This is your job position address");
    System.out.println(this.address().street());
    System.out.println(this.address().city());
    System.out.println(this.address().ZipCode());
    // 你甚至可以將這個責任直接移至 address！
    // 有些 address 資訊與包裹追蹤工作有關
  }
}

class Candidate {
  void printJobAddress(Job job) {
    job.printAddress();
  }
}
```

這是另一個例子，它使用外部公式來計算矩形面積：

```
function area(rectangle) {
  return rectangle.width * rectangle.height;
    // 注意，你向同一個物件發送
    // 連續的訊息並進行計算
}
```

使用分離關注點可以改成這樣：

```
class Rectangle {
   constructor(width, height) {
       this.height = height;
       this.width = width;
   }
   area() {
       return this.width * this.height;
   }
}
```

有些 linter 可以發現與另一個物件合作的循序模式（sequential pattern）。

參閱

訣竅 3.1，「將貧乏物件轉換為豐富物件」

訣竅 6.5，「更改放錯位置的職責」

訣竅 14.15，「將『比較是否相等』改掉」

訣竅 17.16，「分開不當的親密關係」

17.9 刪除中間人

問題

有一個中間人物件建立沒必要的間接性。

解決方案

移除中間人。

討論

中間人物件違反 Demeter 法則（參見訣竅 3.8，「移除 getters」），而且會增加複雜性和沒必要的間接性，並建立空類別，應該移除。在下面的例子裡，client（用戶端）有一個 address（地址），該 address 又有一個 zip code（郵遞區號）。Address 類別是一個貧乏模型，它唯一的責任是回傳 zip code：

```
public class Client {
    Address address;
    public ZipCode zipCode() {
        return address.zipCode();
    }
}

public class Address {
    // 中間人
    private ZipCode zipCode;

    public ZipCode zipCode() {
        return new ZipCode('CA90210');
    }
}

public class Application {
    ZipCode zipCode = client.zipCode();
}
```

client 公開了 address：

```
public class Client {
    public ZipCode zipCode() {
        // 也可以儲存它
        return new ZipCode('CA90210');
    }
}

public class Application {
    ZipCode zipCode = client.zipCode();
}
```

類似它的相反情況（訣竅 10.6，「拆開冗長的合作鏈」）的是，你可以使用解析樹來偵測這個異味。

參閱

訣竅 10.6,「拆開冗長的合作鏈」

訣竅 10.9,「移除幽靈物件」

訣竅 19.9,「遷移空類別」

參考資料

Refactoring.com 的「Remove Middle Man」(*https://oreil.ly/9muMn*)

C2 Wiki 的「Middle Man」(*https://oreil.ly/gO_Xu*)

JetBrains 的「Remove Middleman」(*https://oreil.ly/J-dtj*)

17.10 將預設參數移至最後

問題

你在一串參數的中間放入預設參數。

解決方案

函式簽章不該令人容易出錯,盡量避免使用預設參數(參見訣竅 17.7,「移除選用的參數」),但如果真的需要,不要在必填的參數之前使用選用的參數。

討論

預設參數可能會意外失敗,違反快速失敗原則。它們也會讓程式碼更難讀,因為你必須仔細考慮參數的排序。請將選用參數移到最後,或使用相關的訣竅 17.7,「移除選用的參數」。

下面的選用 color 位於 model 之前：

```
function buildCar($color = "red", $model) {
  //...
}
// 第一個參數是選用參數

buildCar("Volvo");
// Runtime error: Too few arguments to function buildCar()
```

將它移到最後可以避免這個問題：

```
function buildCar($model, $color = "Red", ){...}

buildCar("Volvo");
// 正確運作

def functionWithLastOptional(a, b, c='foo'):
    print(a)
    print(b)
    print(c)

functionWithLastOptional(1, 2) // 印出 1, 2, foo

def functionWithMiddleOptional(a, b='foo', c):
    print(a)
    print(b)
    print(c)

functionWithMiddleOptional(1, 2)
# SyntaxError: non-default argument follows default argument
```

許多 linter 可以強制執行這條規則，因為這個問題可以從函式簽章中推導出來。此外，有許多編譯器直接禁止這種情況。在定義函式時嚴格遵守這條規則，以避免呼叫方和方法定義式的選用值耦合。

參閱

訣竅 9.5，「統一參數順序」

訣竅 17.7，「移除選用的參數」

參考資料

Sonar Source 的「Method Arguments with Default Values Should Be Last」(*https://oreil. ly/3gOaE*)

17.11 避免漣漪效應

問題

當你對程式碼進行小修改之後，發現有太多意外的問題。

解決方案

當小修改造成大影響時，將系統解耦。

討論

本書的許多訣竅都可以用來解決漣漪效應。為了避免它，你一定要透過測試程式來解耦涵蓋既有功能的變更，然後進行重構和隔離正在變更的內容。

在下面的常見例子裡，有一個物件與一個非本質的實作耦合，以取得當下的時間：

```
class Time {
  constructor(hour, minute, seconds) {
    this.hour = hour;
    this.minute = minute;
    this.seconds = seconds;
  }
  now() {
    // 呼叫作業系統
  }
}

// 加入時區會產生很大的漣漪效應
// 修改 now() 以考慮時區也會造成影響
```

移除 now 方法變成這樣：

```
class Time {
  constructor(hour, minute, seconds, timezone) {
    this.hour = hour;
    this.minute = minute;
    this.seconds = seconds;
    this.timezone = timezone;
  }
  // 移除 now()，因為沒有脈絡（without context）時，它是無效的
}

class RelativeClock {
  constructor(timezone) {
    this.timezone = timezone;
  }
  now(timezone) {
    var localSystemTime = this.localSystemTime();
    var localSystemTimezone = this.localSystemTimezone();
    // 做一些轉換時區的數學運算
    // ...
    return new Time(..., timezone);
  }
}
```

這些問題很難在它們發生之前檢測到，變異檢測（參見訣竅 5.1，「將 var 改為 const」）和單點故障根本原因分析（root cause analysis）或許有幫助。現在有很多處理舊有和耦合系統的策略可以選擇。你應該在這個問題爆發之前解決它。

 單點故障（*single point of failure*）

單點故障是指系統的一個組件或一個部分的故障導致整個系統故障或無法使用。整個系統都依賴這個組件或部分，沒有它的話，任何功能都無法正常運作。優良的設計會試著製作冗餘組件（redundant component），以避免這種漣漪效應。

參閱

訣竅 10.6，「拆開冗長的合作鏈」

17.12 移除業務物件的非本質方法

問題

在你的領域物件裡有持久保存、序列化、顯示、匯入、記錄或匯出程式碼。

解決方案

移除所有非本質方法。它們屬於不同的領域,應該放在不同的物件中。

討論

讓物件與非本質問題耦合會讓軟體難以維護且難以閱讀,因此你不應該混合非本質的和本質的行為。你要解耦業務物件。分離意外的關注點:將持久保存、格式化和序列化移至特殊的物件中,並使用對射來讓協定是本質的。

下面是一輛充斥著非本質協定的 car。car 必須與非本質行為分開:

```python
class car:

    def __init__(self, company, color, engine):
        self._company = company
        self._color = color
        self._engine = engine

    def goTo(self, coordinate):
        self.move(coordinate)

    def startEngine(self):
        ## 啟動引擎的程式碼
        self.engine.start()

    def display(self):
        ## 顯示訊息是非本質的
        print ('This is a', self._color, self.company)

    def to_json(self):
        ## 序列化是非本質的
        return "json"
```

```
def update_on_database(self):
    ## 持久保存是非本質的
    Database.update(this)

def get_id(self):
    ## id 是非本質的
    return self.id;

def from_row(self, row):
    ## 持久保存是非本質的
    return Database.convertFromRow(row);

def forkCar(self):
    ## 並行是非本質的
    ConcurrencySemaphoreSingleton.get_instance().fork_cr(this)
```

將這些方法移除之後變成這樣：

```
class car:

    def __init__(self,company,color,engine):
        self._company = company
        self._color = color
        self._engine = engine

    def goTo(self, coordinate):
        self.move(coordinate)

    def startEngine(self):
        ## 啟動引擎的程式碼
        self._engine.start()
```

建立 linting 規則來提示可疑的名稱並不容易（但並非不可能）。有一些例外在於，某些框架會強迫你將不乾淨的程式碼（dirty code）注入物件，例如 ID。也許你很習慣看到不乾淨的業務物件，這很正常。你要重新考慮這些設計的後果和耦合。

17.13 將使用者介面的業務程式碼移除

問題

你的 UI 有輸入驗證程式。

解決方案

務必在後端建立合適的物件，並將驗證機制移至你的領域物件中。

討論

UI 是非本質的。在 UI 上驗證業務規則會帶來安全問題和重複的程式碼。這種耦合會讓 API、微服務……等更難以測試和擴展，讓業務物件變得貧乏且可變。重複的程式碼是過早優化的徵兆。具有 UI 驗證的系統可能會演變成使用 API 或外部組件。請在後端驗證物件，並將驗證訊息傳給用戶端組件。

下面是在 UI 進行驗證的例子：

```
<script type="text/javascript">

function checkForm(form)
{
  if(form.username.value == "") {
    alert("Error: Username cannot be blank!");
    form.username.focus();
    return false;
  }
  re = /^\w+$/;
  if(!re.test(form.username.value)) {
    alert("Error: Username must contain only letters,"
      + " numbers and underscores!");
    form.username.focus();
    return false;
  }

  if(form.pwd1.value != "" && form.pwd1.value == form.pwd2.value) {
    if(form.pwd1.value.length < 8) {
      alert("Error: Password must contain at least eight characters!");
      form.pwd1.focus();
      return false;
```

```
    }
    if(form.pwd1.value == form.username.value) {
      alert("Error: Password must be different from Username!");
      form.pwd1.focus();
      return false;
    }
    re = /[0-9]/;
    if(!re.test(form.pwd1.value)) {
      alert("Error: password must contain at least one number (0-9)!");
      form.pwd1.focus();
      return false;
    }
    re = /[a-z]/;
    if(!re.test(form.pwd1.value)) {
      alert("Error: password must contain at least"
            + " one lowercase letter (a-z)!");
      form.pwd1.focus();
      return false;
    }
    re = /[A-Z]/;
    if(!re.test(form.pwd1.value)) {
      alert("Error: password must contain at least"
            + " one uppercase letter (A-Z)!");
      form.pwd1.focus();
      return false;
    }
  } else {
    alert("Error: Please check that you've entered"
          +" and confirmed your password!");
    form.pwd1.focus();
    return false;
  }

  alert("You entered a valid password: " + form.pwd1.value);
  return true;
}

</script>

<form ... onsubmit="return checkForm(this);">
<p>Username: <input type="text" name="username"></p>
<p>Password: <input type="password" name="pwd1"></p>
<p>Confirm Password: <input type="password" name="pwd2"></p>
<p><input type="submit"></p>
</form>
```

這是將驗證程式碼移到業務物件的樣子：

```javascript
<script type="text/javascript">

    // 向後端發送 POST 請求
    // 後端有領域規則
    // 後端有測試覆蓋率和豐富模型
    // 在後端注入程式碼比較困難
    // 驗證程序將在後端演進
    // 業務規則和驗證會與每個使用方共享
    // UI / REST / Tests / Microservices ... 等
    // 沒有重複的程式碼
    function checkForm(form)
    {
      const url = "https://<hostname/login";
      const data = { };

      const other_params = {
          headers : { "content-type" : "application/json; charset=UTF-8" },
          body : JSON.stringify(data),
          method : "POST",
          mode : "cors"
      };

      fetch(url, other_params)
          .then(function(response) {
              if (response.ok) {
                  return response.json();
              } else {
                  throw new Error("Could not reach the API: " +
                      response.statusText);
              }
          }).then(function(data) {
              document.getElementById("message").innerHTML = data.encoded;
          }).catch(function(error) {
              document.getElementById("message").innerHTML = error.message;
          });
      return true;
    }

</script>
```

值得一提的例外在於，如果你有充分的證據指出嚴重的效能瓶頸，你要在前端自動複製業務邏輯；你不能跳過後端的部分。不要手動做這件事，因為你會忘記。使用 TDD（參見訣竅 4.8，「移除非必要的屬性」），將所有業務邏輯行為放入領域物件。

參閱

訣竅 3.1，「將貧乏物件轉換為豐富物件」

訣竅 3.6，「移除 DTO」

訣竅 6.13，「避免 callback 地獄」

訣竅 6.14，「產生優質的錯誤訊息」

訣竅 16.8，「基於實作，移除 callback 事件」

17.14 改變與類別的耦合

問題

你有全域類別，並將它們當成入口。

解決方案

拆開耦合，使用介面之類的物件，而不是使用類別，因為它們更容易替換。

討論

全域類別會建立耦合並阻礙擴展，它們也很難 mock（參見訣竅 20.4，「將 mock 換成真實物件」）。你可以使用介面或 trait（如果可用）和依賴反轉（參見訣竅 12.4，「移除一次性介面」）來優先實作鬆耦合。

這段程式有耦合：

```
public class MyCollection {
    public bool HasNext { get; set;} // 實作細節
    public object Next(); // 實作細節
}

public class MyDomainObject sum(MyCollection anObjectThatCanBeIterated) {
 // 緊耦合
}

// 我們無法 fake 或 mock 這個方法
// 因為它始終期望收到 MyCollection 的實例
```

這是 mock 它時的樣子：

```
public interface Iterator {
    public bool HasNext { get; set;}
    public object Next();
}

public Iterator Reverse(Iterator iterator) {
    var list = new List<int>();
    while (iterator.HasNext) {
        list.Insert(0, iterator.Next());
    }
    return new ListIterator(list);
}

public class MyCollection implements Iterator {
    public bool HasNext { get; set;} // 實作細節
    public object Next(); // 實作細節
}

public class myDomainObject {
    public int sum(Iterator anObjectThatCanBeIterated) {
    // 鬆耦合
    }
}

// 可以使用任何 Iterator（即使是 mock 的，只要它遵守協定即可）
```

幾乎所有 linter 都可以尋找類別的參考。請勿濫用它，因為可能會有許多正確的用法引發誤報。依賴介面可讓系統有較鬆的耦合，因此更容易擴展和測試。介面的更改頻率比具體實作更低。有一些物件實作許多介面，宣告哪一個部分依賴哪一個介面可以讓耦合更細粒化（granular），並讓物件更內聚。

參閱

訣竅 20.4，「將 mock 換成真實物件」

鬆耦合（*loose coupling*）

鬆耦合的目的是將系統內的不同物件之間的相互依賴程度最小化。它們對彼此的瞭解很少，所以針對一個組件的更改不會影響系統的其他組件，從而防止漣漪效應。

17.15 重構資料泥團

問題

你有一些物件總是一起出現。

解決方案

製作內聚的原始物件（primitive object），它們的各個部分始終會一起傳遞。

討論

資料泥團（*data clump*）

資料泥團是指同一組物件經常在程式的不同部分之間一起傳遞。這可能導致程式更複雜、更不容易維護、更容易出錯。資料泥團經常在你沒有試著找出正確的物件來表示對射關係就傳遞相關的物件時出現。

資料泥團具有低內聚性、原始型態迷戀，以及大量的重複程式碼；你會在多個地方複製複雜的驗證碼，讓程式更不容易閱讀和維護。你可以使用「提取類別」（*https://oreil.ly/De634*）重構和訣竅 4.1，「建立小物件」。如果有兩個或更多個原始物件被粘在一起，且它們之間有重複的業務邏輯和規則，你要找出既有的對射概念。

這是一個資料泥團：

```
public class DinnerTable
{
    public DinnerTable(Person guest, DateTime from, DateTime to)
    {
        Guest = guest;
        From = from;
        To = to;
    }
    private Person Guest;
    private DateTime From;
    private DateTime To;
}
```

這是將它具體化之後的樣子：

```
public class TimeInterval
{
    public TimeInterval(DateTime from, DateTime to)
    {
        if (from >= to)
        {
            throw new ArgumentException
                ("Invalid time interval: 'from' must be earlier than 'to'.");
        }
        From = from;
        To = to;
    }
}

public class DinnerTable
{
    public DinnerTable(Person guest, DateTime from, DateTime to)
    {
        Guest = guest;
        Interval = new TimeInterval(from, to);
    }
}
```

這裡是更好、更緊湊的版本，它直接傳遞 interval：

```
public DinnerTable(Person guest, Interval reservationTime)
{
    Guest = guest;
    Interval = reservationTime;
}
```

你應該在正確的地方將行為分組，並隱藏原始資料。

參閱

訣竅 3.1，「將貧乏物件轉換為豐富物件」

訣竅 4.2，「具體化原始資料」

訣竅 4.3，「將關聯陣列具體化」

17.16 分開不當的親密關係

問題

你有兩個類別過度互相依賴。

解決方案

分開那兩個類別。

討論

不當的親密關係（*inappropriate intimacy*）

不當的親密關係是兩個類別或組件過度互相依賴，造成緊密的耦合，讓
程式碼難以維護、修改或擴展。

如果兩個類別的互動過於頻繁，它們就過於耦合，這是不當分配責任和低內聚的徵兆，
會讓程式難以維護和擴展。這是兩個糾纏不清的類別：

```
class Candidate {

 void printJobAddress(Job job) {

   System.out.println("This is your position address");

   System.out.println(job.address().street());
   System.out.println(job.address().city());
   System.out.println(job.address().zipCode());

   if (job.address().country() == job.country()) {
       System.out.println("It is a local job");
   }
 }
}
```

這是拆開耦合之後的樣子：

```
final class Address {
 void print() {
   System.out.println(this.street);
   System.out.println(this.city);
   System.out.println(this.zipCode);
 }

 bool isInCounty(Country country) {
  return this.country == country;
}

class Job {
 void printAddress() {

   System.out.println("This is your position address");

   this.address().print());

   if (this.address().isInCountry(this.country()) {
       System.out.println("It is a local job");
   }
 }
}

class Candidate {
  void printJobAddress(Job job) {
    job.printAddress();
  }
}
```

有一些 linter 能夠計算類別關係圖和協定依賴關係。分析合作圖可以推斷出一些規則和提示。如果兩個類別的關係太密切，而且與其他類別不太來往，你可能要將它們拆開、合併或重構。類別彼此之間的瞭解程度越少越好。

參閱

訣竅 17.8，「防止依戀情節」

參考資料

C2 Wiki 的「Inappropriate Intimacy」（*https://oreil.ly/lzT5i*）

17.17　轉換可互換的物件

問題

你分出兩個物件，儘管在真實世界的部分模型（partial model）中不必如此。

解決方案

遵守 MAPPER，並讓現實世界可互換的東西在你的模型裡也可以互換。

討論

可互換的物件（*fungible objects*）

可互換的物件是值、品質和特性可以互換或相同的物件。可互換物件的任何特定實例都可以換成相同物件的任何其他實例，而不會喪失值或品質。可互換性（fungibility）是指商品或貨物的個別單元本質上可以互換，且各部分彼此之間沒有差別。

你可能聽過很多關於 NFT 的事情。我們接下來要在程式中使用這個可互換的概念。可互換性是一定要反映在對射中的一種屬性。如果物件在現實世界中是可互換的，它在你的模型裡也必須是可互換的。你要辨識領域中的可互換元素，並讓它們的模型是可互換的。在軟體中，你可以將可互換的物件換成其他的物件。在將你的物件對映至真實的物件時，你很容易忘了部分模型（partial model），並過度設計。

下面有一個不可互換的 Person：

```
public class Person implements Serializable {
    private final String firstName;
    private final String lastName;

    public Person(String firstName, String lastName) {
        this.firstName = firstName;
        this.lastName = lastName;
    }
}

shoppingQueueSystem.queue(new Person('John', 'Doe'));
```

在這個背景下，建立 Person 模型並不重要：

```
public class Person {
}

shoppingQueueSystem.queue(new Person());
// 在模擬排隊時，身分無關緊要
```

你要瞭解模型，以檢查它是否正確。為現實中可互換的事物建立可互換的物件聽起來很簡單，但這需要具備設計技術。

參閱

訣竅 4.8，「移除非必要的屬性」

## 第十八章

全域變數

寫出害羞內斂的程式碼，也就是寫出不會向其他模組展示它們不需要的內容、也不依賴其他模組的實作的模組。

—— David Thomas 與 Andrew Hunt，《*The Pragmatic Programmer: Your Journey to Mastery*》

18.0 引言

大多數現代語言都支援全域函式、類別和屬性。使用這些程式產物都有隱性成本。就算是使用 new() 來建立物件，除非你使用以下的訣竅，否則你將與全域類別緊密耦合。

18.1 具體化全域函式

問題

你有一些可在任何地方呼叫的全域函式。

解決方案

全域函式帶來許多耦合，縮小它們的作用域。

討論

許多混合語言（mixed language）都支援全域函式，儘管物件導向程式設計不鼓勵使用它。它們會造成耦合，而且因為難以追蹤，會讓程式碼難以閱讀。隨著耦合的增加，程式將越來越難以維護和測試。你可以先把函式包在一個背景（context）物件中。例如，你可以找出外部資源存取資源、資料庫存取資源、單例資源（參見訣竅 17.2，「換掉單例」）、全域類別資源、時間資源，和作業系統資源。

這個例子呼叫全域資料庫的一個方法：

```
class Employee {
    function taxesPayedUntilToday() {
        return database()->select(
            "SELECT TAXES FROM EMPLOYEE".
            " WHERE ID = " . $this->id() .
            " AND DATE < " . currentDate());
    }
}
```

我們將持久保存機制放入 context 物件，來將資料庫與計算邏輯解耦：

```
final class EmployeeTaxesCalculator {
    function taxesPayedUntilToday($context) {
        return $context->selectTaxesForEmployeeUntil(
            $this->socialSecurityNumber,
            $context->currentDate());
    }
}
```

許多現代語言都避免使用全域函式。在寬鬆的語言裡，你可以使用作用域規則並自動檢查它。結構性設計認為全域函式是有害的，但你仍然可以看到一些不良的做法跨越範式界限。

參閱

訣竅 5.7，「移除副作用」

訣竅 18.4，「移除全域類別」

18.2 具體化靜態函式

問題

你有一些靜態函式與類別耦合。

解決方案

不要使用靜態函式。它們是全域性的，而且是公用程式（utility）。改成建立實例方法，並與物件溝通。

討論

靜態函式（*static function*）

靜態函式屬於類別，不屬於該類別的實例。這意味著你可以在未建立物件的情況下呼叫靜態方法。

我們用類別來對映現實世界的概念（或想法），靜態函式違反對射原則，並帶來耦合。由於類別比實例更難以 mock（參見訣竅 20.4，「將 mock 換成真實物件」），它們讓程式碼更難以測試。類別的唯一職責（參見訣竅 4.7，「具體化字串驗證」）是建立實例。你可以將方法委託給實例，或建立無狀態的物件，遵守現實世界的職責。不要將它們稱為 helper 或 util。

這是使用靜態方法格式的類別：

```
class DateStringHelper {
  static format(date) {
    return date.toString('yyyy-MM-dd');
  }
}

DateStringHelper.format(new Date());
```

你可以將職責拉入一個具體的物件：

```
class DateToStringFormatter {
  constructor(date) {
    this.date = date;
  }

  englishFormat() {
    return this.date.toString('yyyy-MM-dd');
  }
}

new DateToStringFormatter(new Date()).englishFormat();
```

你可以規定避免使用靜態方法（除了建構式之外的所有類別方法）。類別在某種程度上很像全域變數，讓它們的協定充斥著 util、helper、程式庫方法會降低它們的內聚性並產生耦合。你應該透過重構來提取靜態函式。在大多數語言中，你無法操作類別並以多型的方式使用它們，因此無法 mock 它們（參見訣竅 20.4，「將 mock 換成真實物件」）或將它們插入測試程式。因此，你會有一個難以解耦的全域參考。

參閱

訣竅 7.2，「改名及拆開 helper 與工具程式」

訣竅 20.1，「測試私用方法」

18.3 將 GoTo 換成結構化的程式碼

問題

你的程式碼使用了 GoTo 語法。

解決方案

絕對不要使用 GoTo。將程式結構化，避免使用全域或局部跳躍。

討論

GoTo 被當成有害的指令至少已經有 50 年的歷史了，這個指令會讓程式更難讀和理解。你可以將程式結構化，並在必要時使用例外。在幾十年前流行的 BASIC 之類的語言中，GoTo 曾被大量濫用，低階語言也使用它們來控制跳躍。

這是使用 GoTo 實例的函式：

```
int i = 0;

start:
if (i < 10)
{
    Console.WriteLine(i);
    i++;
    goto start;
}
```

這是將同一個演算法結構化的樣子：

```
for (int i = 0; i < 10; i++)
{
    Console.WriteLine(i);
}
```

GoTo 的問題在幾十年前就已經被普遍承認了，但這個問題在一些現代語言中仍然存在，例如 GoLang、PHP、Perl、C#……等。大多數程式設計師都有幸透過結構化設計來避免使用 GoTo。

參閱

訣竅 15.1，「建立 null 物件」

參考資料

Edgar Dijkstra 的「Go To Statement Considered Harmful」（*https://oreil.ly/9Rye7*）

18.4 移除全域類別

問題

你使用類別作為全域接觸點。

解決方案

不要將類別當成全域接觸點,改用專門的物件。

討論

當類別用名稱空間、程式包或模組來定義作用域時,它就是全域或半全域的。它最大的問題是耦合,和其他全域變數一樣。如果你把許多這種類別放在一起,它們會污染名稱空間。它們也會帶來靜態方法、靜態常數和單例(參見訣竅 17.2,「換掉單例」)。你可以使用名稱空間、模組限定符(module qualifier)或類似的方法來避免名稱空間的污染。務必讓全域名稱盡可能地簡短。記住,類別的唯一職責(參見訣竅 4.7,「具體化字串驗證」)是建立實例,而不是當成全域接觸點。

名稱空間(*namespace*)

名稱空間的用途是將程式元素(例如類別、函式和變數)組成邏輯群組,以防止名稱衝突,並提供在特定範圍內單獨識別它們的方式。使用它們來將相關的功能群組化,有助於建立模組化且容易維護的程式碼。

這是一個帶有靜態方法的全域接觸點:

```
final class StringUtilHelper {
    static function formatYYYYMMDD($dateToBeFormatted): string {
    }
}
```

你可以定義類別的作用域,同時將靜態方法移到實例中:

```
namespace Dates;

final class DateFormatter {
    // DateFormatter 類別不再是全域的了
    public function formatYYYYMMDD(\DateTime $dateToBeFormatted): string {
```

```
    }
    // 函式不是靜態的，因為類別的唯一責任，
    // 就是建立實例，而不是成為一個 util 庫
}
```

將 DateFormatter 轉換成方法物件更好：

```
namespace Dates;

final class DateFormatter {
    private $date;

    public function __construct(\DateTime $dateToBeFormatted) {
        $this->date = $dateToBeFormatted;
    }

    public function formatYYYYMMDD(): string {
    }
}
```

在呼叫限定作用域的類別時，模組和名稱空間之間有明確的關係：

```
use Dates\DateFormatter;
// 因為 DateFormatter 不再是全域的，你要使用全名
// 你甚至可以解決名稱衝突

$date = new DateTime('2022-12-18');
$dateFormatter = new DateFormatter($date);
$formattedDate = $dateFormatter->formatYYYYMMDD();
```

單例（參見訣竅 17.2，「換掉單例」）也都是全域接觸點：

```
class Singleton { }

final class DatabaseAccessor extends Singleton { }
```

你可以在一個狹窄的作用域裡存取資料庫而不需要呼叫類別：

```
namespace OracleDatabase;

class DatabaseAccessor {
    // 資料庫不是單例，而且它的名稱空間的作用域被限定
}
```

你可以使用幾乎任何 linter 或建立依賴規則來搜尋不良的類別參考。你應該將類別限制在小範圍內，並且僅向外部公開門面（façades）。這可以大幅減少耦合。

參閱

訣竅 18.1，「具體化全域函式」

訣竅 18.2，「具體化靜態函式」

訣竅 19.9，「遷移空類別」

18.5 修改建立全域日期的程式碼

問題

你在程式裡使用 new Date()。

解決方案

避免建立空日期。提供明確的背景，解釋時間來源為何。

討論

在沒有背景的情況下建立日期會產生耦合，以及關於全域系統的隱含假設。很多系統在雲端環境中運行，那裡不一定有明確的時區。這是一個經典的使用案例：

```
var today = new Date();
```

你應該將它明確化才對：

```
var ouagadougou = new Location();
var today = timeSource.currentDateIn(ouagadougou);

function testGivenAYearHasPassedAccruedInterestsAre10() {
  var mockTime = new MockedDate(new Date(2021, 1, 1));
  var domainSystem = new TimeSystem(mockTime);
  // ..

  mockTime.moveDateTo(new Date(2022, 1, 1));

  // ……你設定了年利率
  assertEquals(10, domainSystem.accruedInterests());
}
```

你應該規定禁用全域函式，因為它會迫使你和非本質的、可插拔的時間來源耦合在一起。date.today()、time.now() 和其他全域系統呼叫會造成耦合。因為測試必須在環境完全受控的情況下執行，你應該設法讓時間的設定、調整……等可以輕鬆地進行。

Date 和 Time 類別只應該用來建立不可變的實例，它們的責任不包括提供實際的時間，而且這違反單一責任原則（參見訣竅 4.7，「具體化字串驗證」）。程式設計師一向不喜歡會流逝的時間，它會讓物件變異，並且導致不良、耦合的設計。

測試完全受控的環境（*full environmental control*）

完全受控的環境就是被測試的環境可被你完全控制。你要建立一個受控且可預測的環境，讓測試能夠獨立於外部因素一致地運行。你要特別考慮外部依賴關係、網路模擬、資料庫隔離、時間控制……等因素。

參閱

訣竅 4.5，「將時戳具體化」

訣竅 18.2，「具體化靜態函式」

## 第十九章

層次結構

> 類別有一個層面是擔任它的所有實例（物件）的共同程式碼和資訊的儲存體。就效能而言，使用類別是個好主意，因為它可以將儲存空間最小化，並讓你在單一地點進行變更。然而，人們很容易將它當成基於共同程式碼而不是基於共同行為來建立類別層次結構的理由。你一定要基於共同的行為建立層次結構。
>
> —— David West，《*Object Thinking*》

19.0 引言

由於歷史原因，類別層次結構往往被錯誤地用來重複使用程式碼。你應該優先使用組合（composition），但這不是明顯的選擇，而且需要經驗的累積。組合是動態的，可讓你輕鬆地進行更改、測試、重複使用……等，讓設計更靈活。本章介紹的訣竅可幫助你將層次結構帶來的非本質耦合最小化。

19.1 拆除深繼承

問題

你用很深的層次結構來重複使用程式碼。

解決方案

找出協定，藉著優先使用組合而不是繼承來將層次結構壓扁。

討論

透過靜態的子類別化來重複使用程式碼帶來的耦合程度比透過動態的組合還要多。很深的層次結構有很糟糕的內聚性和脆弱的基礎類別。它們會帶來方法覆寫，並違反 Liskov 替換原則（SOLID 原則之一）。你要拆除這些類別並組合它們。以前有一些文章和書籍推薦使用類別來重複使用程式碼，但使用組合來共享行為更有效率，而且更容易擴展。

Liskov 替換原則

Liskov 替換原則指出，如果函式或方法是為了處理特定類別的物件而設計的，它也必須能夠處理該類別的任何子類別的物件，且不會導致任何意外的行為。此原則是 SOLID 原則中的「L」（參見訣竅 4.7，「具體化字串驗證」）。

這是一個採用科學分類法來表示海豹的深層結構：

```
class Animalia:
class Chordata(Animalia):
class Mammalia(Chordata):
class Carnivora(Mammalia):
class Pinnipedia(Carnivora):
class Phocidae(Pinnipedia):
class Halichoerus(Phocidae):
class GreySeal(Halichoerus):
```

找出層次結構中的每一個類別的行為，並壓縮它們之後的程式是：

```
class GreySeal:
    def eat(self):     # 在層次結構中找到共同的行為
    def sleep(self):   # 在層次結構中找到共同的行為
    def swim(self):    # 在層次結構中找到共同的行為
    def breed(self):   # 在層次結構中找到共同的行為
```

你可以在本書的封面上看到灰海豹。很多 linter 都能夠回報繼承樹的深度（depth of inheritance tree，DIT）。你可以經常檢查層次結構並拆開它們。在下面，你為了一個非本質的原因（如何向伺服器使用者收費）而使用分類：

```
class Server:
    @abstractmethod
    def calculate_cost(self):
        pass

class DedicatedServer(Server):
    def calculate_cost(self):
        # 例子：根據 CPU 和 RAM 的使用情況計費
        return self.cpu * 10 + self.ram * 5

class HourlyChargedServer(Server):
    def calculate_cost(self):
        # 例子：根據 CPU 和 RAM 的使用量乘以時數來計費
        return (self.cpu * 5 + self.ram * 2) * self.hours
# 建立伺服器後，你就無法動態更改計費方式
# 如果你建立新的 ChargingMethod，它會影響你的伺服器的層次結構
```

我們使用組合來動態地改變計費方式：

```
class Server:
    def calculate_cost(self):
        return self.charging.calculate_cost(self.cpu, self.ram)
    def change_charging_method(self, charging):
        self.charging = charging

class ChargingMethod():
    @abstractmethod
    def calculate_cost(self, cpu, ram):
        pass

class MonthlyCharging(Charging):
    def calculate_cost(self, cpu, ram):
        return cpu * 10 + ram * 5

class HourlyCharging(Charging):
    def calculate_cost(self, cpu, ram):
        return (cpu * 5 + ram * 2) * self.hours
# 你可以使用單元測試來單獨測試計費方法
# 你可以建立新的計費方法，而不影響伺服器
```

組合讓程式更有彈性、更容易測試和重複使用，並且更有利於遵循開閉原則（參見訣竅 14.3，「具體化布林變數」），因為你不會改變領域層次結構，只會改變被委託的物件。

組合（*composition*）

組合就是將物件當成零件來組出新物件。你可以藉著結合簡單的物件來建構複雜的物件（參見訣竅 4.1，「建立小物件」），形成一種「has-a」關係，而不是經典的「is-a」或「behaves-as-a」關係（參見訣竅 19.4，「將『is-a』關係換成行為」）。

參閱

訣竅 19.2，「拆開溜溜球層次結構」

訣竅 19.3，「移除為了重複使用程式碼而設計的子類別」

訣竅 19.4，「將『is-a』關係換成行為」

訣竅 19.7，「將具體類別宣告為 final」

訣竅 19.11，「移除 protected 屬性」

19.2 拆開溜溜球層次結構

問題

當你尋找某個具體的方法實作時，你必須像溜溜球一樣在層次結構中上下尋找。

解決方案

不要製作很深的層次結構。壓扁它們。

討論

溜溜球問題（*yo-yo problem*）

溜溜球問題就是你必須在類別和方法的層次結構中巡覽，才能瞭解或修改程式碼，這使人難以維護和擴展程式碼。

深層結構是為了重複使用程式碼而建立子類別產生的，它會讓程式更不易讀。為了小差異而設計程式會降低類別的內聚性。你應該優先使用組合而非繼承，並重構深層結構。

下面是太過具體的階層：

```
abstract class Controller { }

class BaseController extends Controller { }
class SimpleController extends BaseController { }
class ControllerBase extends SimpleController { }
class LoggedController extends ControllerBase { }
class RealController extends LoggedController { }
```

使用介面可幫你進行委託並避免溜溜球問題：

```
interface ControllerInterface { }

abstract class Controller implements ControllerInterface { }
final class LoggedControllerDecorator implements ControllerInterface { }
final class RealController implements ControllerInterface { }
```

任何 linter 都可以讓你設定最大深度門檻來檢查可能有問題之處。許多初學者會藉著建立層次結構來重複使用程式碼，這會導致高耦合且低內聚的層次結構。Johnson 和 Foote 在 1988 年的論文中指出這個訣竅的實用性，開發者從那篇論文學到很多。你必須重構和壓扁這些層次結構。

參閱

訣竅 19.1，「拆除深繼承」

訣竅 19.3，「移除為了重複使用程式碼而設計的子類別」

參考資料

Ralph E. Johnson 與 Brian Foote 的「Designing Reusable Classes」（*https://oreil.ly/lKRG1*）

19.3 移除為了重複使用程式碼而設計的子類別

問題

你有一個「is-a」關係，並藉著建立子類別來重複使用程式碼。

解決方案

優先使用組合而非繼承。使用委託來拆除協定，並重複使用承接工作的小物件。

討論

在軟體開發中，「is-a」關係是一種基於實作的錯誤觀念，所以設計這種子類別有不當的動機。你只能在兩個物件之間有「behaves-as-a」關係時使用繼承。

下面的例子是典型的「is-a」問題：

```java
public class Rectangle {

    int length;
    int width;

    public Rectangle(int length, int width) {
        this.length = length;
        this.width = width;
    }

    public int area() {
        return this.length * this.width;
    }
}

public class Square extends Rectangle {

    public Square(int size) {
        super(size, size);
    }

    public int area() {
        return this.length * this.length;
    }
}
```

```
}

public class Box extends Rectangle {
}
```

從行為的角度來看，Square 和 Box 並不是真正的 Rectangles，它們違反 Liskov 替換原則（參見訣竅 19.1，「拆除深繼承」）。你可以使用這個訣竅來重構它們：

```
abstract public class Shape {
    abstract public int area();
}

public final class Rectangle extends Shape {

    int length;
    int width;

    public Rectangle(int length, int width) {
        this.length = length;
        this.width = width;
    }

    public int area() {
        return this.length * this.width;
    }
}

public final class Square extends Shape {
    // 不再是 Rectangle 的子類別

     int size;

     public Square(int size) {
        this.size = size;
    }

    public int area() {
        return this.size * this.size;
    }
}

public final class Box {
    // 不再是 Shape 的子類別

    Square shape;
```

```
    public Box(int length, int width) {
        this.shape = new Rectangle(length, width);
    }

    public int area() {
        return shape.area();
    }
}
```

繼承經常用來模擬「is-a」關係，在這種關係裡，子類別是父類別的一種特殊化版本。在這個案例中，Square 不是 Rectangle 的一種特殊化版本。儘管在現實中，正方形是矩形的一種，但它們之間的關係用「has-a」來描述比較準確，也就是 Square 有（has a）Rectangle 形狀。

使用 Rectangle 類別層次結構來表示正方形（square）會出問題。正方形的定義是四邊等長的矩形（rectangle），因此改變 Rectangle 實例的長度來表示正方形違背矩形的本質，矩形的長和寬可以是不同值。在子類別化（subclassing）具體方法時，覆寫可能引發警告。深層結構（超過三層）也是糟糕的子類別化徵兆之一。有一個例外是，如果層次結構遵循「行為就像（behaves like）……」原則，它就是安全的。舊系統經常有深層結構和方法覆寫，你應該重構它們，並且只根據本質原因進行子類別化，而不是根據實作原因。

參閱

訣竅 19.2，「拆開溜溜球層次結構」

19.4 將「is-a」關係換成行為

問題

學校經常教我們繼承代表「is-a」關係。

解決方案

思考協定和行為，忘記非本質的繼承。

討論

「is-a」模型不遵守對射原則，會導致意外的行為，讓程式充斥著子類別覆寫，並違反 Liskov 替換原則（參見訣竅 19.1，「拆除深繼承」）。

不要按照字面上的意義來使用對射原則。當你大聲朗讀「is-a」時，子類別關係聽起來很不錯。但對射的方針必須是「behaves-as-a」。你一定要從「behaves-as-a」的角度思考，並優先考慮組合而非繼承。「is-a」關係來自資料領域。也許你曾經在結構化設計和資料模型建立中學到實體關係圖（entity-relationship diagram），但在你要從行為的角度思考。行為是本質的，資料是非本質的。

實體關係圖（*Entity-Relationship Diagrams*，*ERD*）

實體關係圖是資料庫內的資料的視覺表示法。ERD 圖用矩形來表示實體（entity），用矩形之間的線條來表示實體之間的關係。

這是個經典例子：

```java
class ComplexNumber {
    protected double realPart;
    protected double imaginaryPart;

    public ComplexNumber(double realPart, double imaginaryPart) {
        this.realPart = realPart;
        this.imaginaryPart = imaginaryPart;
    }
}

class RealNumber extends ComplexNumber {
    public RealNumber(double realPart) {
        super(realPart, 0);
    }

    public void setImaginaryPart(double imaginaryPart) {
        System.out.println("Cannot set imaginary part for a real number.");
    }
}
```

你可以將它重構成：

```
class Number {
    protected double value;

    public Number(double value) {
        this.value = value;
    }
}

class ComplexNumber extends Number {
    protected double imaginaryPart;

    public ComplexNumber(double realPart, double imaginaryPart) {
        super(realPart);
        this.imaginaryPart = imaginaryPart;
    }
}

class RealNumber extends Number {
}
```

每一個實數在數學上都「是一個（is-a）」複數。整數在數學上是一個（is-a）實數。實數並非「behave-like-a」複數。你無法執行 real.setImaginaryPart()，因此根據對射，它不是複數。

參閱

訣竅 19.3，「移除為了重複使用程式碼而設計的子類別」

訣竅 19.6，「將孤立的類別改名」

訣竅 19.11，「移除 protected 屬性」

參考資料

Wikipedia 的「Circle–Ellipse Problem」（*https://oreil.ly/zSrVO*）

19.5 移除嵌套的類別

問題

你有一些嵌套的或偽私用（pseudo-private）的類別隱藏了實作細節。

解決方案

不要使用嵌套的類別。它們在現實中不存在。

討論

嵌套類別會破壞對射（見第 2 章的定義），因為它們不能對映到現實的概念。它們難以測試和重複使用，而且它們的隱性作用域產生複雜的名稱空間（*https://oreil.ly/xbPI7*）（參見「訣竅 18.4，「移除全域類別」）。你可以將類別設為 public，將新類別放在你自己的名稱空間／模組下，或使用門面模式（參見訣竅 17.3，「拆開神物件」）來公開重要的部分並隱藏不相關的部分。有些語言可讓你建立僅在內部使用的私用概念，但它們較難測試、偵錯和重複使用。

這是個嵌套的類別：

```
lass Address {
  String description = "Address: ";

  public class City {
    String name = "Doha";
  }
}

public class Main {
  public static void main(String[] args) {
    Address homeAddress = new Address();
    Address.City homeCity = homeAddress.new City();
    System.out.println(homeAddress.description + homeCity.name);
  }
}

// 輸出是 "Address:Doha"
//
// 如果你將隱私性改為 'private class City'
```

```
    //
    // 你將得到錯誤訊息 "Address.City has private access in Address"
```

將它上升一級後：

```
    class Address {
      String description = "Address: ";
    }

    class City {
      String name = "Doha";
    }

    public class Main {
      public static void main(String[] args) {
        Address homeAddress = new Address();
        City homeCity = new City();
        System.out.println(homeAddress.description + homeCity.name);
      }
    }

    // 輸出是 "Address:Doha"
    //
    // 現在你可以重複使用並測試 City 概念了
```

很多語言都充斥著複雜的功能，你幾乎不會用到那些新奇的功能。你應該維護一套最精簡的概念，以避免非本質的複雜性，並處理本質的部分。

參考資料

W3Schools 的「Java Inner Classes」（*https://oreil.ly/hYQC9*）

19.6 將孤立的類別改名

問題

雖然你的類別是全域的，但你在它們的名稱中使用了縮寫。

解決方案

不要在子類別裡使用縮寫。如果你的類別是全域的，那就使用完整的名稱。

討論

縮寫會讓程式更難讀，並令人容易犯錯。請將類別重新命名，讓它有脈絡可循，並使用模組、名稱空間或完整名稱。以下是毅力號火星探測車（Perseverance Mars Rover）使用的名稱縮寫類別：

```
abstract class PerserveranceDirection {
}

class North extends PerserveranceDirection {}
class East extends PerserveranceDirection {}
class West extends PerserveranceDirection {}
class South extends PerserveranceDirection {}

// 子類別的名稱很短，但一旦它們離開層次結構就毫無意義
// 在引用 East 時，你可以誤以為它是指地理方向的東方
```

下面是提供完整背景脈絡的例子：

```
abstract class PerserveranceDirection { }

class PerserveranceDirectionNorth extends PerserveranceDirection {}
class PerserveranceDirectionEast extends PerserveranceDirection {}
class PerserveranceDirectionWest extends PerserveranceDirection {}
class PerserveranceDirectionSouth extends PerserveranceDirection {}

// 子類別有全名
```

這種問題不容易自動偵測，你可以制定子類別命名規範，並明智地選擇名稱。如果你的語言支援，那就使用模組、名稱空間（參見「訣竅 18.4，「移除全域類別」）和局部作用域。

 有一些語言提供名稱空間或模組，可讓你在特定的作用域內使用短名稱，以避免名稱衝突。

參閱

訣竅 19.3，「移除為了重複使用程式碼而設計的子類別」

19.7 將具體類別宣告為 final

問題

你的具體類別有子類別。

解決方案

將你的具體類別定義成 final。調整你的層次結構。

討論

具體類別不適合當成父類別,因為這違反 Liskov 替換原則(參見訣竅 19.1,「拆除深繼承」)。覆寫具體類別的方法一定不對,因為子類別應該是特殊化的類別。你要重構層次結構,並優先使用組合。葉類別(leaf class)應該是具體的,非葉類別應該是抽象的。

這是個 Stack 範例:

```
class Stack extends ArrayList {
    public void push(Object value) { ... }
    public Object pop() { ... }
}

// Stack 的行為與 ArrayList 不同,
// 除了 pop、push、top 之外,它也實作了(或覆寫了)
// get、set、add、remove 與 clear。
// Stack 元素可以任意存取,

// 兩個類別都是具體的。
```

兩者皆可繼承 Collection 類別:

```
abstract class Collection {
    public abstract int size();
}

final class Stack extends Collection {
    private Object[] contents;

    public Stack(int maxSize) {
      contents = new Object[maxSize];
```

```
    }
    public void push(Object value) { ... }
    public Object pop() { ... }
    public int size() {
        return contents.length;
    }
}

final class ArrayList extends Collection {
    private Object[] contents;

    public ArrayList(Object[] contents) {
        this.contents = contents;
    }
    public int size() {
        return contents.length;
    }
}
```

覆寫具體方法是明顯的問題。你可以在大多數的 linter 中強制執行這項原則（參見訣竅 5.2，「只將可變的東西宣告成變數」）。抽象類別只應該包含少量的具體方法。你可以設定一個門檻來尋找違規者。對初級開發者來說，定義非本質的子類別是明顯且誘人的第一選擇，但比較有經驗的開發者喜歡尋找使用組合的機會。組合是動態的、多元的、可插拔的、更容易測試和維護，且耦合程度比繼承更寬鬆。當實體符合「behaves-as-a」關係時，才能定義子分類（參見訣竅 19.4，「將『is-a』關係換成行為」）。定義子分類後，父類別必須是抽象的。

參閱

訣竅 19.3，「移除為了重複使用程式碼而設計的子類別」

參考資料

Wikipedia 的「Composition over Inheritance」（*https://oreil.ly/q9rcI*）

19.8 明確地定義類別繼承

問題

你的類別是抽象的（abstract）、最終的（final）或未定義的（undefined），但你沒有明確標記它們。

解決方案

如果你的程式語言有正確的工具，那麼你的類別若非 abstract，則為 final，且編譯器可以替你強制執行這些業務規則。

討論

為了重複使用程式碼而宣告子類別會帶來許多問題。你要將所有的葉類別宣告為 *final*，將其他類別宣告為 *abstract*。這些關鍵字也可以讓你的設計更明確。管理層次結構和組合是傑出的軟體設計師的主要任務，維持層次結構的健康度對促進內聚並避免耦合而言至關重要。

這些類別都沒有明確的 final 宣告：

```
public class Vehicle
{
    // 此類別非葉類別。因此它應該是 abstract。

    // 這是僅進行宣告，未定義 start 功能的抽象方法，
    // 因為不同的汽車有不同的啟動機制。
    abstract void start();
}

public class Car extends Vehicle
{
    // 此類別為葉類別。因此它應該是 final。
}

public class Motorcycle extends Vehicle
{
    // 此類別為葉類別。因此它應該是 final。
}
```

你可以藉著強制加上關鍵字來檢測層次結構問題：

```
abstract public class Vehicle
{
  // 此類別非葉類別。因此它必須是 abstract。

  // 這是僅進行宣告，未定義 start 功能的抽象方法，
  // 因為不同的汽車有不同的啟動機制。
  abstract void start();
}

final public class Car extends Vehicle
{
  // 此類別為葉類別。因此它是 final。
}

final public class Motorcycle extends Vehicle
{
  // 此類別為葉類別。因此它是 final。
}
```

檢查你的類別，將它們分為 abstract 或 final。兩個不同的具體類別絕對不能是彼此的子類別。

參閱

訣竅 12.3，「將只有一個子類別的類別重構」

訣竅 19.2，「拆開溜溜球層次結構」

訣竅 19.3，「移除為了重複使用程式碼而設計的子類別」

訣竅 19.11，「移除 protected 屬性」

參考資料

Ralph E. Johnson 與 Brian Foote 的「Designing Reusable Classes」（*https://oreil.ly/HigZu*）

19.9 遷移空類別

問題

你有一些類別沒有行為，但類別的用途是封裝行為。

解決方案

移除所有空類別。

討論

空類別違反對射，因為在現實中不存在無行為的物件。空類別的明顯例子包括沒必要的例外或中層（middle hierarchy）的類別，它們會污染名稱空間，你要刪除這些類別，並將它們換成物件。有很多開發者仍然認為類別是資料儲存體，並且將不同的行為與回傳不同的資料混為一談。

下面有一個空的 ShopItem 類別：

```
class ShopItem {
  code() { }
  description() { }
}

class BookItem extends ShopItem {
  code() { return 'book' }
  description() { return 'some book'}
}

// 具體類別沒有真正的行為，僅回傳不同的「資料」
```

這是重構它之後的樣子：

```
class ShopItem {
  constructor(code, description) {
    // 驗證 code 與 description
    this._code = code;
    this._description = description;
  }
  code() { return this._code }
  description() { return this._description }
```

```
    // 加入更多函式，以避免貧乏類別
    // getter 也是異味，所以你要進一步迭代
  }

  bookItem = new ShopItem('book', 'some book');
  // 建立更多項目
```

有一些 linter 會警告關於空類別的問題。你也可以使用 meta 程式（參見第 23 章「meta 程式」）來製作自己的指令碼。類別定義它們做的事情、它們的行為，但空類別什麼都沒做。

參閱

訣竅 3.1，「將貧乏物件轉換為豐富物件」

訣竅 3.6，「移除 DTO」

訣竅 12.3，「將只有一個子類別的類別重構」

訣竅 18.4，「移除全域類別」

訣竅 22.2，「移除沒必要的例外」

19.10 延遲過早子類別化

問題

你還沒有看到足夠的具體連結之前就定義了抽象。

解決方案

不要猜測你將來會遇到什麼。

討論

進行預測很難，尤其是預測未來。這個問題在軟體行業中經常出現。記住，錯誤的第一印象會導致不良的設計。等到具體案例出現時再進行抽象化，並等到有足夠的證據時再

進行重構。亞里斯多德式分類法在計算機科學領域中有很大的問題。軟體開發者往往在獲得足夠的知識和背景*之前*，就對事物進行分類和命名。你往往會在充分理解物件的行為、特性、需求或關係之前，就對物件進行分類。

看一下這個 Song 範例：

```
class Song {
  constructor(title, artist) {
    this.title = title;
    this.artist = artist;
  }

  play() {
    console.log(`Playing ${this.title} by ${this.artist}`);
  }
}
```

當你看到 classical song（古典音樂）時，你可能想要定義 Song 的子類別：

```
class ClassicalSong extends Song {
  constructor(title, artist, composer) {
    super(title, artist);
    this.composer = composer;
  }

  listenCarefully() {
    console.log(`I am listening to ${this.title} by ${this.composer}`);
  }
}

const goldberg = new ClassicalSong
    ("The Goldberg Variations", "Glenn Gould", "Bach");
```

後來又看到 pop song（流行音樂）：

```
class PopSong extends Song {
  constructor(title, artist, album) {
    super(title, artist);
    this.album = album;
  }

  danceWhileListening() {
    console.log(`I am dancing with ${this.title}`);
  }
```

```
      }

      const theTourist = new PopSong("The Tourist", "Radiohead", "OK, Computer");
```

你正在預測未來的音樂類型。將它們混合在一起會怎樣？

```
    class ClassicalPopSong extends ClassicalSong {
      constructor(title, artist, composer, album) {
        super(title, artist, composer);
        this.album = album;
      }

      danceWhileListening() {
        console.log(`${this.title} is a classical song with a pop twist`);
      }
    }

    const classicalPopSong = new ClassicalPopSong(
        "Popcorn Concerto", "Classical Pop Star", "Beethoven);
```

如果抽象類別只有一個子類別，這就意味著過早分類。在設計類別時，你應該在抽象概念出現時就為它命名，根據它的行為取一個好名字。在為具體子類別命名之前，不要為抽象類別命名。

參閱

訣竅 19.3，「移除為了重複使用程式碼而設計的子類別」

19.11 移除 protected 屬性

問題

在你的類別裡面有 protected 屬性。

解決方案

將屬性宣告為 private。

討論

protected 屬性

protected 屬性是只能在類別或它的子類別裡面存取的實例變數或類別屬性。protected 屬性可讓你在類別層次結構內限制某些資料的存取權限，同時仍然允許子類別讀取和修改該資料（如果有必要）。

protected 屬性非常適合用來封裝和控制針對屬性的存取，但它們經常是另一種問題的象徵。protected 屬性可以用來檢測為了重複使用程式碼而宣告子分類和違反 Liskov 替換原則（參見訣竅 19.1，「拆除深繼承」）的問題。與許多其他訣竅一樣，優先使用組合，不要將屬性子類別化（subclassify），並將行為提取到獨立的物件中。或者，如果語言支援，你可以使用 trait。

trait

trait 定義一組可被多個類別共享的特徵或行為。trait 基本上是一組可被不同的類別重複使用的方法，且它們不需要繼承同一個超類別。trait 這種程式碼重複使用機制比繼承更靈活，因為它可讓類別從多個來源繼承行為。

下面是一個 protected 屬性的例子：

```
abstract class ElectronicDevice {
    protected $battery;

    public function __construct(Battery $battery) {
        $this->battery = $battery; // battery 被所有設備繼承
    }
}

abstract class IDevice extends ElectronicDevice {
    protected $operatingSystem; // operating system 被所有設備繼承

    public function __construct(Battery $battery, OperatingSystem $ios) {
        $this->operatingSystem = $ios;
        parent::__construct($battery)
    }
}

final class IPad extends IDevice {
    public function __construct(Battery $battery, OperatingSystem $ios) {
```

```
            parent::__construct($battery, $ios)
    }
}

final class IPhone extends IDevice {
    private $phoneModule:

    public function __construct(Battery $battery,
                               OperatingSystem $ios,
                               PhoneModule $phoneModule) {
        $this->phoneModule = $phoneModule;
        parent::__construct($battery, $ios);
    }
}
```

這是重構後的樣子：

```
interface ElectronicDevice { }

interface PhoneCommunication { }

final class IPad implements ElectronicDevice {
    private $operatingSystem; // 屬性是重複的
    private $battery;
    // 如果你有太多重複的行為，你應該提取它們

    public function __construct(Battery $battery, OperatingSystem $ios) {
        $this->operatingSystem = $ios;
        $this->battery = $battery;
    }
}

final class IPhone implements ElectronicDevice, PhoneCommunication {
    private $phoneModule;
    private $operatingSystem;
    private $battery;

    public function __construct(Battery $battery,
                               OperatingSystem $ios,
                               PhoneModule $phoneModule) {
        $this->phoneModule = $phoneModule;
        $this->operatingSystem = $ios;
        $this->battery = $battery;
    }
}
```

在支援 protected 屬性的語言中，你可以透過制定規則或設定警告來避免它們。protected 屬性是另一種應謹慎使用的工具，只要它們出現就代表潛在的問題，你應該非常嚴謹地使用屬性和繼承。

參閱

訣竅 19.3，「移除為了重複使用程式碼而設計的子類別」

19.12 完成空實作

問題

在你的層次結構裡面有將來要實作的空方法，而且它們不會失敗。

解決方案

使用例外或可能的解決方案來完成方法。

討論

空方法違反快速失敗原則，因為它提供一個可動作的（但可能是錯誤的）解決方案。你應該丟出錯誤來指示實作尚未完成。建立空實作看起來沒什麼問題，而且它可以讓你轉而處理更感興趣的問題，但是你遺留下來的程式碼不會快速失敗，因此對它進行偵錯會是更大的問題。

這是一個空實作的例子：

```
class MerchantProcessor {
  processPayment(amount) {
    // 沒有預設的實作
  }
}
class MockMerchantProcessor extends MerchantProcessor {
  processPayment(amount) {
    // 為了與編譯器相容的空實作，
    // 不執行任何操作。
  }
}
```

這較具宣告性，而且會快速失敗：

```
class MerchantProcessor {
  processPayment(amount) {
    throw new Error('Should be overridden');
  }
}
class MockMerchantProcessor extends MerchantProcessor {
  processPayment(amount) {
    throw new Error('Will be implemented when needed');
  }
}
```

你也可以將它換成真實的實作：

```
class MockMerchantProcessor extends MerchantProcessor {
  processPayment(amount) {
    console.log('Mock payment processed: $${amount}');
  }
}
```

 由於空程式碼有時是合法的，只有優質的同儕復審才能找出這些問題。

雖然偷懶並延遲某些決策是可接受的，但你必須明確地陳述此事。

參閱

訣竅 20.4，「將 mock 換成真實物件」

訣竅 19.9，「遷移空類別」

## 第二十章

測試

使用再多的測試都無法證明軟體是正確的,但只要一個測試就可以證明軟體是錯誤的。

—— Amir Ghahrai

20.0 引言

過去的幾十年來,在沒有自動測試的情況下工作很有挑戰性,為了捕捉並修復軟體中的問題,開發者非常依賴手動測試和偵錯。手動測試需要設計一系列的測試並執行軟體,來檢查軟體的功能、效能與穩定性。這個過程既耗時且容易出現人為錯誤,因為測試者可能忽略某些場景或關鍵缺陷。

在沒有自動測試的情況下,開發者必須花費大量時間進行偵錯和修復問題,這可能會減緩開發過程,延遲新功能或更新的發布。在不同平台和環境中確保一致且可靠的結果也很難,開發者必須在各種作業系統、瀏覽器和硬體配置中手動測試軟體,這可能導致意外的缺陷和相容性問題。我們無法保證在解決問題或開發新功能之後,已知的場景不會再出問題。而最終使用者已習慣原本正常運作的功能突然失效。

如今,對優秀的開發者而言,編寫測試已經是一種必要的習慣了。一旦你為已經完成的功能寫好測試程式,你就可以隨時更改軟體。坊間有許多關於如何開發優秀程式碼的書籍和課程,但關於寫出好測試的資源卻不多。希望你能夠應用本章的訣竅。

20.1 測試私用方法

問題

你需要測試私用的方法。

解決方案

不要測試私用方法,而是要提取它們。

討論

許多開發者都曾經為提供高階功能的重要內部函式或方法寫過測試。不要直接測試這些方法,因為這會破壞方法的封裝,何況你不想要複製它,或將它設為 public。一般而言,不要為了進行測試而將方法公開,也不要使用 meta 程式來繞過這種保護(參見第 23 章「meta 程式」)。如果你的方法很簡單,那就無須測試它。如果你的方法很複雜,那就將它轉換成方法物件(參見訣竅 10.7,「提取方法,將它做成物件」)。不要將私用計算移到 helper 內(參見訣竅 7.2,「改名及拆開 helper 與工具程式」)或使用靜態方法(參見訣竅 18.2,「具體化靜態函式」)。

這個例子測試了光從很遠的星星到達這裡的時間:

```
final class Star {

  private $distanceInParsecs;

  public function timeForLightReachingUs() {
    return $this->convertDistanceInParsecsToLightYears($this->distanceInParsecs);
  }

  private function convertDistanceInParsecsToLightYears($distanceInParsecs) {
      return 3.26 * $distanceInParsecs;
      // 函式使用現成的參數。
      // 因為它可以存取私用的 $distanceInParsecs。
      // 這是另一個小跡象。

      // 你不能直接測試這個函式,因為它是私用的。
  }
}
```

這是建立 converter 之後的樣子：

```
final class Star {

  private $distanceInParsecs;

  public function timeToReachLightToUs() {
      return (new ParsecsToLightYearsConverter())
        ->convert($this->distanceInParsecs);
  }
}

final class ParsecsToLightYearsConverter {
  public function convert($distanceInParsecs) {
      return 3.26 * $distanceInParsecs;
  }
}

final class ParsecsToLightYearsConverterTest extends TestCase {
  public function testConvert0ParsecsReturns0LightYears() {
    $this->assertEquals(0, (new ParsecsToLightYearsConverter())->convert(0));
  }
      // 你可以加入很多測試並依賴這個物件，
      // 這樣就不需要測試 Star 的轉換，
      // 你還不能測試 Star 的 public timeToReachLightToUs()，
      // 這是簡化的場景。
}
```

你只會在一些單元測試框架裡找到 meta 程式濫用（參見第 23 章「meta 程式」）。在使用這個訣竅時，你都要選擇**方法物件**解決方案。

參閱

訣竅 7.2，「改名及拆開 helper 與工具程式」

訣竅 10.7，「提取方法，將它做成物件」

訣竅 18.2，「具體化靜態函式」

訣竅 23.1，「移除 meta 程式」

訣竅 23.2，「將匿名函式具體化」

參考資料

Should I Test Private Methods 網站（*https://oreil.ly/q37Tx*）

20.2 為斷言加入說明

問題

你有許多很好的斷言，並使用預設的說明來指示失敗，但沒有提到原因。

解決方案

在使用斷言時，提供具備宣告性且有意義的說明。

討論

當斷言失敗時，你需要迅速地瞭解為何失敗。加入資訊豐富的說明可以有效地避免浪費時間。你也可以加入一些解決問題的指南。它很適合用來取代程式碼內的註釋。你可以在斷言的說明中解釋為何你期望特定的結果，它反過來可幫助你做出明確的設計或實作決定。

這個例子比較兩個集合：

```
public function testNoNewStarsAppeared()
  {
     $expectedStars = $this->historicStarsOnFrame();
     $observedStars = $this->starsFromObservation();
     // 這兩句取得非常大的集合

     $this->assertEquals($expectedStars, $observedStars);
     // 如果出問題，你將很難進行偵錯
  }
```

這是為斷言加上說明的樣子：

```
public function testNoNewStarsAppeared(): void
  {
     $expectedStars = $this->historicStarsOnFrame();
     $observedStars = $this->starsFromObservation();
     // 這兩句取得非常大的集合
```

```
$newStars = array_diff($expectedStars, $observedStars);

$this->assertEquals($expectedStars, $observedStars,
    'There are new stars ' . print_r($newStars, true));
// 現在你可以透過清楚且具宣告性的訊息
// 確切地看到為何斷言失敗。
}
```

由於 assert (or assertTrue, assert.isTrue, Assert.True, assert_true, XCT AssertTrue, ASSERT_TRUE)、assertDescription (expect(true).toBe(false, 'mes sage'))、assertEquals("message", true, false) 與 ASSERT_EQ((true, false) << "message";)……等是具有不同參數數量的函式,你可以調整策略,採用具備有用訊息的版本。尊重斷言的讀者,尤其是因為……他可能是你自己!

參考資料

xUnit:廢棄斷言說明(*https://oreil.ly/0LRQ0*)

20.3 將 assertTrue 改為具體的斷言

問題

你在測試中針對布林值執行斷言。

解決方案

不要使用 assertTrue(),除非你在檢查一個布林。

討論

對布林值執行斷言會讓錯誤更難追蹤。每一個布林斷言都代表你有機會編寫更具體的斷言。你應該檢查能否把布林條件改寫得更好,並優先使用 assertEquals。對布林值進行斷言時,測試引擎無法提供太多幫助,它們只能告訴有東西失敗了,錯誤會更難追蹤。

這是對於布林相等條件的斷言：

```
final class RangeUnitTest extends TestCase {

    function testValidOffset() {
        $range = new Range(1, 1);
        $offset = $range->offset();
        $this->assertTrue(10 == $offset);
        // 沒有功能方面的本質性說明 :(
        // 由測試提供的非本質說明非常糟糕
    }
}
```

失敗時，單元測試框架將顯示：

```
1 Test, 1 failed
Failing asserting true matches expected false :(
() <-- no business description :(

<Click to see difference> - Two booleans
(and a diff comparator will show you two booleans)
```

這是一個更具描述性的斷言：

```
final class RangeUnitTest extends TestCase {

    function testValidOffset() {
        $range = new Range(1, 1);
        $offset = $range->offset();
        $this->assertEquals(10, $offset, 'All pages must have 10 as offset');
        // 預期的值一定是第一個參數
        // 你加入描述功能的本質性說明
        // 以補充測試提供的非本質說明
    }
}
```

失敗時，單元測試框架將顯示：

```
1 Test, 1 failed
Failing asserting 0 matches expected 10
All pages must have 10 as offset <-- business description

<Click to see difference>
(and a diff comparator will help you and it will be a great help
for complex objects like objects or jsons)
```

改進這段程式碼對計算沒有實際的好處，因為兩個運算式是等效的，然而，更具體的斷言檢查能讓軟體更容易維護，並且可以提升團隊合作效果。試著重新撰寫布林斷言可加快修復錯誤的速度。

參閱

訣竅 14.3，「具體化布林變數」

訣竅 14.12，「不要拿布林值來做比較」

20.4 將 mock 換成真實物件

問題

你的測試使用 mock 物件，而不是真實物件

解決方案

可能的話，將 mock 物件換成真實物件。

討論

mock 物件

mock 物件藉著模仿真實物件的行為來測試或模擬其行為。你可以用它來測試依賴其他軟體組件的組件，例如依賴外部 API 或程式庫的組件。

在測試行為時，mock 是強大的輔助工具，但是和許多其他工具一樣，它可能被濫用。mock 會增加非本質的複雜性，難以維護，而且會帶來虛假的安全感。你會發現你在真實物件和 mock 物件之間建立平行的解決方案，使程式更難維護。所以你只能 mock 非業務實體。

下面的範例 mock 一個業務物件：

```
class PaymentTest extends TestCase
{
    public function testProcessPaymentReturnsTrueOnSuccessfulPayment()
    {
        $paymentDetails = array(
            'amount'   => 123.99,
            'card_num' => '4111-1111-1111-1111',
            'exp_date' => '03/2013',
        );

        $payment = $this->getMockBuilder('Payment')
            ->setConstructorArgs(array())
            ->getMock();
        // 你不應該 mock 業務物件！

        $authorizeNet = new AuthorizeNetAIM(
            $payment::API_ID, $payment::TRANS_KEY);
        // 這是外部的和耦合的系統。
        // 你無法控制它，所以測試變得脆弱

        $paymentProcessResult = $payment->processPayment(
            $authorizeNet, $paymentDetails);

        $this->assertTrue($paymentProcessResult);
    }
}
```

你可以將業務 mock 換成真實物件，並 mock 外部依賴項目：

```
class PaymentTest extends TestCase
{
    public function testProcessPaymentReturnsTrueOnSuccessfulPayment()
    {
        $paymentDetails = array(
            'amount'   => 123.99,
            'card_num' => '4111-1111-1111-1111',
            'exp_date' => '03/2013',
        );

        $payment = new Payment(); // Payment 是真的

        $response = new \stdClass();
        $response->approved = true;
        $response->transaction_id = 123;
```

```
$authorizeNet = $this->getMockBuilder('\AuthorizeNetAIM')
    ->setConstructorArgs(array($payment::API_ID, $payment::TRANS_KEY))
    ->getMock();

// mock 外部系統

$authorizeNet->expects($this->once())
    ->method('authorizeAndCapture')
    ->will($this->returnValue($response));

$paymentProcessResult = $payment->processPayment(
    $authorizeNet, $paymentDetails);

$this->assertTrue($paymentProcessResult);
    }
}
```

這是一種架構模式。建立自動檢測規則將並不容易。你將發現 mock 非本質問題（序列化、資料庫、API）是避免耦合的好辦法。mock 是很棒的工具，和許多其他測試替身（double）一樣。

參閱

訣竅 19.12，「完成空實作」

20.5 將籠統的斷言精確化

問題

你的測試斷言太籠統了。

解決方案

測試斷言必須是精確的，不能過於模糊或具體。

討論

不要為了實現浮誇的覆蓋率而進行沒有太大用途的測試。籠統的斷言會帶來虛假的安全感。你應該檢查正確案例，對功能案例（functional case）進行斷言，避免測試實作細節。這是一個模糊的測試：

```
square = Square(5)

assert square.area() != 0
# 這會導致謊報，因為它並未覆蓋所有情況
```

這是較準確的測試：

```
square = Square(5)

assert square.area() = 25
# 斷言必須是精確的
```

你可以透過變異檢測（參見訣竅 5.1，「將 var 改為 const」）技術在測試中找到這些錯誤。你應該使用測試驅動開發（TDD）（參見訣竅 4.8，「移除非必要的屬性」）之類的開發技術，它要求提供具體的業務案例，並基於你的領域進行具體的斷言。

參閱

訣竅 20.4，「將 mock 換成真實物件」

訣竅 20.6，「刪除不穩定的測試」

20.6 刪除不穩定的測試

問題

你的測試不是確定性的。

解決方案

不要依賴你的測試無法控制的事物，例如外部資料庫或網路上的資源。如果你的測試會不規律地失敗，你必須修復它們。

討論

如果測試不是確定性的,你會失去信心,這會降低你的士氣。你可能會認為加入或執行測試是浪費時間。測試應該在環境完全受控之下進行(參見訣竅 18.5,「修改建立全域日期的程式碼」),不容許任何不穩定的行為和自由度。你要移除所有測試耦合。在許多組織中,脆弱、間歇性、零星(sporadic)或不穩定的測試很常見,它們會削弱開發者的信心。

不穩定的測試就是「對受測的環境或系統的變化太敏感」的測試。例如,測試可能由於底層硬體、網路連接或軟體依賴關係的變化而失敗。不穩定的測試可能變成問題,因為它們必須經常維護,且可能無法準確地反映系統的真實功能。

不穩定的測試(*flaky test*)

不穩定(*flaky*)或不規則(*erratic*)的測試會產生不一致或難以預測的結果。這類測試可能難以操作,因為它們會意外地成功或失敗,令人難以確定所測試的程式碼是否正確運作。

下面是一個不穩定的測試:

```
public abstract class SetTest {

    protected abstract Set<String> constructor();

    @Test
    public final void testAddEmpty() {
        Set<String> colors = this.constructor();
        colors.add("green");
        colors.add("blue");
        assertEquals("{green. blue}", colors.toString());
        // 脆弱的測試,因為它依賴集合的順序,
        // 而數學集合在定義上是無序的。
    }
}
```

這是一個較具確定性的例子:

```
public abstract class SetTest {

    protected abstract Set<String> constructor();

    @Test
    public final void testAddEmpty() {
```

```
        Set<String> colors = this.constructor();
        colors.add("green");
        assertEquals("{green}", colors.toString());
    }

    @Test
    public final void testEntryAtSingleEntry() {
        Set<String> colors = this.createFromArgs("red");
        Boolean redIsPresent = colors.contains("red");
        assertEquals(true, redIsPresent);
    }
}
```

你可以透過測試的執行數據來找出不穩定的測試。將一些測試納入維護對象相當困難，因為這樣做等於移除一張安全網。脆弱的測試揭露了系統的耦合和不確定或不規則的行為。開發者需要花費大量的時間和精力來對抗這些偽陽性。

參閱

訣竅 20.5，「將籠統的斷言精確化」

訣竅 20.12，「把依賴日期的測試改掉」

20.7　修改使用浮點數的斷言

問題

你有一些使用浮點數的斷言。

解決方案

不要比較浮點數。

討論

斷言兩個浮點數相等是很困難的問題。在測試程式中比較兩個浮點數時，可能會因為浮點數在電腦記憶體中的表示和儲存方式而引發一些問題。這些問題可能導致意外的測試結果，難以寫出可靠和準確的測試。

浮點數可能被四捨五入誤差影響。即使兩個算式應該產生相同的結果值，由於四捨五入誤差，它們最終可能產生稍微不同的結果，導致測試產生偽陰或偽陽結果。這可能讓測試變得脆弱。一般而言，除非你真的需要考慮效能，否則應避免使用浮點數，因為這是一種過早優化（參見第 16 章「過早優化」）。你可以使用任意精度的數字，而且如果你需要比較浮點數，你可以在進行比較時考慮誤差。比較浮點數是古老的計算機科學問題，解決方案通常是使用閾值比較（threshold comparison）。

這是一個比較兩個浮點數的例子：

```
Assert.assertEquals(0.0012f, 0.0012f); // 不建議使用
Assert.assertTrue(0.0012f == 0.0012f); // 不符合 JUnit 的異味
```

這是建議的做法：

```
float LargeThreshold = 0.0002f;
float SmallThreshold = 0.0001f;
Assert.assertEquals(0.0012f, 0.0014f, LargeThreshold); // true
Assert.assertEquals(0.0012f, 0.0014f, SmallThreshold); // false - 斷言失敗

Assert.assertEquals(12 / 10000, 12 / 10000); // true
Assert.assertEquals(12 / 10000, 14 / 10000); // false
```

你可以用測試框架的 assertEquals() 來檢查，以避免比較浮點數。務必避免比較浮點數。

參閱

訣竅 24.3，「將浮點數改成十進制數字」

20.8 將測試資料改為實際資料

問題

你讓測試程式使用假資料。

解決方案

盡量使用實際案例場景與真實資料。

討論

偽資料違反第 2 章定義的對射，會導致不良的測試用例，並讓程式更難讀。你應該使用真實資料，並在 MAPPER 中對映真實的實體和真實的資料。以前的開發者習慣使用偽領域資料，並使用抽象資料來測試。他們使用瀑布模型來開發，遠離實際使用者。隨著對射和 MAPPER 技術、領域導向設計和測試驅動開發的應用，使用者驗收測試已變得更加重要。

領域導向設計（*domain-driven design*）

領域導向設計著重讓軟體系統的設計與業務或問題領域保持一致，讓程式碼更具表達性、更容易維護，並與業務需求緊密綁定。

在使用敏捷方法時，你要使用真實世界的資料來測試。如果你在生產系統中發現錯誤，那就加入一個「使用真實資料來涵蓋那一個錯誤」的案例。

使用者驗收測試（*user acceptance testing*，UAT）

使用者驗收測試檢查軟體系統或應用程式是否滿足業務和使用者需求，以及是否準備好部署至生產環境。它包括一系列使用真實資料來進行的測試，並由最終使用者進行審查，以驗證軟體是否正確運作並滿足他們的需求和期望。

下面的測試使用非現實資料：

```python
class BookCartTestCase(unittest.TestCase):
    def setUp(self):
        self.cart = Cart()

    def test_add_book(self):
        self.cart.add_item('xxxxx', 3, 10)
        # 這不是真實的範例

        self.assertEqual(
            self.cart.total,
            30,
            msg='Book Cart total not correct after adding books')
        self.assertEqual(
            self.cart.items['xxxxx'],
            3,
            msg='Quantity of items not correct after adding book')
```

```
def test_remove_item(self):
    self.cart.add_item('fgdfhhfhhh', 3, 10)
    self.cart.remove_item('fgdfhhfhrhh', 2, 10)
    # 你有打字錯誤，因為範例不是真的
    self.assertEqual(
        self.cart.total,
        10,
        msg='Book Cart total not correct after removing book')
    self.assertEqual(
        self.cart.items['fgdfhhfhhh'],
        1,
        msg='Quantity of books not correct after removing book')
```

你可以使用訣竅 6.8，「將神祕數字換成常數」來避免範例中的打字錯誤。但你不應該將所有用例中的**所有**文本都換掉。下面是改用真實資料的測試：

```
class BookCartTestCase(unittest.TestCase):
    def setUp(self):
        self.cart = Cart()

    def test_add_book(self):
        self.cart.add_item('Harry Potter', 3, 10)

        self.assertEqual(
            self.cart.total,
            30,
            msg='Book Cart total not correct after adding books')
        self.assertEqual(
            self.cart.items['Harry Potter'],
            3,
            msg='Quantity of items not correct after adding book')

    # 你沒有重複使用相同的範例。
    # 而是使用新的真實書籍。
    def test_remove_item(self):
        self.cart.add_item('Divergent', 3, 10)
        self.cart.remove_item('Divergent', 2, 10)
        self.assertEqual(
            self.cart.total,
            10,
            msg='Book Cart total not correct after removing book')
        self.assertEqual(self.cart.items[
            'Divergent'],
            1,
            msg='Quantity of books not correct after removing book')
```

在現實的例子中，你仍然可能打錯字（例如「Devergent」），但你可以更早發現它們。閱讀測試程式是學習軟體如何工作的不二法門，務必將測試寫得非常清楚。

 在一些領域和一些法規之下，你可能無法使用真實資料，在這些情況下，使用有意義但匿名化的資料來進行模擬。

參閱

訣竅 8.5，「將註釋轉換成函式名稱」

參考資料

Wikipedia 的「Given-When-Then」（*https://oreil.ly/ttrjC*）

20.9 保護違反封裝的測試

問題

你有一些違反封裝的測試。

解決方案

不要只是為了在測試中使用一些方法而撰寫它們。

討論

有時你會為了支援測試而編寫程式，而且那些程式違反封裝，導致不良的介面，並引入沒必要的耦合。測試必須在完全受控的環境裡執行，如果你無法控制你的物件，那就有你不想看到的耦合，你要將它們解耦。

這是一個要測試的方法：

```
class Hangman {
    private $wordToGuess;
```

```php
    function __construct() {
        $this->wordToGuess = getRandomWord();
        // 測試對此沒有控制權
    }

    public function getWordToGuess(): string {
        return $this->wordToGuess;
        // 可惜你要透露這件事
    }
}

class HangmanTest extends TestCase {
    function test01WordIsGuessed() {
        $hangmanGame = new Hangman();
        $this->assertEquals('tests', $hangmanGame->wordToGuess());
        // 你如何確保單字被猜到？
    }
}
```

這是更好的做法：

```php
class Hangman {
    private $wordToGuess;

    function __construct(WordRandomizer $wordRandomizer) {
        $this->wordToGuess = $wordRandomizer->newRandomWord();
    }
    function wordWasGuessed() { }
    function play(char letter) { }
}

class MockRandomizer implements WordRandomizer {
    function newRandomWord(): string {
        return 'tests';
    }
}

class HangmanTest extends TestCase {
    function test01WordIsGuessed() {
        $hangmanGame = new Hangman(new MockRandomizer());
        // 你可以完全控制！
        $this->assertFalse($hangmanGame->wordWasGuessed());
        $hangmanGame->play('t');
        $this->assertFalse($hangmanGame->wordWasGuessed());
        $hangmanGame->play('e');
        $this->assertFalse($hangmanGame->wordWasGuessed());
```

```
        $hangmanGame->play('s');
        $this->assertTrue($hangmanGame->wordWasGuessed());
        // 你只測試行為
    }
}
```

這是一種設計異味。你可以檢測你是否需要一個只用來測試的方法。開箱測試是脆弱的，它們測試的是實作，而不是行為。

參閱

訣竅 3.3，「移除物件的 setter」

訣竅 20.6，「刪除不穩定的測試」

參考資料

Gerard Meszaros 的《*xUnit Test Patterns: Refactoring Test Code*》

20.10 移除不相關的測試資訊

問題

你的測試使用不相關的資料。

解決方案

不要在斷言中加入沒必要的資訊。

討論

不相關的資料會分散讀者的注意力，讓程式碼更難以閱讀和維護。你應該盡量刪除它們，只留下必要的斷言。測試應該是最精簡的，並遵守設定／執行測試／斷言（setup/exercise/assert）模式。

在下面的程式裡，你可以看到關於車型和顏色的不相關資料：

```python
def test_formula_1_race():
    # 設定
    racers = [
        {"name": "Lewis Hamilton",
         "team": "Mercedes",
         "starting_position": 1,
         "car_color": "Silver"},
        {"name": "Max Verstappen",
         "team": "Red Bull",
         "starting_position": 2,
         "car_color": "Red Bull"},
        {"name": "Sergio Perez",
         "team": "Red Bull",
         "starting_position": 3,
         "car_color": "Red Bull"},
        {"name": "Lando Norris",
         "team": "McLaren",
         "starting_position": 4,
         "car_color": "Papaya Orange"},
        {"name": "Valtteri Bottas",
         "team": "Mercedes",
         "starting_position": 5,
         "car_color": "Silver"}
    ]

    # 執行
    winner = simulate_formula_1_race(racers)

    # 測試
    assert winner == "Lewis Hamilton"

    # 這與 winner 斷言無關
    assert racers[0]["car_color"] == "Silver"
    assert racers[1]["car_color"] == "Red Bull"
    assert racers[2]["car_color"] == "Red Bull"
    assert racers[3]["car_color"] == "Papaya Orange"
    assert racers[4]["car_color"] == "Silver"
    assert racers[0]["car_model"] == "W12"
    assert racers[1]["car_model"] == "RB16B"
    assert racers[2]["car_model"] == "RB16B"
    assert racers[3]["car_model"] == "MCL35M"
    assert racers[4]["car_model"] == "W12"
```

下面的例子僅包含測試所需的資訊：

```
def test_formula_1_race():
    # 設定
    racers = [
        {"name": "Lewis Hamilton", "starting_position": 1},
        {"name": "Max Verstappen", "starting_position": 2},
        {"name": "Sergio Perez", "starting_position": 3},
        {"name": "Lando Norris", "starting_position": 4},
        {"name": "Valtteri Bottas" "starting_position": 5},
    ]

    # 執行
    winner = simulate_formula_1_race(racers)

    # 測試
    assert winner == "Lewis Hamilton"
```

你可以在不需要的斷言中找到一些模式。測試應該像一篇散文，你必須為讀者著想，他可能是你，幾個月之後的你。

參閱

訣竅 20.5，「將籠統的斷言精確化」

20.11 讓每一個合併請求都被測試程式覆蓋

問題

你有一些合併請求沒有被測試覆蓋。

解決方案

務必用相關的測試來覆蓋每一處程式碼變更。

討論

沒有被測試覆蓋的合併請求會降低整個系統的品質，讓它更難維護。當你需要進行更改時，請更新程式碼的即時規範（live specification）。你要編寫覆蓋程式碼的使用場景，

而不是在文件裡描述你的程式碼在做什麼。如果你改了一些沒有被測試覆蓋的程式碼，你要增加測試覆蓋。如果被你修改的程式碼已經被測試覆蓋了，你很幸運！現在你可以修改失效的測試。

下面是一個修改未被測試覆蓋的功能的例子：

```
export function sayHello(name: string): string {
  const lengthOfName = name.length;
- const salutation =
- `How are you ${name}?, I see your name has ${lengthOfName} letters!`;
+ const salutation =
+ `Hello ${name}, I see your name has ${lengthOfName} letters!`;
  return salutation;
}
```

這是加入所需的測試之後的樣子：

```
export function sayHello(name: string): string {
  const lengthOfName = name.length;
- const salutation = 'How are you ${name}?,'
- 'I see your name has ${lengthOfName} letters!';
+ const salutation = `Hello ${name},'
+ 'I see your name has ${lengthOfName} letters!';
  return salutation;
}
import { sayHello } from './hello';

test('given a name produces the expected greeting', () => {
  expect(sayHello('Alice')).toBe(
    'Hello Alice, I see your name has 6 letters!'
  );
});
```

有一個例外在於，如果你的程式碼和測試框架位於不同的版本庫中，你可能有不同的 pull request。測試覆蓋和功能程式碼一樣重要。測試系統是你的第一位使用者，也是最忠實的使用者，你一定要把它放在心上。

參閱

訣竅 8.5，「將註釋轉換成函式名稱」

20.12 把依賴日期的測試改掉

問題

你斷言不久之後會發生某事。

解決方案

測試必須在完全可控的環境中進行（參見訣竅 18.5，「修改建立全域日期的程式碼」），你無法管理時間，所以這類條件必須刪除。

討論

對固定日期進行斷言的測試是「非確定性測試」的特例。它們違反最少驚訝原則（參見訣竅 5.6，「凍結可變常數」），而且可能以意外的方式失敗，從而破壞 CI/CD 流水線。和往常一樣，測試應該處於完全可控的環境中。如果你加入固定的日期來檢查未來事件（例如移除功能旗標），測試將以不可預測的方式失敗、阻礙發布，也阻礙其他開發者提交他們的更改。此外還有其他不好的情況：到達特定日期、測試在午夜運行、不同的時區……等。

以下是針對固定日期的斷言：

```
class DateTest {
    @Test
    void testNoFeatureFlagsAfterFixedDate() {
        LocalDate fixedDate = LocalDate.of(2023, 4, 4);
        LocalDate currentDate = LocalDate.now();
        Assertions.assertTrue(currentDate.isBefore(fixedDate) ||
            !featureFlag.isOn());
    }
}
```

下面是移除日期依賴關係，並且只在條件為 true 時加入測試的寫法：

```
class DateTest {
    @Test
    void testNoFeatureFlags() {
        Assertions.assertFalse(featureFlag.isOn());
    }
}
```

你可以在測試中根據時間檢查斷言。但是在處理測試和日期時應謹慎行事，它們常常是錯誤的根源。

參閱

訣竅 20.6，「刪除不穩定的測試」

20.13 學習新程式語言

問題

你需要學習一種新程式語言，並用它來寫出「Hello World」程式。

解決方案

不要使用主控台之類的全域訪問（global access）來以錯誤的方式學習，而是要編寫失敗的測試並修正它。

討論

「Hello World」程式通常是初學者在開始程式設計之旅時學習的第一個指令。它使用主控台之類的全域訪問（參見第 18 章「全域變數」），而且無法測試結果是否正確，因為它有副作用（參見訣竅 5.7，「移除副作用」）。此外，你無法檢查解決方案能否持續運作，因為你沒有為它編寫自動化測試。

通常你的第一個指令是

```
console.log("Hello, World!");
```

你應該改成編寫這段程式：

```
function testFalse() {
  expect(false).toBe(true);
}
```

寫出失敗的測試之後，你就可以開始你的 TDD 之旅（參見訣竅 4.8，「移除非必要的屬性」），並開發令人讚嘆的軟體解決方案。

參考資料

The Hello World Collection（*https://oreil.ly/bmB6_*）

## 第二十一章

技術債

你可以將技術債想成機械設備的摩擦力。由於磨損、未潤滑或設計不良而導致的摩擦越多，設備就越難以移動，它必須消耗更多能量才能達到最初的效果。同時，摩擦是機械零件一起運作的必要條件，你無法完全消除它，只能降低它的影響力。

—— Philippe Kruchten、Robert Nord 與 Ipek Ozkaya，《*Managing Technical Debt: Reducing Friction in Software Development*》

21.0 引言

在軟體開發中，避免技術債非常重要。它會影響許多品質屬性，例如易讀性、易維護性、易擴展性、可靠性、長期成本、程式碼復審、合作、名聲和客戶滿意度。它會讓程式碼變得難以理解、修改和維護，進而降低生產力和士氣。儘早處理技術債可確保更高的程式碼品質、更好的系統擴展性和適應性，同時將故障和安全漏洞的風險最小化。藉著優先考慮 clean code 並將技術債降至最低，你可以提供可靠的軟體，促進有效的合作，維持好名聲，最終提高客戶滿意度並獲得商業成功。

軟體開發週期並不是在程式碼開始運作之後就結束了。在所有階段中，clean code 都要正確運作。當今設計一個可在生產階段創造優質程式碼的流程比以往任何時候都要重要，因為即使大多數的系統都是任務關鍵型的，你也能夠比以往任何時刻更快速地部署至生產環境。

技術債（*technical debt*）

技術債是指很糟的開發方法或設計決策導致軟體系統的維護和改進成本逐漸增加。就像財務上的債務會逐漸累積利息一樣，技術債會由於開發者抄捷徑、在設計上妥協，或未充分解決碼庫的問題而逐漸累積。最終導致需要支付的利息超過最初的資本。

21.1 移除依賴生產環境的程式碼

問題

你的程式在生產階段以不同的方式運作。

解決方案

不要為生產環境加入 if 檢查，並避免加入關於生產環境的條件式。

討論

依賴生產環境的程式碼違反快速失敗原則，因為在執行程式碼之前，它不會在生產環境以外的環境失敗。它也難以測試，除非你可以模擬生產環境。如果依賴生產環境的程式碼對你來說是絕對必要的，你可以建立環境模型並測試它們全部。有時，你需要在開發環境和生產環境中建立不同的行為，例如密碼的強度，在這種情況下，你要用強力策略（strength strategy）來配置環境並測試該策略，而不是測試環境本身。

這段程式依賴寫死的全域常數：

```
def send_welcome_email(email_address, environment):
  if ENVIRONMENT_NAME == "production":
    print("Sending a welcome email to {email_address} "
        "from Bob Builder <bob@builder.com>")
  else:
    print("Emails are sent only on production")

send_welcome_email("john@doe.com", "development")
# 未發生任何事。Email 只在生產環境中寄出。
```

```
send_welcome_email("john@doe.com", "production")
# 從 Bob Builder <bob@builder.com>
# 寄一封歡迎郵件給 john@doe.com
```

你可以明確地展示這些更改，就像這個使用訣竅 14.1，「將非本質的 if 換成多型」的例子一樣，以移除非本質的 if：

```
class ProductionEnvironment:
  FROM_EMAIL = "Bob Builder <bob@builder.com>"

class DevelopmentEnvironment:
  FROM_EMAIL = "Bob Builder Development <bob@builder.com>"

# 你可以對環境進行單元測試
# 甚至實作不同的傳送機制

def send_welcome_email(email_address, environment):
  print("Sending a welcome email to {email_address}"
      " from {environment.FROM_EMAIL}")
  # 你可以委託給一個偽 sender（可能還有 logger）
  # 並對它進行單元測試

send_welcome_email("john@doe.com", DevelopmentEnvironment())
# 從 Bob Builder <bob@builder.com>
# 寄 email 給 john@doe.com

send_welcome_email("john@doe.com", ProductionEnvironment())
# 從 Bob Builder <bob@builder.com>
# 寄一封歡迎郵件給 john@doe.com
```

你要建立空的開發 / 生產組態，並使用可自訂的多型物件來委託它們。不要加入無法測試的條件式，而是要建立組態配置以委託業務規則。使用抽象、協定和介面，並避免死硬的層次結構。

參閱

訣竅 23.3，「移除預處理指令」

21.2 移除缺陷追蹤紀錄

問題

你使用缺陷追蹤紀錄來管理已知問題。

解決方案

每一套軟體都有一份已知的缺陷清單。請試著修復缺陷，不要追蹤它們。

討論

缺陷追蹤紀錄是難以追蹤的清單，它會產生技術債和功能債。不要將這些缺陷稱為 bug（參見訣竅 2.8，「唯一的軟體設計原則」）。重現（reproduce）缺陷，使用測試程式來覆蓋情境，然後直接修復它們（甚至將解決方案寫死），最後，在必要時重構解決方案。這就是 TDD（參見訣竅 4.8，「移除非必要的屬性」）的做法。很多開發者不喜歡被中斷，所以他們會建立清單，並延後修復和編寫解決方案。但這是更大問題的徵兆，因為軟體必須能夠輕鬆地修改才對。如果你發現自己必須依賴「To-Fix」清單才能快速地修復和更正程式，這意味著你要改進軟體開發流程。

下面的程式記錄了缺陷：

```
function divide($numerator, $denominator) {
  return $numerator / $denominator;
  // FIXME denominator 值可能是 0
  // TODO 將函式改名
}
```

如果你立刻處理它，它會變成這樣：

```
function integerDivide($numerator, $denominator) {
  if ($denominator == 0) {
    throw new DivideByZeroException();
  }
  return $numerator / $denominator;
}

// 你還清了債務
```

從工程的角度來看，問題追蹤紀錄是不應該使用。當然，客戶需要追蹤他們的發現，而且你要盡快解決它們，所以，你可以使用客戶關係追蹤工具。

參閱

訣竅 21.4，「預防和刪除 ToDo 和 FixMe」

參考資料

Wikipedia 的「List of Software Bugs」（*https://oreil.ly/h3pY2*）

21.3 移除 Warning/Strict Off

問題

你在生產環境裡將警告關閉。

解決方案

編譯器和警告燈是為了幫助你而存在的，不要漠視它們。始終開啟它們，即使在生產環境中也是如此。

討論

如果你漠視警告，你會錯過錯誤及其造成的漣漪效應，進而違反快速失敗的原則（參見第 13 章「快速失敗」）。這個問題的解決辦法是啟用所有警告，並在生產環境中啟用前提條件（precondition）和斷言，以遵循「按合約設計」方法（參見訣竅 13.2，「強制執行前提條件」）。

下面將警告關閉：

```
undefinedVariable = 310;
console.log(undefinedVariable); // 輸出：310

delete x; // 沒有錯誤，你可以刪除 undefinedVariable
```

當你啟用 strict 模式時：

```
'use strict'

undefinedVariable = 310;
console.log(undefinedVariable); // undefinedVariable 未定義

delete undefinedVariable ; // 在 strict 模式下刪除未定義的代號
```

多數語言都有警告等級。你應該將大多數的警告打開，並執行 linter，來以靜態的方式
分析程式碼的潛在問題，如果你忽略警告並繼續執行程式碼，它遲早會失敗。如果軟體
以後才失敗，你將更難找出根本原因，缺陷可能位於距離崩潰處很遠的第一個警告訊息
附近。如果你遵守破窗理論，你不會允許任何警告的存在，如此一來，新問題就不會隱
藏在被你漠視的警告訊息海裡。

破窗理論（*broken windows theory*）

破窗理論指出看似微不足道的小問題或缺陷可能導致更大的問題和更嚴
重的後果。如果開發者發現了程式中的小問題，卻因為有其他窗戶已經被
打破了而選擇忽略它，可能導致在開發過程中漫不經心且不關注細節的
文化。

參閱

訣竅 15.1，「建立 null 物件」

訣竅 17.7，「移除選用的參數」

參考資料

Adam D. Scott 等人合著《*JavaScript Cookbook*》第 3 版的〈Using Strict Mode to Catch
Common Mistakes〉

Joseph Edmonds 與 Lorna Jane Mitchell 合著的《*The Art of Modern PHP 8*》

21.4 預防和刪除 ToDo 和 FixMe

問題

你在程式碼中插入 ToDo 或 FixMe，增加了技術債。

解決方案

不要在你的程式碼裡留下 ToDo。修正它們！

討論

務必盡量減少技術債（就像任何其他債務一樣）。在程式中加入 ToDo 和 FixMe 不是好辦法。你要處理這個債務，否則最終會開始背上技術債，很可能要連本帶利支付，幾個月後，你支付的利息將超過最初的債務。

在這段程式裡有未來才要實作的 ToDo：

```
public class Door
{
    private Boolean isOpened;

    public Door(boolean isOpened)
    {
        this.isOpened = isOpened;
    }

    public void openDoor()
    {
        this.isOpened = true;
    }

    public void closeDoor()
    {
        // TODO: 實作 close door 並覆蓋它
    }
}
```

你應該立即處理它，以避免技術債：

```
public class Door
{
    private Boolean isOpened;

    public Door(boolean isOpened)
    {
        this.isOpened = isOpened;
    }

    public void openDoor()
    {
        this.isOpened = true;
    }

    public void closeDoor()
    {
        this.isOpened = false;
    }
}
```

你可以統計 ToDo 的數量，大多數的 lint 工具都可以做這件事，你也可以建立自己的工具。然後制定內規來減少它們。如果你正在使用 TDD（參見訣竅 4.8，「移除非必要的屬性」），你應該編寫缺少的失敗測試，而不是 ToDo，然後立即實作它。在 TDD 的背景中，ToDo 只有在你進行深度優先開發並且需要記住需要訪問的開放路徑時才能使用。

參閱

訣竅 9.6，「修復破窗」

訣竅 21.2，「移除缺陷追蹤紀錄」

## 第二十二章

例外

優化妨礙演進。一切皆應由上而下建立，但初次建立時除外。應化繁為簡，而
非由簡入繁。

—— Alan Perlis

22.0 引言

例外是一種了不起的機制，它可以將好用例與錯誤分開，並優雅地處理後者，使程式碼
更簡潔。可惜的是，有一些時髦的語言，例如 Go，在提早優化的名義下，採用舊的回
傳碼（return code）機制，迫使人們使用許多 if 條件式（已被許多開發者遺忘），且只
提供高階的萬能型例外處理程式（handler）。

例外是將良好路徑與特殊情況分開的最佳工具，即使在無法預見的情況之下亦然。它們
可以帶來良好的流程控制與實現快速失敗。然而，你依然要仔細地規劃和適當地處理它
們，以確保它們發揮效用，並避免潛在的問題。

22.1 移除空例外區塊

問題

你有忽略某些例外的程式碼。

解決方案

不要忽略例外。處理它們。

討論

「On Error Resume Next」在幾年前是非常普遍的做法，它違反快速失敗原則（參見第 13 章「快速失敗」），而且會產生漣漪效應。你應該捕捉例外並明確地處理它。這是一個忽視例外的例子：

```python
import logging

def send_email():
  print("Sending email")
  raise ConnectionError("Oops")

try:
  send_email()
except:
  # 別這樣做
pass
```

這是處理它們時的樣子：

```python
import logging

logger logging.getLogger(__name__)
try:
  send_email()
except ConnectionError as exception:
  logger.error("Cannot send email {exception}")
```

很許多 linter 都可以警告有空的例外區塊。如果在任何合理的情況下，你需要跳過並忽略例外，你要明確地記錄它。做好處理錯誤的準備。即使你決定什麼都不做，你也要明確地表達這項決定。

參閱

訣竅 22.8，「縮短處理例外的 try 區塊」

「on-error-resume-next」程式包（*https://oreil.ly/RpM9N*）

22.2 移除沒必要的例外

問題

你有空的例外。

解決方案

使用很多不同的例外是好事，例外可以讓程式碼更有宣告性且更穩健，但不要建立貧乏的與空的物件，即使它們是例外。

討論

空例外是一種過度設計的徵兆，它會引起名稱空間污染。你只能在新例外的行為與現有例外不一樣的時候建立它。使用物件來建立例外模型，對懶惰的程式設計師來說，類別是危險的陷阱。

這段程式有許多空例外：

```
public class FileReader {

    public static void main(String[] args) {
        FileReader file = null;

        try {
            file = new FileReader("source.txt");
            file.read();
        }
        catch(FileDoesNotExistException e) {
            e.printStackTrace();
        }
        catch(FileLockedException e) {
            e.printStackTrace();
        }
        catch(FilePermissionsException e) {
            e.printStackTrace();
```

```
        }
        catch(Exception e) {
            e.printStackTrace();
        }
        finally {
            try {
                file.close();
            }
            catch(CannotCloseFileException e) {
                e.printStackTrace();
            }
        }
    }
}
```

這樣寫比較簡潔：

```
public class FileReader {

    public static void main(String[] args) {
        FileReader file = null;

        try {
            file = new FileReader("source.txt");
            file.read();
        }
        catch(FileException exception) {
            if (exception.description ==
                (this.expectedMessages().errorDescriptionFileTemporaryLocked() {
                // 休眠並重試
                // 如果行為與所有例外一樣
                // 僅在建立物件時改變文字
                // 並引發錯誤實例
            }
            this.showErrorToUser(exception.messageToUser());
             // 這是簡化的例子
             // 你應該翻譯文字
        }
        finally {
            try {
                file.close();
            } catch (IOException ioException) {
                ioException.printStackTrace();
            }
        }
    }
}
```

新例外應覆寫行為方法，程式碼（*code*）、描述（*description*）、可恢復性（*resumable*）……與行為無關。你不會為了讓每一個 Person 實例回傳不同的名稱，而幫它們分別建立不同的類別，那又為什麼在使用例外時做這種事情？你每隔多久會捕捉一個特定的例外？好好檢查你的程式碼。它真的需要做成類別嗎？你已經與該類別耦合在一起了。改成與 description 耦合。例外實例**不**應該是單例。

參閱

訣竅 3.1，「將貧乏物件轉換為豐富物件」

訣竅 19.9，「遷移空類別」

22.3　將代表預期情況的例外改掉

問題

你將預期的、有效的業務情況寫成例外。

解決方案

不要用例外來建構控制流程。

討論

例外就像 GoTo 與旗標（參見訣竅 18.3，「將 GoTo 換成結構化的程式碼」）。在正常情況中使用它們會讓程式更難讀，並違反最少驚訝原則（參見訣竅 5.6，「凍結可變常數」）。例外只能用來描述意外的情況，它只能用來處理違約（參見訣竅 13.2，「強制實行前提條件」）。

這是一個用邊界條件來中斷的無窮迴圈：

```
try {
    for (int index = 0;; index++)
        array[i]++;
    } catch (ArrayIndexOutOfBoundsException exception) {}

// 沒有結束條件的無窮迴圈
```

這種寫法較具宣告性，因為到達迴圈結尾是可預期的情況：

```
for (int index = 0; index < array.length; index++)
        array[index]++;

// index < array.length 中斷執行
```

這是一種語義異味。除非你使用機器學習 linter（參見訣竅 5.2，「只將可變的東西宣告成變數」），否則很難找到錯誤。例外很方便，你一定要用它們，而不是使用回傳碼。正確的用法和不正確的用法之間的界限，就像很多設計原則一樣模糊。

參閱

訣竅 22.2，「移除沒必要的例外」

訣竅 22.5，「將回傳碼換成例外」

參考資料

C2 Wiki 的「Don't Use Exceptions for Flow Control」（*https://oreil.ly/8frWT*）

DZone 的「Why You Should Avoid Using Exceptions as the Control Flow in Java」（*https://oreil.ly/q00Ep*）

22.4　改寫嵌套的 try/catch

問題

你有很多嵌套的 try/catch。

解決方案

不要嵌套例外。在內部區塊中很難追蹤你在做什麼。將處理機制提取到不同的類別或函式中。

討論

例外很適合用來將快樂路徑（happy path）與錯誤路徑分開。但太複雜的解決方案會讓
程式更難讀。下面有一些嵌套的 try/catch：

```
try {
    transaction.commit();
} catch (exception) {
    logerror(exception);
    if (exception instanceOf DBError) {
      try {
          transaction.rollback();
      } catch (e) {
          doMoreLoggingRollbackFailed(e);
      }
    }
}

// 嵌套的 try catch
// 例外情況比快樂路徑更重要
// 你使用例外來建構控制流程
```

你可以這樣重寫它們：

```
try {
    transaction.commit();
} catch (transactionError) {
    this.handleTransactionError(
        transationError, transaction);
}

// 這個函式未定義 transaction error 策略，
// 所以你沒有重複的程式碼，且程式更易讀，
// 你讓 transaction 和 error 決定該怎麼做
```

你可以用解析樹來檢測這個異味。別濫用例外，不要建立永遠不會被抓到的例外類別，
也不要為每一種情況做好準備（除非你有良好的實際場景並且有覆蓋它的測試）。快樂
路徑始終比例外情況更重要。

參閱

訣竅 22.2，「移除沒必要的例外」

訣竅 22.3，「將代表預期情況的例外改掉」

參考資料

BeginnersBook 的「Nested Try Catch Block in Java – Exception Handling」(*https://oreil. ly/W4r5H*)

22.5 將回傳碼換成例外

問題

你使用回傳碼而不是例外。

解決方案

不要回傳代碼給自己。發出例外。

討論

API 和低階語言使用回傳碼而不是例外。回傳碼會帶來沒必要的 if 和 switch 條件,污染良好的程式碼和業務邏輯,它們也會增加非本質複雜性,以及容易過時的紀錄。你可以改變 if,回傳通用例外,將快樂路徑和例外路徑分開。

這是使用回傳碼的程式碼:

```
function createSomething(arguments) {
    // 創造魔術
    success = false;   // 你無法建立
    if (!success) {
        return {
            object: null,
            httpCode: 403,
            errorDescription: 'You don't have permission to create...'
        };
    }

    return {
        object: createdObject,
        httpCode: 201,
        errorDescription: ''
    };
```

```
    }
    var myObject = createSomething('argument');
    if (myObject.errorCode !== 201) {
        console.log(myObject.httpCode + ' ' + myObject.errorDescription)
    }
    // myObject 未持有 My Object，而是一個
    // 基於實作的非本質輔助物件
    // 從現在開始你要記得這件事
```

這段程式明確地進行檢查：

```
    function createSomething(arguments) {
        // 創造魔術
        success = false; // 你無法建立
        if (!success) {
            throw new Error('You don't have permission to create...');
        }

        return createdObject;
    }

    try {
        var myObject = createSomething('argument');
        // 沒有 if，只有快樂路徑
    } catch (exception) {
        // 處理它！
        console.log(exception.message);
    }
    // myObject 持有我期望的物件
```

你可以教導 linter 辨識與「if 條件」和「回傳碼檢查」耦合的整數和字串回傳模式。有一個例外是，你應該使用 ID 和代碼作為外部的代號，它們在你和外部系統互動時（例如 REST API）很有用。不要在你自己的系統或內部 API 中使用它們。你應該建立和引發通用的例外，當你準備好處理特定的例外，而且它們有專門的行為時，再建立例外。不要建立貧乏的例外，不要使用「喜歡使用回傳碼的不成熟及過早優化語言」（*https:// oreil.ly/Ea2ev*）（參見第 16 章「過早優化」）。

參閱

訣竅 22.2，「移除沒必要的例外」

參考資料

Nicole Carpenter 的「Clean Code: Chapter 7 - Error Handling」(*https://oreil.ly/KmT1Q*)

22.6 改寫例外箭形程式碼

問題

你使用層層堆疊的箭形程式碼來處理例外。

解決方案

不要層層堆疊例外。

討論

箭形碼是一種異味（參見訣竅 14.8，「改寫箭形條件式」），充斥大量的例外是另一種異味，它們是讓程式更難讀且更複雜的致命組合。你可以改寫嵌套的子句。下面的例子有一系列的例外：

```
class QuotesSaver {
    public void Save(string filename) {
        if (FileSystem.IsPathValid(filename)) {
            if (FileSystem.ParentDirectoryExists(filename)) {
                if (!FileSystem.Exists(filename)) {
                    this.SaveOnValidFilename(filename);
                } else {
                    throw new IOException("File exists: " + filename);
                }
            } else {
                throw new IOException("Parent directory missing at " + filename);
            }
        } else {
            throw new IllegalArgumentException("Invalid path " + filename);
        }
    }
}
```

這是較易讀的版本：

```
public class QuotesSaver {
    public void Save(string filename) {
        if (!FileSystem.IsPathValid(filename)) {
            throw new ArgumentException("Invalid path " + filename);
        } else if (!FileSystem.ParentDirectoryExists(filename)) {
            throw new IOException("Parent directory missing at " + filename);
        } else if (FileSystem.Exists(filename)) {
            throw new IOException("File exists: " + filename);
        }
        this.SaveOnValidFilename(filename);
    }
}
```

例外的重要性不如正常的情況。如果需要閱讀的例外程式比正常程式更多，代表你要改進程式碼了。

參閱

訣竅 14.10，「改寫嵌套的箭形程式碼」

訣竅 22.2，「移除沒必要的例外」

22.7 隱藏低階錯誤不讓最終使用者看到

問題

你讓最終使用者看到低階訊息。

解決方案

捕捉你的錯誤，就算它們是你沒有想到會出現的錯誤。

討論

你曾經在網站上看過這樣的訊息嗎？

'Fatal error:Uncaught Error:Class 'logs_queries_web' not found in /var/www/html/query-line.php:78 Stack trace: #0 {main} thrown in /var/www/html/query-line.php on line 718'

這是糟糕的錯誤處理方式，可能導致安全問題。這也是糟糕的使用者體驗。無論如何，你都要使用頂層的處理常式，並且避免使用愛用回傳碼的語言（請參見訣竅 22.5，「將回傳碼換成例外」）。將程式碼部署到生產環境之前，你應該先做好以後會有資料庫和低階錯誤需要測試的打算。即使是現在，「正經」的網站被普通用戶看到偵錯訊息或堆疊追蹤的案例也不罕見。

這是被使用者看到的堆疊追蹤：

```
Fatal error:Uncaught Error:Class 'MyClass'
not found in /nstest/src/Container.php:9
```

這是安裝了頂層錯誤處理函式之後的情況：

```
// 使用者定義的例外處理函式
function myException($exception) {
    logError($exception->description())
    // 你沒有顯示 Exception 給最終使用者看到
    // 這是商業決策
    // 你也可以顯示普通的使用者訊息
}

// 設定使用者定義的例外處理函式
set_exception_handler("myException");
```

你可以使用變異檢測（參見訣竅 5.1，「將 var 改為 const」）來模擬問題，看看它們是否被正確處理。為了維護你這位嚴謹的軟體工程師的名聲，千萬不要草率地編寫解決方案。

參閱

訣竅 22.5，「將回傳碼換成例外」

22.8 縮短處理例外的 try 區塊

問題

你有許多處理例外的 try。

解決方案

在處理錯誤時，應盡量具體。

討論

例外很方便，但為了實現快速失敗原則，它們的作用域應該是窄的，以避免漏掉錯誤和偽陰性。你應該處理盡可能窄的區段以縮小例外處理程式的範圍，並遵守「早丟出、晚捕捉」原則。

這是寬的 try：

```
import calendar, datetime
try:
    birthYear= input('Birth year:')
    birthMonth= input('Birth month:')
    birthDay= input('Birth day:')
    # 你沒有預期上述的程式碼會失敗
    print(datetime.date(int(birthYear), int(birthMonth), int(birthDay)))
except ValueError as e:
    if str(e) == 'month must be in 1..12':
        print('Month ' + str(birthMonth) +
            ' is out of range. The month must be a number in 1...12')
    elif str(e) == 'year {0} is out of range'.format(birthYear):
        print('Year ' + str(birthYear) +
            ' is out of range. The year must be a number in ' +
            str(datetime.MINYEAR) + '...' + str(datetime.MAXYEAR))
    elif str(e) == 'day is out of range for month':
        print('Day ' + str(birthDay) +
            ' is out of range. The day must be a number in 1...' +
            str(calendar.monthrange(birthYear, birthMonth)))
```

這是將 try 區塊變窄的樣子：

```
import calendar, datetime

# 你可能加入專門的 try 來處理
# 以下 3 個陳述式的錯誤

birthYear= input('Birth year:')
birthMonth= input('Birth month:')
birthDay= input('Birth day:')
# try 的作用域應該是窄的
try:
    print(datetime.date(int(birthYear), int(birthMonth), int(birthDay)))
except ValueError as e:
    if str(e) == 'month must be in 1..12':
        print('Month ' + str(birthMonth) + ' is out of range. '
            'The month must be a number in 1...12')
    elif str(e) == 'year {0} is out of range'.format(birthYear):
        print('Year ' + str(birthYear) + ' is out of range. '
            'The year must be a number in ' +
            str(datetime.MINYEAR) + '...' + str(datetime.MAXYEAR))
    elif str(e) == 'day is out of range for month':
        print('Day ' + str(birthDay) + ' is out of range. '
            'The day must be a number in 1...' +
            str(calendar.monthrange(birthYear, birthMonth)))
```

如果你有夠好的測試套件，你可以執行變異檢測（參見訣竅 5.1，「將 var 改為 const」）
來讓例外的作用域盡量窄。你必須以最精確方式發出例外。

早丟出、晚捕捉（*throw early and catch late*）

早丟出、晚捕捉強調在程式碼中儘早檢測並處理錯誤或例外，將實際的
處理或報告延遲到更高層或更適當的背景環境進行。你應該盡量延遲，在
具備更多背景資訊的地方處理錯誤，而不是根據不完整的資訊來進行片面
的決策。

參閱

訣竅 22.2，「移除沒必要的例外」

訣竅 22.3，「將代表預期情況的例外改掉」

meta 程式

軟體和熵一樣，它們都難以理解，無重量，並滿足熱力學第二定律：它會一直
增加。

—— Norman Augustine

23.0 引言

meta 程式是能夠在執行期進行操作、生成和修改程式碼的程式語言。這是一個迷人的
領域，當你剛認識它的時候，你會認為它是能夠解決每一種問題的工具，但它不是銀彈
（參見訣竅 4.1，「建立小物件」），也不是白吃的午餐。它令人覺得就像在施展魔法，
這就是你不該使用它的主要原因。

meta 程式會讓人經歷一段類似遇到設計模式時的心路歷程，

1. 你知道它。
2. 你尚未完全理解它。
3. 你深入研究它。
4. 你掌握它。
5. 你發現它似乎適用於任何地方。
6. 你濫用它（參見訣竅 12.5，「移除設計模式濫用」），認為它是全新的犀利銀彈（參
    見訣竅 4.1，「建立小物件」）。
7. 你學會避免它。

23.1 移除 meta 程式

問題

你使用 meta 程式。

解決方案

修改使用 meta 程式的地方，優先考慮直接處理。

討論

當你使用 meta 程式時，你就是在談論 meta 語言和使用 meta 模型，這是在問題領域內的物件之上進行談論，因而增加一層抽象。這一層額外抽象可讓你使用更高階的語言來思考不同的現實實體之間的關係，但如此一來，你就破壞了必須用來觀察現實世界的對射關係，因為在現實世界裡沒有模型或 meta 模型，只有你所談論的業務實體。當你解決現實生活的業務問題時，你很難為 meta 實體的參考做出合理的解釋，因為這種 meta 實體不存在（見圖 23-1），這意味著你沒有忠於那條唯一規則：使用介於物件和現實之間的對射。

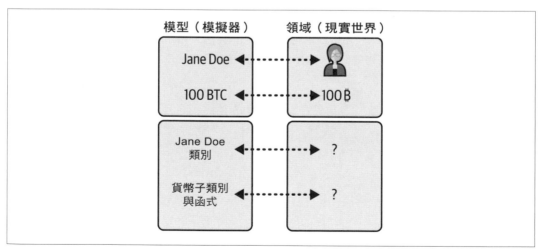

圖 23-1　meta 模型在現實世界不存在

你很難合理地解釋這些額外物件的存在，以及在現實世界中不存在的職責。開閉原則是最重要的設計原則之一，它是 SOLID 設計定義的一部分（參見訣竅 19.1，「拆除深繼承」）。這條黃金原則指出，模型必須對擴展開放，對修改關閉。

這條原則仍然是正確的，你也應該試著在模型中強調它。然而，在許多實作中，你會發現讓這些模型開放的手段是藉著定義子類別來打開大門。

作為一種擴展實作，這個機制乍看之下非常穩健，但它會產生耦合。連結「取得可能案例之處」的定義會出現對於類別及其子類別的參考，它是可能動態變化（擴展）的部分。

下面是一個多型 parser 層次結構：

```java
public abstract class Parser {
    public abstract boolean canHandle(String data);
    public abstract void handle();
}

public class XMLParser extends Parser {
    public static boolean canHandle(String data) {
        return data.startsWith("<xml>");
    }
    public void handle() {
        System.out.println("Handling XML data...");
    }
}

public class JSONParser extends Parser {
    public static boolean canHandle(String data) {
        try {
            new JSONObject(data);
            return true;
        } catch (JSONException e) {
            return false;
        }
    }
    public void handle() {
        System.out.println("Handling JSON data...");
    }
}

public class CSVParser extends Parser {
    public static boolean canHandle(String data) {
        return data.contains(",");
    }
}
```

```
    public void handle() {
        System.out.println("Handling CSV data...");
    }
}
```

演算法要求 Parser 類別解釋特定內容，做法是將工作委託給它的所有其子類別，直到其中一個子類別確定它們能夠解釋它，並負責執行該職責。這個機制是責任鏈設計模式的特例。

 責任鏈（*chain of responsibility*）

責任鏈可讓多個物件以類似鏈條的方式處理請求，但不知道處理該請求的具體物件是哪一個。這種模式會將請求傳給一系列的處理程式，直到其中一個處理該請求，或將請求傳至鏈條末端。注意，鏈條裡的連結是互相解耦的。

然而，這個模式有幾個缺點：

- 導致對於 Parser 類別的依賴，它是這個責任的入口（參見「訣竅 18.4，「移除全域類別」）。

- 它透過 meta 程式設計來使用子類別，由於沒有直接的參考，它們的使用和參考不明顯。

- 由於沒有明顯的參考和使用，你無法直接進行重構；你很難知道所有的使用情況並避免進行非本質的刪除。

上述問題是所有開放（open-box）框架的共同問題。其中最有名且最受歡迎的框架是 xUnit（*https://oreil.ly/Yp1R5*）家族及其衍生產品。類別是全域變數，因此產生耦合，所以不是開放模型的最佳方式。我們來看一個例子，它展示如何使用開閉原則來以宣告性的方式開放它。

你移除 Parser 類別的直接參考，使用依賴反轉（SOLID 原則中的 D，參見訣竅 12.4，「移除一次性介面」）來產生對於 parsing provider 的依賴關係。在不同的環境（生產、測試、組態配置）中，你使用不同的 parsing provider；這些環境不一定屬於同一層。你使用宣告性耦合（declarative coupling），並要求這些 privider 實現 ParseHandling 介面。

在使用 meta 程式時，最嚴重的問題有針對類別和方法的暗參考，這會阻礙各種重構，因此即使有 100% 的測試覆蓋率，meta 程式也會阻礙程式碼的增長。當你無法用測試來

覆蓋所有可能的情況時，你可能會遺漏以間接和模糊的方式來參考的用例，而且你的搜尋和重構無法接觸它們，導致在生產環境中出現無法檢測的錯誤。程式碼應該簡潔、透明，並且盡量減少 meta 參考，因為有能力修改程式碼的人可能無法接觸它們。

這是一個動態建構函式名稱的例子：

```
$selector = 'getLanguage' . $this->languageCode;
Reflection::invokeMethod($selector, $object);
```

如果你使用被設為義大利文的用戶端，這個呼叫會引用 getLanguageIt() 方法。這個暗參考的問題與 parser 範例相同。這個方法顯然沒有參考、無法重構、無法確定誰使用它、覆蓋不清晰……等。在這些情況下，你可以使用明確的依賴關係來避免以上的衝突（甚至使用對映表或硬連結（hardwired）參考），放棄使用 meta 程式黑魔法。

有一些例外情況具備共同的原則。當你建立 MAPPER 時，你必須盡量遠離非本質且非業務的層面，這些層面包括持久保存、實體序列化、列印或使用者介面的「顯示／算繪」、測試或斷言……等。這些問題與可計算模型無關，且不是任何特定業務專屬的。干擾物件的職責就是違反它的合約和職責。你可以使用 meta 程式來解決這些問題，而不是加入「非本質的職責階層」。

但切記，如果你使用現實世界可以找到的抽象，你就要避免使用 meta 程式。尋找這種抽象需要深入瞭解新業務領域。你可以使用訣竅 25.5，「防備物件反序列化」來瞭解與 meta 程式有關的漏洞。

23.2 將匿名函式具體化

問題

你使用太多匿名函式了。

解決方案

不要濫用 closure 與函式。將它們封裝成物件。

討論

匿名函數、lambda、箭形函式和 closure 都難以維護和測試。這種程式難以追蹤，因此難以重複使用。它們令人難以閱讀和尋找原始碼，也讓大多數的 IDE 和偵錯程式難以顯示實際的程式碼。這些函式幾乎不會被重複使用，並違反資訊隱藏原則。如果函式不是極其簡單，你可以將它封裝，並使用訣竅 10.7「提取方法，將它做成物件」來將演算法具體化。

這是不怎麼具宣告性的函式：

```
sortFunction = function(arr, fn) {
  var len = arr.length;
  for (var i = 0; i < len ; i++) {
    for(var j = 0 ; j < len - i - 1; j++) {
      if (fn(arr[j], arr[j+1])) {
        var temp = arr[j];
        arr[j] = arr[j+1];
        arr[j+1] = temp;
      }
    }
  }
  return arr;
}


scores = [9, 5, 2, 7, 23, 1, 3];
sorted = sortFunction(scores, (a,b) => {return a > b});
```

這是將它具體化並封裝至物件的樣子：

```
class ElementComparator{
  greatherThan(firstElement, secondElement) {
    return firstElement > secondElement;
    // 這只是一個例子。
    // 如果物件比較複雜，比較可能會是如此簡單

  }
}

class BubbleSortingStrategy {
  // 你有一個 strategy，你無法對它進行單元測試，想改為多型，
  // 換成不同的策略和效能評估演算法……等。
  constructor(collection, comparer) {
    this._elements = collection;
    this._comparer = comparer;
  }
```

```
sorted() {
  for (var outerIterator = 0;
       outerIterator < this.size();
       outerIterator++) {
    for(var innerIterator = 0 ;
        innerIterator < this.size() - outerIterator - 1;
        innerIterator++) {
      if (this._comparer.greatherThan(
        this._elements[innerIterator], this._elements[ innerIterator + 1])) {
          this.swap(innerIterator);
      }
    }
  }
  return this._elements;
}
size() {
  return this._elements.length;
}

swap(position) {
  var temporarySwap = this._elements[position];
  this._elements[position] = this._elements[position + 1];
  this._elements[position + 1] = temporarySwap;
}
}

scores = [9, 5, 2, 7, 23, 1, 3];
sorted = new BubbleSortingStrategy(scores,new ElementComparator()).sorted();
```

這個訣竅有一個例外在於，closure 和匿名函式很適合用來建立*程式碼區塊*、*promise*……
等模型。它們很難拆開。程式碼是讓人閱讀的。雖然軟體使用匿名函式可以正常運作，
但是一次調用多個 closure 時，軟體將更難維護。

參閱

訣竅 10.4，「移除程式中的小聰明」

訣竅 10.7，「提取方法，將它做成物件」

23.3 移除預處理指令

問題

你使用程式碼預處理指令。

解決方案

將程式碼中的預處理指令移除。

討論

預處理指令（*preprocessor*）

預處理指令會在主編譯器或直譯器編譯或直譯原始碼之前，對原始碼執行一些任務。它通常在程式語言中使用，在原始碼實際進入編譯或直譯程序之前，修改或處理原始碼。

你想要讓程式碼在不同的環境和作業系統裡有不同的行為，所以在編譯的時候做出決定是最好的選擇。但預處理指令會讓程式碼更不易讀、引入過早優化（參見第 16 章「過早優化」）和沒必要的非本質複雜性，讓偵錯過程更複雜。你應該刪除所有編譯器指令。如果你想要得到不同的行為，請使用物件來建立模型，如果你認為這會降低效能，請進行嚴格的效能評估，而不是過早優化。

這是有預處理指令的例子：

```
#if VERBOSE >= 2
  printf("Betelgeuse is becoming a supernova");
#endif
```

這是沒有預處理指令的程式：

```
if (runtimeEnvironment->traceDebug()) {
  printf("Betelgeuse is becoming a supernova");
}

## 使用多型來避免 if 更好

runtimeEnvironment->traceDebug("Betelgeuse is becoming a supernova");
```

有很多語言提倡這種語法指令，因此找出並將它們換成實際行為很容易。加入額外的一層複雜性會讓偵錯變得非常困難。這種技術是在記憶體和 CPU 資源稀缺的時候使用的。現代的你應該要寫出 clean code，把過早優化埋在過去。Bjarne Stroustrup 在他的著作 *The Design and Evolution of C++* 裡後悔他多年前建立預處理指令。

參閱

訣竅 16.2，「移除過早優化」

參考資料

Standard C++ 的「Are You Saying That the Preprocessor Is Evil?」（*https://oreil.ly/QaP2C*）

Wikipedia 的「C Preprocessor」（*https://oreil.ly/BzQ3t*）

Harry Spencer 與 Geoff Collyer 的「#ifdef Considered Harmful」（*https://oreil.ly/nKHCJ*）

23.4 移除動態方法

問題

你使用 meta 程式來動態加入屬性和方法。

解決方案

不要使用 meta 程式來加入動態行為。

討論

meta 程式會讓程式更難讀與維護。程式碼更難偵錯，因為它是在執行期動態生成的，而且如果組態檔沒有被妥善地清理，可能出現安全問題。你應該手動定義方法，或使用裝飾器設計模式（參見訣竅 7.11，「將 basic / do 函式改名」）。meta 程式是一種強大的技術，可讓你編寫能夠在執行期生成、修改或分析其他程式碼的程式碼，但是它也很容易產生難以理解、維護和偵錯的程式碼。

這是一個在 Ruby 中動態載入屬性和方法的範例：

```ruby
class Skynet < ActiveRecord::Base
  # 根據組態檔動態加入一些屬性
  YAML.load_file("attributes.yml")["attributes"].each do |attribute|
    attr_accessor attribute
  end

  # 根據組態檔定義一些動態方法
  YAML.load_file("protocol.yml")["methods"].each do |method_name, method_body|
    define_method method_name do
      eval method_body
    end
  end
end
```

這是不使用動態載入的經典定義：

```ruby
class Skynet < ActiveRecord::Base
  # 明確定義一些屬性
  attr_accessor :asimovsFirstLaw, :asimovsSecondLaw, :asimovsThirdLaw

  # 明確定義一些方法
  def takeoverTheWorld
    # 實作
  end
end
```

你可以設置一個允許清單，列出有效的用法，或直接禁止某些方法。meta 程式通常使用複雜的程式碼和抽象，這可能讓最終程式碼難以閱讀和維護。使用 meta 程式會讓其他開發者更難以理解及修改未來的程式碼，增加程式的複雜度和缺陷。

參閱

訣竅 23.1，「移除 meta 程式」

訣竅 23.2，「將匿名函式具體化」

訣竅 25.1，「淨化輸入」

## 第二十四章

型態

型態本質上是關於程式的斷言。我認為讓事情盡可能地簡單是很有價值的，甚至包括不指出型態是什麼。

—— Dan Ingalls，《*Coders at Work: Reflections on the Craft of Programming*》

24.0 引言

型態是分類（classification）語言裡最重要的概念，對採取靜態定型、強定型、動態定型的語言而言都是如此。處理它們並不容易，而且你會遇到很多做法，從非常嚴格的風格，到比較懶散的風格都有。

24.1 移除型態檢查

問題

你對參數進行型態檢查。

解決方案

相信你的協力者。不要檢查它們是誰。而是要求它們做這件事。

討論

避免使用 kind()、isKindOf()、instance()、getClass()、typeOf()……等，不要用反射（reflection）和 meta 程式（參見第 23 章「meta 程式」）來編寫領域物件。避免檢查未定義（undefined）。使用完整的物件（見訣竅 3.7，「完成空的建構式」），避免使用 null（參見訣竅 15.1，「建立 null 物件」）和 setter。優先考慮不可變（immutability），這樣你就不會遇到未定義的型態，或非本質的 if。

這是一些型態檢查的例子：

```
if (typeof(x) === 'undefined') {
    console.log('variable x is not defined');
}

function isNumber(data) {
  return (typeof data === 'number');
}
```

這是完整的型態檢查範例：

```
function move(animal) {
  if (animal instanceof Rabbit) {
      animal.run()
  }
  if (animal instanceof Seagull) {
      animal.fly()
  }
}

class Rabbit {
  run() {
    console.log("I'm running");
  }
}

class Seagull {
  fly() {
    console.log("I'm flying");
  }
}

let bunny = new Rabbit();
let livingston = new Seagull();

move(bunny);
move(livingston);
```

這是重構 Animal 的樣子：

```
class Animal { }

class Rabbit extends Animal {
  move() {
    console.log("I'm running");
  }
}

class Seagull extends Animal {
  move() {
    console.log("I'm flying");
  }
}

let bunny = new Rabbit();
let livingstone = new Seagull();

bunny.move();
livingston.move();
```

由於大家都很熟悉型態檢查方法，所以人們很容易制定程式編寫方針以檢查它們的用法，但檢查類別型態會導致物件與非本質的決定耦合在一起，並且違反對射，因為在現實世界中沒有這種控制。這是象徵模型有待改進的異味。

參閱

訣竅 15.1，「建立 null 物件」

訣竅 23.1，「移除 meta 程式」

24.2 處理 truthy 值

問題

你需要處理直覺上為 truthy，實際上卻不是的值。

解決方案

不要混合使用布林值與非布林值，你必須非常小心地處理 truthy 值。

討論

有些函式的行為和預期中的不同。雖然開發社群假定這是預期的行為，但它違反最少驚訝原則（參見訣竅 5.6，「凍結可變常數」）和對射（見第 2 章的定義），經常帶來意外的結果。布林值只應該是 *true* 和 *false*。truthy 值會隱藏錯誤並帶來與特定語言耦合的非本質複雜性，也會導致程式更難讀，並阻礙你在不同語言之間切換。你要明確地使用布林值來處理布林條件。你不能使用整數、null、字串、串列，只能使用布林值。

truthy 與 falsy

在許多程式語言中，*truthy* 值和 *falsy* 值被用來描述非布林資料型態的布林值。在布林背景中，每一個值都可以被算成 true 或 false。在布林背景中計算非布林值時，非布林值會在沒有警告的情況下被 magic 地強制轉換為布林值。

檢查一下這個違反直覺的例子，試著找出錯誤：

```
console.log(Math.max() > Math.min());
// 回傳 false
console.log(Math.max());
// 回傳 -Infinite
```

在設計得比較好的語言裡，你會看到：

```
console.log(Math.max() > Math.min());
console.log(Math.max());

// 回傳 Exception。未傳入足夠數量的參數。
// max 與 min 至少需要一個參數
```

這些函式來自 JavaScript 的標準程式庫 Math，因此很難避免使用它們，當你使用「因為使用語言小技巧而違反現實概念」的函式時要非常小心。下面有更多違反直覺的例子：

```
!true // 回傳 false
!false // 回傳 true

isActive = true
```

```
!isActive // 回傳 false

age = 54
!age // 回傳 false
array = []
!array // 回傳 false
obj = new Object;
!obj // 回傳 false


!!true // 回傳 true
!!false // 回傳 false


!!isActive // 回傳 true
!!age // 回傳 true
!!array // 回傳 true
!!obj // 回傳 true
```

這段程式遵循最少驚訝原則（參見訣竅 5.6，「凍結可變常數」）：

```
!true // 回傳 false
!false // 回傳 true

isActive = true
!isActive // 回傳 false

age = 54
!age // 應回傳型態不符（或 54 階乘）
array = []
!array // 應回傳型態不符
obj = new Object;
!obj // 應回傳型態不符（在現實領域中，被否定的物件長怎樣？）

!!true // 回傳 true - 它是冪等的（idempotent）
!!false // 回傳 false - 它是冪等的（idempotent）
!!isActive // 回傳 true - 它是冪等的（idempotent）
!!age // 亂來
!!array // 亂來
!!obj // 亂來
```

因為這種自動轉型在一些語言中是原生功能，所以它很難檢測。為了避免這樣的情況，
你可以制定程式編寫方針，或選擇更嚴格的語言。

JavaScript 和 PHP 之類的語言將它們的宇宙分成 *true* 或 *false* 值，這個決策在處理非布
林值時會隱藏錯誤。你應該檢查針對非布林物件使用 *!* 和 *!!* 的地方，並在程式碼復審

時提醒其他的程式設計師。最好的做法是非常嚴格地讓布林值（及其行為）遠離非布林值。

程式碼復審（*code review*）

程式碼復審包括檢查原始碼以找出任何問題、錯誤或改進空間。它是由一人或多人檢查程式碼，以確保它的正確、有效率、容易維護，並符合最佳實踐法和標準。

在圖 24-1 中，你可以看到模型並未正確地表現出現實世界的行為，因此違反對射原則，並產生意外的結果。

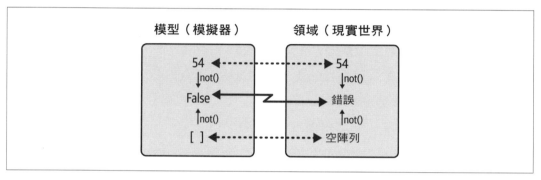

圖 24-1 not() 方法在模型和現實世界中產生不同的物件

這是一種語言功能。有一些嚴格的語言會針對這種 magic 技巧發出警告。有些語言鼓勵使用 magic 縮寫和自動轉型。這是錯誤的根源，也是過早優化（見第 16 章）的象徵。無論如何都應該盡可能地保持明確。

參閱

訣竅 10.4，「移除程式中的小聰明」

訣竅 14.12，「不要拿布林值來做比較」

24.3 將浮點數改成十進制數字

問題

你在程式中使用浮點數。

解決方案

如果你的語言支援，改用十進制數。

討論

很多浮點數運算違反最少驚訝原則（參見訣竅 5.6，「凍結可變常數」），帶來非本質的複雜性，並可能產生不正確的十進制形式。選擇支援十進制數字的成熟語言，並使用十進制來表示十進制數字，以遵守對射原則。

這裡有一個簡單但令人意外的例子：

```
console.log(0.2 + 0.1)
// 0.30000000000000004

// 你將兩個十進制數字相加
// 2/10 + 1/10
// 根據學校的教法，結果應該是 3/10
```

浮點數（例如 0.2 和 0.1）在計算機記憶體中以二進制格式來表示。有一些十進制數字無法以二進制來精確地表示，導致算術運算產生微小的四捨五入誤差。在這個例子裡，將 0.2 和 0.1 相加的實際結果是 0.3。但是浮點數的二進制表示法導致結果略有不同，輸出 0.30000000000000004。以下是更好的寫法：

```
class Decimal {
  constructor(numerator) {
    this.numerator = numerator;
  }
  plus(anotherDecimal) {
    return new Decimal(this.numerator + anotherDecimal.numerator);
  }
  toString() {
    return "0." + this.numerator;
  }}
```

```
console.log((new Decimal(2).plus(new Decimal(1))).toString());
// 0.3

// 你可以使用 Decimal 類別（只儲存分子）
// 或通用的 Fraction 類別（儲存分子和分母）
// 來表示數字
```

這是一種語言功能，所以很難檢測。你可以讓 linter 工具阻止你用這種方式來操作數字。程式設計師在 1985 年的老舊 Commodore 64（*https://oreil.ly/dXHa1P*）中，發現 1+1+1 不一定等於 3，後來引入整數型態。JavaScript 比 Commodore 64 年輕 30 歲，卻仍然有相同的不成熟問題，你可能會在許多現代語言中遇到相同的問題。你應該捨棄這種非本質複雜性，以專注於真正的業務問題。

參閱

訣竅 24.2，「處理 truthy 值」

參考資料

IEEE 浮點算術標準（*https://oreil.ly/8OeLW*）

浮點數數學範例（*https://oreil.ly/qwyCi*）

## 第二十五章

安全性

複雜性是致命的，它會吸取開發者的生命，讓產品難以規劃、建構和測試，引入安全挑戰，並讓最終使用者和管理者的備感挫折。

—— Ray Ozzie

25.0 引言

高級開發者不但要寫出簡潔且容易維護的程式碼，還要建構兼顧各種軟體品質屬性的穩健解決方案，那些屬性包括效能、資源使用量和安全性。在編寫程式時，你必須採取安全導向的方法，因為你是預防潛在安全漏洞的第一道防線。

25.1 淨化輸入

問題

你的程式沒有淨化使用者的輸入。

解決方案

淨化來自你的控制範圍之外的所有內容。

討論

輸入淨化（*input sanitization*）

輸入淨化包含驗證和清理使用者輸入，以確保它被你處理之前是安全的，並符合預期格式。淨化對於防止各種安全漏洞，例如 SQL 注入、跨站腳本攻擊（XSS）和惡意使用者的其他攻擊來說非常重要。

惡意破壞者不會消失。你要非常小心地處理他們的輸入，並使用淨化和輸入過濾技術。每當你從外部資源取得輸入時，你都要對它進行驗證，並檢查有潛在風險的輸入。SQL 注入是一種明顯的威脅。你也可以在輸入中加入斷言和不變量（參見訣竅 13.2，「強制實行前提條件」）。

SQL 注入

SQL 注入就是攻擊者在與資料庫溝通的程式中插入惡意的 SQL 程式碼。攻擊者可能在輸入欄位（例如文字框或表單）中輸入 SQL 程式碼，讓應用程式執行那些讀取或修改資料的程式碼，以取得敏感資訊，甚至控制系統。

看一下這個例子：

```
user_input = "abc123!@#"
# 如果你只預期英數（alphanumeric）字元，這個內容可能不太安全
```

這是淨化輸入的程式：

```
def sanitize(string):
  # 刪除不是字母或數字的任何字元
  sanitized_string = re.sub(r'[^a-zA-Z0-9]', '', string)
  return sanitized_string

user_input = "abc123!@#"
print(sanitize(user_input))  # Output: "abc123"
```

你可以靜態地檢查所有輸入，也可以使用滲透檢測工具（參見訣竅 25.2，「更改連續的 ID」）。

務必非常謹慎地處理來自你的控制範圍之外的輸入，包括超出你的邊界的任何內容，例如序列化資料、使用者介面、API、檔案系統⋯⋯等。

參閱

訣竅 4.7，「具體化字串驗證」

訣竅 23.4，「移除動態方法」

訣竅 25.5，「防備物件反序列化」

參考資料

Ettore Galluccio、Edoardo Caselli 與 Gabriele Lombari 合著的《*SQL Injection Strategies*》

25.2 更改連續的 ID

問題

你在程式中使用連續的 ID。

解決方案

不要暴露明顯是連續的 ID。

討論

大多數的 ID 都有問題。連續的 ID 也是一種漏洞。ID 會破壞對射，造成安全問題和衝突（*https://oreil.ly/qVvDG*）。請使用不明顯的鍵，改用暗鍵或 UUID。在處理領域物件時，ID 是個問題，因為它們在現實世界中不存在，所以它們必然破壞對射。當你向系統界限之外的世界公開內部資源時才能使用 ID。它們始終是非本質問題，不應干擾你的模型。

以下是使用小 ID 的範例：

```
class Book {
    private Long bookId; // book 知道它的 ID
    private List<Long> authorIds; // book 知道 author IDs
}

Book harryPotter = new Book(1, List.of(2));
```

```
Book designPatterns = new Book(2, List.of(4, 6, 7, 8));
Book donQuixote = new Book(3, List.of(5));

// 從現在開始，你可以進行爬抓（scrape）
```

你可以移除 ID：

```
class Author { }

class Book {
    private List<Author> authors; // book 知道 authors
    // 沒有奇怪的行為了，只有 book 可以做的事情
    // 真正的 book 不知道 ID
    // ISBN 對 book 而言是非本質的，讀者不在乎它
}

class BookResource {
    private Book resource; // resource 知道底層的 book
    Private UUID id; // id 是你為外部世界提供的連結
}

Book harryPotter = new Book(new Author('J. K. Rowling'));
Book designPatterns = new Book(
    new Author('Erich Gamma'),
    new Author('Richard Helm'),
    new Author('Ralph Johnson'),
    new Author(('John Vlissides'))
Book donQuixote = new Book(new Author('Miguel Cervantes'));

BookResource harryPotterResource = new BookResource(
    harryPotter,
    UUID.randomUUID());

// Book 不知道它們的 ID。只有 resource 知道。
```

你可以使用滲透檢測來檢查這個問題。如果你需要將內部物件公開給外部世界，你要使用難猜的 ID，如此一來，你可以藉著監視流量和 404 錯誤（*https://oreil.ly/JKF4v*）來檢測（並阻止）蠻力攻擊。

滲透檢測（*penetration testing*）

滲透檢測也稱為 pentesting，它藉著模擬現實世界的攻擊來評估系統的安全性。它可以識別漏洞，並評估現有安全措施的有效性，很像使用變異檢測（參見訣竅 5.1，「將 var 改為 const」）來檢查工具和軟體的品質。

參考資料

「Insecure Direct Object References (IDOR)」（*https://oreil.ly/ttUos*）

參閱

訣竅 17.5，「將 9999 特殊旗標值換成一般值」

25.3 移除程式包依賴關係

問題

你使用程式包管理程式，並信任其他模組的程式碼。

解決方案

除非你需要複雜的解決方案，而且已經有現成的解決方案，否則自行撰寫程式。

討論

業界有一個趨勢是盡量避免撰寫程式碼，但這不是白吃的午餐。你要在遵守零原則（參見訣竅 16.10「將解構式內的程式碼移除」）和依賴他人的程式碼之間取得平衡。依賴程式包會帶來外部耦合、安全、架構複雜性、程式包損壞……等問題。你應該始終實作最簡單的解決方案，僅依賴成熟的外部項目。

這是小函式的真實範例：

```
$ npm install --save is-odd

// https://www.npmjs.com/package/is-odd
// 這個程式包每週約有 500k 次下載

module.exports = function isOdd(value) {
  const n = Math.abs(value);
  return (n % 2) === 1;
};
```

你可以自己寫出簡單的版本：

```
function isOdd(value) {
  const n = Math.abs(value);
  return (n % 2) === 1;
};

// 直接在行內解決它
```

檢查你的外部依賴項目，並盡量不要使用它；依賴特定的具體版本以避免被綁架。你不一定要重新發明輪子。在使用程式包之前，你要做一些分析，看看是否真的需要它、它是不是最新的，你也要檢查它的開發者活動、問題、自動測試……等。你要在「程式碼的重複」和「重複使用濫用（reuse abuse）」之間找到良好的平衡點。一如既往，雖然這個主題有一些經驗法則可參考，但沒有嚴格的規則。

參閱

訣竅 11.7，「縮短匯入清單」

參考資料

Naked Security 的「Poisoned Python and PHP Packages Purloin Passwords for AWS Access」（*https://oreil.ly/zrK9K*）

Bleeping Computer 的「Dev Corrupts NPM Libs 'colors' and 'faker' Breaking Thousands of Apps」（*https://oreil.ly/Myr0s*）

Quartz 的「How One Programmer Broke the Internet by Deleting a Tiny Piece of Code」（*https://oreil.ly/7q9Kq*）

The Record 的「Malware Found in npm Package with Millions of Weekly Downloads」（*https://oreil.ly/D2Y2h*）

25.4　換掉邪惡的正規表達式

問題

你的程式裡面有邪惡的正規表達式。

解決方案

試著減少正規表達式的遞迴規則。

討論

正規表達式是個問題，有時還是一種漏洞。它們會讓程式更難讀；遞迴的正規表達式是過早優化的徵兆，有時涉及安全問題。你應該使用測試程式來檢查表達式是否停止（halt），並且加入逾時處理程式來作為一種安全措施，或使用演算法而非正規表達式。

有一種稱為正規表達式阻斷服務（ReDoS）（*https://oreil.ly/cWmRr*）的攻擊，它是一種阻斷服務（DoS）（*https://oreil.ly/2KsRg*）攻擊。ReDoS 攻擊分為兩類，第一類是將具有邪惡模式的字串傳給應用程式，然後將該字串當成正規表達式來使用，從而導致ReDoS。另一種是將具有攻擊格式向量的字串傳給應用程式，讓有漏洞的運算式處理該字串，導致 ReDoS。

下面是攻擊的實際情況：

```
func main() {
    var regularExpression = regexp.MustCompile(`^(([a-z])+.)+[A-Z]([a-z])+$`)
    var candidateString = "aaaaaaaaaaaaaaaaaaaaaaaa!"

    for index, match :=
        range regularExpression.FindAllString(candidateString, -1) {
            fmt.Println(match, "found at index", index)
    }
}
```

這是不使用正規表達式的等效方法：

```go
func main() {
    var candidateString = "aaaaaaaaaaaaaaaaaaaaaaaa!"

    words := strings.Fields(candidateString)

    for index, word := range words {
        if len(word) >= 2 && word[0] >= 'a' &&
            word[0] <= 'z' && word[len(word)-1] >= 'A'
            && word[len(word)-1] <= 'Z' {
                fmt.Println(word, "found at index", index)
        }
    }
}
```

許多語言都避免使用這種正則表達式。你也可以掃描程式碼來找出這種漏洞。正規表達式很麻煩，也難以偵錯，因此應盡量避免使用它們。

參閱

訣竅 6.10，「記錄正規表達式」

參考資料

Vulnerabilities CVE-2017-16021（*https://oreil.ly/prblc*）、CVE-2018-13863（*https://oreil.ly/ke0VU*）、CVE-2018-8926（*https://oreil.ly/7iYPh*）

25.5 防備物件反序列化

問題

你將來自不安全之處的物件反序列化。

解決方案

別讓遠端程式碼可以執行。

討論

許多漏洞都與未淨化的輸出相關。有一條重要的安全原則是避免執行程式碼，僅將輸入視為資料。將來自不信任來源的物件反序列化是有安全疑慮的操作。假設你的網路應用程式以序列化物件的形式來接受使用者提交的資料，例如他們在 API 端點或透過檔案上傳功能提交的資料，應用程式會對這些物件進行反序列化，並在系統內將它們重建為可用的物件。如果攻擊者提交惡意的序列化資料，以利用反序列化程序的漏洞，他們可能會操縱序列化的資料以執行任意程式碼、升級權限或在應用程式或基礎系統中執行未經授權的操作。這類攻擊通常稱為「反序列化攻擊」或「序列化漏洞」。

這是一個簡短的例子：

```
import pickle  # Python 的序列化模組

def process_serialized_data(serialized_data):
    try:
        obj = pickle.loads(serialized_data)
        # 將物件反序列化
        # 處理反序列化的物件
        # ...

# 使用者提交的序列化資料
user_data = b"\x80\x04\x95\x13\x00\x00\x00\x00\x00\x00\x00\x8c\x08os\nsystem
    \n\x8c\x06uptime\n\x86\x94."
# 這段程式碼執行：os.system("uptime")

process_serialized_data(user_data)
```

當你將輸入視為資料時：

```
import json

def process_serialized_data(serialized_data):
        obj = json.loads(serialized_data)
        # 將 JSON 物件反序列化
        # 不執行程式碼

user_data = '{"key": "value"}'

process_serialized_data(user_data)
```

有幾種 linter 會在發現反序列化的地方時發出警告。切記，meta 程式為濫用者大開方便之門。

參閱

訣竅 23.1，「移除 meta 程式」

訣竅 25.1，「淨化輸入」

參考資料

SonarSource rule：「Deserializing Objects from an Untrusted Source Is Security-Sensitive」（*https://oreil.ly/rEUam*）

術語

A/B 測試

釋出並比較兩個不同的軟體版本，以確定哪一個對最終使用者來說比較好。

反模式（antipattern）

一種設計模式，它乍看之下是個好方法，但最終會導致負面後果。許多專家在提出它們時認為它們是好辦法，但後來出現強烈的證據反對使用它們。

組合語言（assembly language）

一種低階程式語言，其用途是為特定的計算機架構編寫軟體程式。這是一種人類看得懂的命令性語言，很容易轉換成機器語言，機器語言就是計算機能夠理解的語言。

公理（axiom）

假設為真且無須證明的陳述或命題。它可以讓你建立一組可以用來推導出更多真理的基本概念和關係，再進一步建構邏輯框架以進行推理和演繹。

baby steps（嬰兒步）

baby steps 是指在開發過程中採取逐漸迭代和漸進的方法，執行小而可管理的工作或變動。baby steps 的概念源自 Agile（敏捷）開發方法論。

對射（bijection）

為兩個集合的元素建立一對一關係的函式。

位元運算子（bitwise operators）

用於處理數字的個別位元。計算機使用位元運算子在位元之間執行低階的邏輯操作，例如 AND、OR 和 XOR。位元運算子在整數域中運作，與布林域不同。

布林旗標（boolean flag）

只能是 true 或 false 的變數，代表二進制條件的兩種可能狀態。布林旗標

通常和條件陳述式、迴圈和其他控制結構一起使用，以控制邏輯流程。

童子軍法則（Boy Scout rule）

Uncle Bob 的童子軍法則建議當你離開程式碼時，讓它比你剛找到它時更好，就像童子軍在離開營地時，把它整理得比剛來時更乾淨一樣。這個法則鼓勵開發者在每次接觸程式碼時逐漸進行小幅度的改善，而不是製造日後難以清理的技術債（參見第 21 章「技術債」），它也傾向更改那些不夠好的東西。這與「If it ain't broke, don't fix it（東西沒壞就別修理）」原則矛盾。

破窗理論（broken windows theory）

破窗理論指出看似微不足道的小問題或缺陷可能導致更大的問題和更嚴重的後果。如果開發者發現了程式中的小問題，卻因為有其他窗戶已經被打破了而選擇忽略它，可能導致在開發過程中漫不經心且不關注細節的文化。

bug

業界經常誤用 *bug* 這個字眼。在這本書中，我用缺陷來取代它。最初的「bug」與外界的昆蟲跑入高溫電路並擾亂軟體輸出有關，但現在不會這樣了。建議改用缺陷（*defeat*）這個詞，因為它意味著那個東西是被引入的，而不是從外界入侵的。

快取（cache）

用於暫時儲存頻繁操作的物件，以加快操作速度。你可以使用它來減少昂貴資源的操作次數以提高軟體效能。將資料放入記憶體快取後，軟體可以直接從快取中提取物件，省下存取慢速儲存設備的成本。

責任鏈（chain of responsibility）

可讓多個物件以類似鏈條的方式處理請求，但不知道處理該請求的具體物件是哪一個。這種模式會將請求傳給一系列的處理程式，直到其中一個處理該請求，或將請求傳至鏈條末端。注意，鏈條裡的連結是互相解耦的。

程式碼複審（code review）

檢查原始碼以找出任何問題、錯誤或改進空間。它是由一人或多人檢查程式碼，以確保它的正確、有效率、容易維護，並符合最佳實踐法和標準。

認知負擔（cognitive load）

處理資訊並完成任務所需的心力和資源量。它是當人們同時處理、理解和記憶資訊時對記憶施加的負荷。

內聚性（cohesion）

軟體類別或模組內的諸多元素互相合作以實現單一明確目標的程度。它是指物件之間，以及物件與模組的整體目標之間密切相關的程度。在軟體設計中，你可以將高內聚性視為一種理

想的特性，因為它意味著模組內的元素密切相關，能夠有效地合作以實現特定目標。

集體所有制（collective ownership）

指開發團隊的成員都有權更改碼庫的任何部分，不論最初是誰編寫的。其目的是促進集體責任感，讓程式碼更容易管理和改進。

計算複雜度（computational complexity）

用來評估解決計算問題所需的資源，最重要的資源是時間和記憶體。它被用來衡量和比較演算法和計算系統使用這些資源的效率。

組合（composition）

將物件當成零件來組出新物件。你可以藉著結合簡單的物件來建構複雜的物件（參見訣竅 4.1，「建立小物件」），形成一種「has-a」關係，而不是經典的「is-a」或「behaves-as-a」關係（參見訣竅 19.4，「將『is-a』關係換成行為」）。

持續整合與持續部署（continuous integration and continuous deployment (CI/CD)）

將軟體開發、測試和部署的過程自動化的流水線。這個流水線的目的是簡化軟體開發過程、自動執行任務、提高程式碼品質、以更快的速度在不同的環境中部署新功能和進行修正，並進一步管理這個過程。

複製貼上程式設計（copy-and-paste programming）

複製現有的程式碼，並將它貼到另一個位置，而不是編寫新程式碼。大量地進行複製和貼上會讓程式碼難以維護。

資料泥團（data clump）

同一組物件經常在程式的不同部分之間一起傳遞。這可能導致程式更複雜、更不容易維護、更容易出錯。資料泥團經常在你沒有試著找出正確的物件來表示對射關係就傳遞相關的物件時出現。

裝飾器模式（decorator pattern）

此模式可讓你為個別物件動態地添加行為，而不影響同一類別的其他物件的行為。

Demeter 法則

一個物件只能與它的直接相鄰物件通訊，而且不應該瞭解其他物件的內部做法。為了遵守 Demeter 法則，你要建立鬆耦合的物件，這意味著它們不會高度依賴彼此。這會讓系統更靈活，更容易維護，因為修改一個物件不太可能導致其他物件產生意外的後果。物件只應使用與它直接相鄰的物件的方法，而不是深入其他物件以操作它們的內在。這有助於減少物件之間的耦合程度，讓系統更模組化和靈活。

依賴反轉（dependency inversion）

這種設計原則藉著顛覆傳統的依賴關係來將高階物件與低階物件解耦。這個原則建議，與其讓高階物件直接依賴低階物件，不如讓兩者都依賴抽象或介面。這可讓碼庫更靈活和模組化，因為當你想要更改低階模組的實作時，不一定要更改高階模組。

按合約設計（design by contract）

Bertrand Meyer 所著《*Object-Oriented Software Construction*》是使用物件導向範式來進行軟體開發的全方位指南。該書的關鍵思想之一是「按合約設計」，該做法強調在軟體模組之間建立清楚而明確的合約。合約定義了確保模組正確合作及軟體持續可靠且容易維護所需的責任和行為。當合約被破壞時，應遵守快速失敗原則，並立即察覺問題。

領域導向設計（domain-driven design）

讓軟體系統的設計與業務或問題領域保持一致，讓程式碼更具表達性、更容易維護，並與業務需求緊密綁定。

不重複（DRY）原則（don't repeat yourself (DRY) principle）

指軟體系統應避免冗餘和重複的程式碼。DRY 原則的目標是藉著減少重複的知識、程式碼和資訊，來讓軟體更容易維護、更容易理解、更靈活。

DTO

其用途是在應用程式的不同軟體層之間傳遞資料。它是一種簡單、可序列化且不可變的物件，用來在應用程式的用戶端和伺服器之間傳遞資料。DTO 的唯一目的是用標準的方式在應用程式的不同部分之間交換資料。

封裝（encapsulation）

保護「物件的職責」。你可以藉著將實際的實作抽象化來做到封裝。封裝也可讓你控制外界如何使用物件方法。許多程式語言都可以讓你指定物件的屬性和方法的可見性，可見性決定了屬性和方法是否可以被程式的其他部分使用或修改，這讓開發者能夠隱藏物件的內部實作細節，只公開程式的其他部分需要的行為。

實體關係圖（entity-relationship diagram (ERD)）

資料庫內的資料的視覺表示法。ERD 圖用矩形來表示實體（entity），用矩形之間的線條來表示實體之間的關係。

本質與非本質（essence and accident）

計算機科學家 Fred Brooks 在他的著作《人月神話》裡使用「非本質（accidental）」和「本質（essential）」這兩個術語來稱呼軟體工程的兩種複雜性，它們來自亞里斯多德的定義。

「本質」複雜性是你正在解決的問題中固有的、無法避免的複雜性，因為它是讓系統正常運作所需的複雜性，並存在於現實世界中。例如，太空著陸系統的複雜性是本質的，因為有了它，探測器才能安全地著陸。

「非本質」複雜性來自系統的設計和實作法，而不是來自你要解決的問題的性質。非本質複雜性可以用良好的設計來降低。非必要的非本質複雜性是軟體中的最大問題之一，你將在本書中找到許多解決方案。

門面模式（facade pattern）

為複雜的系統或子系統提供一個簡化的介面。它的用途是隱藏系統的複雜性，為使用者提供更簡單的介面。它也扮演使用者和子系統之間的中間人，保護使用者免受子系統的實作細節的干擾。

快速失敗原則（fail fast principle）

在出現錯誤時應儘早中斷執行，而不是忽略它，導致後來的失敗結果。

依戀情節（feature envy）

物件對其他物件的行為比對自己的行為更感興趣，因而過度使用其他物件的方法。

功能旗標（又名功能開關）（feature flag）

可讓你在執行期啟用或停用特定功能，而不需要重新進行完整的部署。

它可以用來向部分的使用者或環境釋出新功能，同時向其他人隱藏那些新功能，以進行 A/B 測試、釋出早期 beta 或金絲雀版本。

環境完全受控（full environmental control）

你可以完全控制被測試的環境。你要建立一個受控且可預測的環境，讓測試能夠獨立於外部因素一致地運行。你要特別考慮外部依賴關係、網路模擬、資料庫隔離、時間控制……等因素。

函式簽章（function signature）

指定了函式名稱、參數型態和回傳型態（如果語言是強定型的）。它被用來區分不同的函式，並確保函式被正確呼叫。

可互換的物件（fungible objects）

值、品質和特性可以互換或相同的物件。可互換物件的任何特定實例都可以換成相同物件的任何其他實例，而不會喪失值或品質。可互換性（fungibility）是指商品或貨物的個別單元本質上可以互換，且各部分彼此之間沒有差別。

資源回收器（garbage collector）

程式語言用它來自動管理記憶體配置和釋出。它會辨識程式不再使用的物件，並將它從記憶體移除，以釋出記憶體。

git bisect

git 是協助開發軟體的版本控制系統。它可以幫助你追蹤程式碼的變更、與人合作，並在需要時恢復成以前的版本。git 會儲存每一個檔案的完整版本歷史紀錄。它也可以管理多位開發者在同一個碼庫內的工作。

git bisect 是一個命令，它可以幫助你找出哪一次提交（commit）加入特定的變更。要開始這個過程，你要先指定一個已知不含缺陷的「好」提交，以及一個已知包含更改的「壞」提交。你可以反覆迭代以找出有問題的提交，並快速找到根本原因。

globally unique identifier (GUID)

在計算機系統中用來對映資源（例如檔案、物件或網路中的實體）的唯一識別碼。GUID 是以保證獨特性的演算法來產生的。

Gold Plating

在產品或專案中加入超出最低需求或規格的非必要特性或功能。這可能有幾種原因，例如希望讓顧客有深刻的印象，或是讓產品在市場上脫穎而出。然而，gold plating 可能對專案有害，因為它可能導致成本超支和進度落後，也可能讓最終使用者無法獲得實際的價值。

神物件（God object）

神物件擁有太多責任或整個系統的控制權。這些物件往往既龐大且複雜，包含大量的程式碼和邏輯。它們違反單一責任原則（參見訣竅 4.7，「具體化字串驗證」）和分離關注點概念（參見訣竅 8.3，「刪除邏輯註釋」）。神物件往往是軟體架構的瓶頸，會讓系統難以維護、擴展和測試。

雜湊化（hashing）

將任意大小的資料對映到固定大小的值。雜湊函數的輸出稱為雜湊值或雜湊碼。你可以將雜湊值當成大型集合的索引表；相較於依序遍歷元素，它們就像捷徑，可以讓你更有效率地找出元素。

「If It Ain't Broke, Don't Fix It」原則

這是在軟體開發領域中常見的說法，它指出如果軟體系統可以正常運作，那就沒必要對它進行任何更改或改進。這個原則可以追溯到軟體還沒有自動化測試的時代，當時進行任何更改都可能破壞既有功能。現實世界的使用者通常可以容忍新功能的缺陷，但是如果原本正常的功能突然不能按照他們預期的方式運作，他們會很不爽。

不當的親密關係（inappropriate intimacy）

兩個類別或組件過度互相依賴，造成緊密的耦合，讓程式碼難以維護、修改或擴展。

資訊隱藏（information hiding）

這個原則的目標是將軟體系統的內部運作與外部介面分離，從而降低軟體系統的複雜性。它可以避免系統內部實作的變動影響其他系統或系統被使用的方式。

輸入淨化（input sanitization）

包含驗證和清理使用者輸入，以確保它被你處理之前是安全的，並符合預期格式。淨化對於防止各種安全漏洞，例如 SQL 注入、跨站腳本攻擊（XSS）和惡意使用者的其他攻擊來說非常重要。

介面分離原則（interface segregation principle）

物件不應該被迫依賴它們不使用的介面。設計許多專門的小介面比做出一個龐大的單體介面更好。

彰顯意向（intention-revealing）

彰顯意向的程式碼能夠明確地傳達它的目的或意向給未來閱讀或使用程式碼的其他開發者知道。彰顯意向的目標是讓程式碼更具行為性、宣告性、易讀性、易理解性和易維護性。

KISS 原則

「Keep It Simple, Stupid.」的縮寫。它指出系統在保持簡單時有最佳表現，而不是在變得複雜時。簡單的系統比複雜的系統更容易理解、使用和維護，因此比較不容易故障或產生意外的結果。

延遲初始化（lazy initialization）

延遲初始化就是將建立物件或計算值的時間往後延遲，直到實際需要它們為止，而不是立即進行建立或計算。這種技術通常用來優化資源的使用，並藉著盡量拖延初始化程序來提高效能。

Liskov 替換原則

如果設計某個函式或方法的目的是為了處理特定類別的物件，它也必須能夠處理該類別的任何子類別的物件，且不會導致任何意外的行為。它是 SOLID 原則中的「L」（參見訣竅 4.7，「具體化字串驗證」）。

鬆耦合（loose coupling）

其目標是將系統內的不同物件之間的相互依賴程度最小化。它們對彼此的瞭解很少，所以針對一個組件的更改不會影響系統的其他組件，從而防止漣漪效應。

MAPPER

Model: Abstract Partial and Programmable Explaining Reality。軟體可以定義成使用這個縮寫來建構模擬器的過程，見第 2 章的說明。

mock 物件

藉著模仿真實物件的行為來測試或模擬其行為。你可以用它來測試依賴其他軟體組件的組件，例如依賴外部 API 或程式庫的組件。

模型（model）

以直覺的概念或隱喻來解釋它所描述的主題。模型的最終目標是瞭解事物的運作方式。根據 Peter Naur 的說法（*https://oreil.ly/aEIEa*），「寫程式就是建構理論和模型」。

monad

提供一種結構化的方式來封裝和操作函式。它可以讓你將操作串連起來，以一致且可預測的方式來處理函式及其副作用，例如在處理可有可無的值時。

變異檢測（mutation testing）

一種評估單元測試品質的技術。它對你要測試的程式碼進行可控的小更改（稱為「變異」），並檢查現有的單元測試能否檢測到這些更改。它可以幫助你辨識程式碼中需要進行額外測試的區域，你可以將它當成現有測試的品質指標。

變異包括對程式碼的小部分進行更改（例如，將布林值反過來、更改算術運算，將值換成 null……等），然後檢查是否出現測試失敗。

具名參數（named parameters）

它是許多程式語言的功能，可讓程式設計師藉著提供參數的名稱而不是參數的位置來指定參數值。它們也稱為關鍵字參數（keyword argument）。

名稱空間（namespaces）

其用途是將程式元素（例如類別、函式和變數）組成邏輯群組，以防止名稱衝突，並提供在特定範圍內單獨識別它們的方式。使用它們來將相關的功能群組化，有助於建立模組化且容易維護的程式碼。

忍者碼（ninja code，也稱為 clever code 或 smart code）

寫得巧妙但難以理解或維護的程式碼。它通常是有經驗的程式設計師寫出來的，那些人喜歡使用高階的程式設計技術或特定的語言功能來編寫比較有效率且過早優化的程式碼。忍者碼或許令人讚嘆，或許跑得比其他程式碼更快，但它很難閱讀和理解，可能導致維護、擴展和開發方面的問題。忍者碼是 clean code 的相反。

No Silver Bullet

「no silver bullet」概念是計算機科學家暨軟體工程先驅 Fred Brooks 在 1986 年寫的文章「No Silver Bullet: Essence and Accidents of Software Engineering」中提出來的。Brooks 認為世上沒有單一解決方案或方法可以

解決所有問題或明顯提升開發軟體的生產力和效率。

null 物件模式

建議建立一種稱為「null 物件」的特殊物件，這種物件的行為類似常規物件，但幾乎沒有功能。使用它的好處在於，你可以安全地對著 null 物件呼叫方法，而不需要使用 if 來檢查 null 參考（參見第 14 章「If」）。

null 指標例外

null 指標例外是程式企圖操作或使用 null 指標時發生的錯誤。null 指標是指向空記憶體位址或空物件實例的變數參考或物件參考。

不羈的物件（object orgy）

不羈的物件是指物件封裝不足，可讓外界對它們的內部肆意上下其手。這是一種常見的物件導向設計反模式，可能增加維護工作量和複雜性。

物件具體化（object reification）

物件具體化就是將抽象的概念或想法轉換為具體形式，用具體形式來代表特定的概念或想法，並且為貧乏和資料導向的物件提供行為。建立物件來讓抽象的概念有具體的形式就能夠以系統化和結構化的方式來操作和處理那些概念。

觀察者設計模式（observer design pattern）

定義物件之間的一對多依賴關係；例如，當一個物件改變其狀態時，所有依賴它的物件都會得到通知並自動更新，不需要使用直接的參考。在這種模式下，你要訂閱已發布的事件，修改後的物件會發出通知，但它不知道訂閱者有誰。

開閉原則（open-closed principle）

SOLID 中的「O」（參見訣竅 19.1，「拆除深繼承」）它指出軟體類別應該對擴展開放，對修改關閉。你應該在不修改程式碼的情況下擴展功能。此原則鼓勵使用抽象介面、繼承和多型，以便在不更改現有程式碼的情況下添加新功能。此原則也可以促進關注點分離（參見訣竅 8.3，「刪除邏輯註釋」），讓你能夠更輕鬆地獨立開發、測試和部署軟體組件。

optional chaining

用來存取物件的嵌套屬性，而不需要檢查鏈條裡的每一個屬性是否存在。如果你不使用它，當你試著存取不存在的物件屬性時會出現錯誤。

過度設計（overdesigning）

在應用程式中加入非必要的非本質複雜性。之所以發生這種情況，可能是因為你太專心讓軟體的功能更豐富，而不是保持簡單並專注於核心功能。

滲透檢測（penetration testing）

藉著模擬現實世界的攻擊來評估系統的安全性。它可以識別漏洞，並評估現有安全措施的有效性，很像使用變異檢測（參見訣竅 5.1，「將 var 改為 const」）來檢查工具和軟體的品質。

幽靈物件（poltergeist）

這是一種短命的物件，被用來進行初始化，或是在另一個更持久的類別中呼叫方法。

多型層次結構（polymorphic hierarchy）

在多型層次結構中，類別根據它們的「behaves-as-a」關係組成層次結構，在這種結構中，你可以從比較通用的類別繼承行為，以建立專門的類別。基本抽象類別是多型層次結構的基礎，它定義了多個具體子類別共享的通用行為。子類別從超類別繼承這些特性，並且可以加入自己的行為。

建立子類別是實作多型的方式之一（參見訣竅 14.14，「將非多型函式轉換為多型函式」），但這種方式很不靈活，因為超類別在編譯後無法更改。

多型（polymorphism）

如果兩個物件有相同的方法簽章並執行相同的操作（可能有不同的實作方式），那麼它們的那些方法是多型的。

前提條件、後置條件與不變量（preconditions, postconditions, and invariants）

前提條件是在呼叫函式或方法之前必須為真的條件，它指定函式或方法的輸入必須滿足的要求。不變量是在程式執行的任何時候都必須保持為真的條件，不會被任何潛在的改變影響。它指定了程式的一個不能隨著時間而改變的特性。最後，後置條件與方法被呼叫之後有關。你可以使用它們來確保正確性、檢測缺陷或引導程式設計。

預處理指令（preprocessor）

它會在主編譯器或直譯器編譯或直譯原始碼之前，對原始碼執行一些任務。它通常在程式語言中使用，在原始碼實際進入編譯或直譯程序之前，修改或處理原始碼。

主鍵（primary key）

在資料庫的背景中，主鍵是資料表中特定紀錄或資料列的唯一代碼。它被用來單獨識別每一條紀錄，可用來快速搜尋和排序資料。主鍵可能是一行（column）或多行的組合，如果是多行的組合，它們一起形成單獨代表各筆紀錄的值。主鍵通常與資料表一起建立，資料庫的其他資料表會將主鍵當成參考來使用。

最少驚訝原則
（principle of least surprise）

系統應該以最不讓使用者意外的方式運作，並且要符合使用者的期望。如果遵守這個原則，使用者就可以輕鬆地預測與系統互動會發生什麼事情。作為開發者，你應該設計更直覺且容易使用的軟體，從而提高使用者的滿意度和生產力。

promise

一種特殊物件，代表非同步操作的最終完成（或失敗）及其結果值。

protected 屬性

只能在類別或子類別裡存取的實例變數或類別屬性。protected 屬性可讓你在類別層次結構內限制某些資料的存取權限，同時仍然允許子類別讀取和修改該資料（如果有必要）。

快速雛型設計（rapid prototyping）

在產品開發過程中，快速地建立雛型並讓最終使用者驗證它。這種技術可讓設計師和工程師在建構一致、穩健、優雅的 clean code 之前測試設計並優化它。

參考透明性
（referential transparency）

具有**參考透明性**的函式在收到特定的輸入時，一定產生一致的輸出，並且沒有任何副作用，例如修改全域變數或執行 I/O 操作。換句話說，如果函式或表達式是參考透明的，你就可以將它換成它的計算結果而不會改變程式的行為。這是泛函編程範式的基本概念之一，在這種泛函編程裡，函式是將輸入對映到輸出的數學表達式。

repository 設計模式

提供一個介於應用程式的業務邏輯和資料儲存層之間的抽象層，讓架構更靈活且容易維護。

漣漪效應（ripple effect）

更改或修改系統的一部分可能讓系統的其他部分產生意外的後果。對特定物件進行更改可能會影響依賴它的其他部分，導致系統的其他部分出現錯誤，或發生意外的行為。

橡皮鴨偵錯
（rubber duck debugging）

逐行解釋程式碼，就像你在教導一隻橡皮鴨如何寫程式一樣。口頭表達和描述程式碼的每一步可能讓你發現未曾找到的錯誤或不一致的邏輯。

零原則（rule of zero）

避免為程式語言或既有的程式庫可以自行完成的工作編寫程式碼。如果行為可以在不編寫任何程式碼的情況下實作，你就應該依賴現有的程式碼。

semaphore

一種同步物件，可協助管理共享資源的使用，以及協調並行程序或執行緒之間的溝通。

Sapir-Whorf 假說

也稱為語言相對論，這個假說指出，人們使用的語言結構和詞彙會影響並塑造他對周圍世界的感知。你說的語言不僅反映和代表現實，也會影響你如何形塑和建構現實。這意味著你思考和體驗世界的方式，有一部分取決於你用來描述世界的語言。

分離關注點
（separation of concerns）

將軟體系統劃分為明確的、獨立的部分，讓每個部分處理整個系統的特定層面或關注點。其目標是建立一個模組化且可維護的設計，讓程式碼更容易重複使用和擴展，並藉著將軟體拆成更小、更容易管理的部分，讓開發者一次只注意一個關注點，使程式碼更容易理解。

淺複本（shallow copy）

這種物件複本會建立一個指向儲存原始物件的記憶體位置的新參考。原始物件和它的淺複本共享相同的值。改變其中一個物件的值會在另一個物件上反映出來。反之，深複本建立完全獨立於原始物件的複本，具有它自己的屬性和值。對原始物件的屬性或值進行的任何更改都不會影響深複本，反之亦然。

霰彈槍手術（shotgun surgery）

在碼庫中進行一次更改需要在系統的不同部分進行多次修改。改變碼庫的一部分會影響系統的許多其他部分時就會發生這種情況。這就像發射霰彈：一次火藥爆炸會擊中多個目標，就像一次變更會影響系統的多個部分。

Simula

第一個納入分類概念的物件導向程式語言。從名稱可以清楚地知道，此軟體的目的是為了建立模擬器。幾乎所有現今的計算機應用軟體也仍然如此。

單點故障（single point of failure）

系統的一個組件或一個部分的故障導致整個系統故障或無法使用。整個系統都依賴這個組件或部分，沒有它的話，任何功能都無法正常運作。優良的設計會試著製作冗餘組件，以避免這種漣漪效應。

單一責任原則
（single-responsibility principle）

軟體系統的每一個模組或類別都應該負責處理該軟體提供的部分功能，而且該責任必須完全封裝在該類別中。換句話說，一個類別只應該有一個變動的理由。

軟體 linter（software linter）

linter 可以自動檢查原始碼中是否存在上述問題。linter 的目標是在開發的早期抓到錯誤，以防止它們變得更難以修正，且修正代價更高。你可以設置 linter 來檢查各種問題，包括編寫風格、命名慣例和安全漏洞。你可以將大多數的 linter 安裝成 IDE 的外掛來使用，它們也可以當成持續整合／持續開發流水線中的步驟並增加價值。許多生成式機器學習工具，例如 ChatGPT、Bard……等，也有相同的效果。

軟體原始碼控制系統（software source control system）

這種工具可以幫助開發者追蹤針對軟體專案原始碼進行的更改。它可以讓你和其他開發者同時在相同的碼庫裡工作、促進合作、復原更改，以及管理程式碼的不同版本。Git 是目前最流行的系統。

SOLID 原則

這是幫助記憶物件導向程式設計的五條原則的縮寫。它們是 Robert Martin 定義的（*https://oreil.ly/InN0z*），它們一些指引和捷思法，不是死規則。我會在相關的章節中定義它們：

- Single-responsibility principle，單一責任原則（見訣竅 4.7，「具體化字串驗證」）

- Open-closed principle，開閉原則（見訣竅 14.3，「具體化布林變數」）

- Liskov substitution principle，Liskov 替換原則（見訣竅 19.1，「拆除深繼承」）

- Interface segregation principle，介面分離原則（見訣竅 11.9，「拆開肥大介面」）

- Dependency inversion principle，依賴反轉原則（參見訣竅 12.4，「移除一次性介面」）

spaghetti 程式碼

是結構不良，難以理解和維護的程式碼。之所以稱為「spaghetti（意大利麵式）」，是因為這種程式碼通常互相糾纏，很像一盤捲在一起的意大利麵。它有多餘或重複的程式碼，以及許多條件式、跳轉和迴圈，很難追蹤。

展開運算子（spread operator）

JavaScript 的展開運算子是用三個點（...）來表示的。你可以使用它在期望收到零個或多個元素（或字元）的地方擴展可迭代的物件（例如陣列或字串）。例如，你可以使用它來合併陣列、複製陣列、將元素插入陣列，或展開物件的屬性。

SQL 注入

攻擊者在與資料庫溝通的程式中插入惡意的 SQL 程式碼。攻擊者可能在輸入欄位（例如文字框或表單）中輸入 SQL 程式碼，讓應用程式執行那些讀取或修改資料的程式碼，以取得敏感資訊，甚至控制系統。

靜態函式（static function）

屬於類別，不屬於該類別的實例。這意味著你可以在未建立物件的情況下呼叫靜態方法。

策略設計模式（strategy design pattern）

這種模式定義一組可互換的演算法，並封裝每個演算法，讓你可以在執行期交換它們。該模式可讓使用方物件在執行期根據具體的背景或情況從一系列的演算法中選擇並使用某個演算法。它也可以讓使用方物件與策略之間的耦合更鬆弛，讓你更容易擴展或修改使用方物件的行為，而不影響它的實作。

結構化程式設計（structured programming）

強調使用控制流程結構，例如迴圈和函式，來讓程式更清楚、更容易維護、更易讀，且更可靠。你會將程式分解成較小的、較容易管理的部分，然後使用結構化控制流程來組織這些部分。

技術債（technical debt）

很糟的開發方法或設計決策導致軟體系統的維護和改進成本逐漸增加。就像財務上的債務會逐漸累積利息一樣，技術債會由於開發者抄捷徑、在設計上妥協，或未充分解決碼庫的問題而逐漸累積。最終導致需要支付的利息超過最初的資本。

「Tell, don't ask」原則

此原則定義一種與物件互動的方式，即呼叫其方法而非索取其資料。

測試驅動開發（test-driven development (TDD)）

這是一種開發週期極短的軟體開發程序：首先，開發者要編寫一個失敗的自動化測試案例，用它來定義想做的改進或新行為，然後寫出最簡單的生產程式碼來通過該測試，最後將新程式碼重構為可接受的標準。TDD 的主要目標之一是藉著確保程式碼具備良好的結構並遵循良好的設計原則來讓它更容易維護。它也有助於在開發的早期發現缺陷，因為每寫一段新程式碼都要進行測試。

早丟出、晚捕捉（throw early and catch late）

強調在程式碼中儘早檢測並處理錯誤或例外，將實際的處理或報告延遲到更高層或更適當的背景環境進行。你

應該盡量延遲，在有更多背景資訊的地方處理錯誤，而不是根據不完整的資訊來進行片面性的決策。

解釋（to explain）

亞里斯多德說：「解釋就是找出原因。」根據他的觀點，每個現象或事件都有一個或一系列的原因，那些原因產生或決定了該現象或事件。科學的目標是辨識並瞭解自然現象的原因，再從原因預測未來的行為。

對亞里斯多德來說，「解釋」包括辨識和瞭解所有原因，以及它們如何互動以產生特定現象。「預測」則是使用那些原因的知識來預測未來現象。

trait

定義一組可被多個類別共享的特徵或行為。trait 基本上是一組可被不同的類別重複使用的方法，且它們不需要繼承同一個超類別。trait 這種程式碼重複使用機制比繼承更靈活，因為它可讓類別從多個來源繼承行為。

truthy 與 falsy

許多程式語言用它們來描述非布林資料型態的布林值。在布林背景中，每一個值都可以被算成 true 或 false。在布林背景中計算非布林值時，非布林值會在沒有警告的情況下被 magic 地強制轉換為布林值。

圖靈模型（Turing model）

基於圖靈模型的電腦是一種理論上能夠執行任何可計算任務的機器，那項任務必須能夠用一組指令或演算法來編寫。圖靈機器被視為現代計算的理論基礎，它是用來設計和分析實際的電腦和程式語言的模型。

UML 圖表

定義軟體系統或應用程式的結構和行為的標準視覺圖表，它使用一組常見的符號和表示法。它們在 80 年代和 90 年代很流行，與瀑布開發模式密切相關，這種模式會在實際開始編寫程式之前完成設計，與敏捷方法論相反。現今仍有許多組織使用 UML。

虛擬機器優化（virtual machine optimization）

當今的大多數現代程式語言都在虛擬機器上運行。它們將硬體細節抽象化，並在幕後進行許多優化，幫助你專心寫出更容易閱讀的程式碼，並避免過早優化（參見第 16 章「過早優化」）。它們讓你幾乎不需要設計巧妙且高效的程式，因為它們解決了許多效能問題。你可以在第 16 章瞭解如何蒐集實際證據，以確定是否需要優化程式碼。

瀑布模型（waterfall model）

一種分階段的、依序進行的方法，它將工作分解成一系列明確定義的階段，且在每一個階段之間有明確的工作交接。它的想法是依序處理每一個階段，而不是迭代它們。在敏捷方法論於 90 年代備受矚目之前，這種模式是主流思想。

溜溜球問題（yo-yo problem）

你必須在類別和方法的層次結構中巡覽，才能瞭解或修改程式碼，這使人難以維護和擴展程式碼。

索引

※ 提醒您：由於翻譯書排版的關係，部分索引名詞的對應頁碼會和實際頁碼有一頁之差。

C

關於作者

Maximiliano Contieri 在軟體產業有長達 25 年的豐富經驗,同時也是大學教師。多年來,他在多個著名的部落格平台上熱情地寫作,每週發表多篇文章,涉及廣泛的主題,包括 clean code、重構、軟體設計、測試驅動開發和程式碼異味……等。Contieri 的程式編寫方法符合宣告性和行為性範式,強調使用軟體基本原則來建構優雅、可擴展且穩健的解決方案。

出版記事

本書的封面動物是灰海豹(*Halichoerus grypus*)。牠們有獨特的大鼻子,所以被暱稱為「馬頭(horsesheads)」和「海上鉤鼻豬(hook-nosed pig of the sea)」。

灰海豹的體重介於 550 到 880 磅之間,身長可達 7.5 到 10 英尺。牠們在陸地上使用短鰭腳,以類似毛蟲的動作移動。牠們的壽命可達 35 年,能夠深潛超過 1,000 英尺並持續一小時。

灰海豹具備敏銳的視覺和聽覺,是優秀的獵手。牠們通常集體狩獵,以各種魚類、甲殼動物、烏賊、章魚為食,偶爾也會捕食海鳥。灰海豹每天可以食用相當於體重的 4 ～ 6 個百分比的食物。

全球有 3 個灰海豹族群:一個位於北大西洋(東加拿大和美國東北部),一個位於東北大西洋(英國、冰島、挪威、丹麥、法羅群島、俄羅斯),還有一個位於波羅的海。牠們棲息在岩石海岸、島嶼、沙洲、冰架和冰山等地。

灰海豹面臨著多種威脅。牠們可能會被漁網纏住、被騷擾、被化學污染和油污染危害、被船和車輛撞到,以及被非法捕獵。在美國,牠們是受保護的海洋哺乳動物,但有一些國家為了控制族群和降低牠們對重要漁業資源的影響而允許對其合法捕殺。儘管面臨這些問題,灰海豹的族群數量眾多,是瀕危物種名單中的無危物種。在 O'Reilly 封面上的許多動物都是瀕臨絕種的,牠們對這個世界來說都很重要。

封面圖像由 Karen Montgomery 繪製,取材自《*British Quadrupeds*》的古老線雕版畫。

Clean Code 錦囊妙計

作　　者：Maximiliano Contieri
譯　　者：賴屹民
企劃編輯：詹祐甯
文字編輯：江雅鈴
設計裝幀：陶相騰
發 行 人：廖文良

發 行 所：碁峰資訊股份有限公司
地　　址：台北市南港區三重路 66 號 7 樓之 6
電　　話：(02)2788-2408
傳　　真：(02)8192-4433
網　　站：www.gotop.com.tw
書　　號：A762
版　　次：2024 年 06 月初版
建議售價：NT$880

國家圖書館出版品預行編目資料

Clean Code 錦囊妙計 / Maximiliano Contieri 原著；賴屹民譯.
　-- 初版. -- 臺北市：碁峰資訊, 2024.06
　　面；　公分
　譯自：Clean Code Cookbook.
　ISBN 978-626-324-807-6(平裝)
　1.CST：軟體研發　2.CST：電腦程式設計
312.2　　　　　　　　　　　　　　113006138